李 杰/编 著

程序思维之前端框架实战系列

⊔ uni-app
多端跨平台开发
从入门到企业级实战
——基于Vue.js 3.0、TypeScript核心技术实现

中国水利水电出版社
www.waterpub.com.cn

· 北京 ·

内 容 提 要

　　《uni-app多端跨平台开发从入门到企业级实战——基于Vue.js 3.0、TypeScript核心技术实现》是一本系统介绍热门前端多端框架uni-app的实战教程。全书由基础知识和实战项目两大部分组成，内容包括初识uni-app，uni-app环境搭建，生命周期、尺寸单位、Flex布局与背景图片，配置pages.json，配置manifest.json，路由，运行环境判断和平台判断，常用组件，常用API以及点餐小程序客户端开发。

　　本书以面试和实战为基础，通过阅读本书，读者可以快速掌握uni-app的相关知识并将其应用到实战项目中。例如，优化性能、解决iPhone X 的"刘海"兼容性问题、实现微信支付与微信授权登录、获取位置并在地图上显示、获取用户所在的城市和街道信息、发布与审核微信小程序等。对于想要学习更多框架知识，并且想要快速将这些知识应用到实战项目中的读者来说，这本书可谓是不二之选。

图书在版编目（CIP）数据

uni-app 多端跨平台开发从入门到企业级实战：基于
Vue.js 3.0 + TypeScript 核心技术实现 / 李杰编著 . —
北京：中国水利水电出版社，2024.4

ISBN 978-7-5226-2236-1

Ⅰ. ① u… Ⅱ . ①李… Ⅲ . ①网页制作工具—程序
设计 Ⅳ . ① TP392.092.2

中国国家版本馆 CIP 数据核字 (2024) 第 036386 号

丛 书 名	程序思维之前端框架实战系列	
书　　名	uni-app 多端跨平台开发从入门到企业级实战——基于 Vue.js 3.0、TypeScript 核心技术实现 uni-app DUODUAN KUA PINGTAI KAIFA CONG RUMEN DAO QIYEJI SHIZHAN—JIYU Vue.js 3.0 TypeScript HEXIN JISHU SHIXIAN	
作　　者	李杰　编著	
出版发行	中国水利水电出版社 （北京市海淀区玉渊潭南路 1 号 D 座 100038） 网址：www.waterpub.com.cn E-mail：zhiboshangshu@163.com 电话：（010）62572966-2205/2266/2201（营销中心）	
经　　售	北京科水图书销售有限公司 电话：（010）68545874、63202643 全国各地新华书店和相关出版物销售网点	
排　　版	北京智博尚书文化传媒有限公司	
印　　刷	北京富博印刷有限公司	
规　　格	190mm×235mm　16 开本　28 印张　713 千字	
版　　次	2024 年 4 月第 1 版　2024 年 4 月第 1 次印刷	
印　　数	0001—3000 册	
定　　价	109.00 元	

前　言

前端工程师是一个不断成长的职业，职业前景非常广阔。随着互联网的发展，前端技术也在不断更新和完善。前端工程师需要不断学习新的技术，适应新的发展趋势，以应对行业的变化和挑战。当前，移动设备的普及和多种屏幕尺寸的出现，使跨平台应用开发成为一个重要的趋势。前端工程师需要掌握一些跨平台开发框架，如uni-app、React Native、Flutter等，以实现一次开发、多平台发布的目的。uni-app基于Vue.js技术栈，使用JavaScript/Vue.js进行开发；React Native基于React技术栈，使用JavaScript和React进行开发；Flutter则基于Dart语言，使用Dart进行开发。uni-app和React Native都需要前端工程师具备HTML、CSS和JavaScript的基础知识，而Flutter则需要前端工程师具备Dart语言的基础知识。总体来说，uni-app和React Native的学习曲线较平缓，而Flutter的学习曲线较陡峭。本书主要介绍uni-app框架的学习和使用。

月活8.4亿的多端跨平台开发框架uni-app，在发布后不到两年的时间内，迅速得到广大开发者的青睐和推崇。uni-app框架之所以如此火爆，与其特性密切相关。具体如下。

（1）简化开发过程：uni-app框架使前端工程师只用一套代码即可同时开发出多个平台的应用。这大大简化了开发过程，提高了开发效率。前端工程师可以专注于业务逻辑的实现，而不必在代码的适配和兼容性上花费过多的时间和精力。

（2）提高应用性能：uni-app框架通过优化应用性能，提高了应用的运行速度和响应性。它使用了一些技术手段，如代码分离、异步加载等，使应用在多平台上的运行效果达到最优。

（3）提供丰富的组件和插件：uni-app框架提供了丰富的组件和插件，使前端工程师可以轻松地实现各种功能，如列表、按钮、表单等。这些组件和插件都是经过精心设计和优化的，能够提供良好的用户体验。

（4）提供优秀的调试和开发工具：uni-app框架提供了良好的调试和开发工具，如uni-app开发者工具、Vue.js、DevTools等，这些工具能够帮助前端工程师快速定位和解决问题，可以提高开发效率和应用的稳定性。

（5）促进前端技术的发展和创新：uni-app框架基于Vue.js技术栈，与Vue.js生态圈紧密结合，能够推动前端技术的发展和创新。前端工程师通过学习和使用uni-app框架，可以接触到最新的前端技术和工具，激发创新思维和实践能力。

总之，在当今跨平台应用开发的背景下，掌握uni-app框架的前端工程师将具有更大的竞争优势和发展潜力。

本书学习技巧

如果你是职场精英，当你所在的公司需要使用uni-app开发项目时，那么你可以从本书中快速学到开发项目的技巧并应用到企业实战项目中。

如果你是职场小白，那么你可以从基础内容开始学习直到开发出企业级实战项目。在学习过程中，本书可以帮助你提升自学的能力、解决问题的能力、二次开发的能力，以及举一反三的能力，这些能力有助于你找到更理想的工作。

在学习过程中，如果遇到不理解的地方，可以扫描二维码观看视频讲解。

本书内容组织

本书由基础知识和实战项目两大部分组成，共11章，具体结构及内容如下：

基础知识部分（第1~10章）主要介绍uni-app框架知识，内容包括初识uni-app，uni-app环境搭建，生命周期，尺寸单位、Flex布局与背景图片，配置pages.json，配置manifest.json，路由，运行环境判断和平台判断，常用组件，常用API。uni-app有完善的工具链和支持体系，如uni-app CLI、HBuilder X等开发工具，需要掌握其使用方法和技巧。在学习过程中，读者可以重点关注HBuilder X的安装与使用方法，App、小程序和H5网站的调试与运行方法，多平台开发的注意事项，常用组件和常用API的使用方法，获取手机号码一站式登录的方法，以及微信支付等高级功能的开发方法。同时，需要了解如何使用第三方库和插件来扩展uni-app的功能。此外，可以跟着本书学习快速读懂uni-app官方文档的方法，掌握快速学习的技巧，为日后学习其他技能打下坚实的基础。

实战项目部分（第11章）主要介绍基于Vue.js 3.0、TypeScript的uni-app框架的实战开发项目，主要是点餐小程序客户端的开发。该实战项目是本书的重点内容，也是本书的制胜法宝。

本书附赠资源中有用于开发实战项目的服务端接口文档，不仅能让读者巩固所学知识点，而且能让读者的前端技术有质的提高。

本书显著特色

1. 视频讲解，体验好

本书关键章节配有二维码，使用微信扫一扫功能，可以随时随地观看视频讲解。一方面，视频讲解可以帮助读者增强逻辑思维，提高举一反三、自我学习、解决问题的能力；另一方面，可以增强读者在工作中的实战技巧，提升修补各种漏洞的能力，开发出高性能、高兼容、高维护的项目。此外，作者用幽默风趣的语言将抽象的问题具体化，使每一个知识点都对应实战开发项目。

2. 实战项目，上手快

真实的企业级点餐小程序客户端开发实战，具有完整的接口文档，实用的购物车、在线支付开发等开发人员必会功能。

3. 配套资源，入门易

本书提供的配套学习资源如下：

- 98 集视频讲解。
- 96 个源代码包。
- 精品PPT课件。
- 企业级完整接口文档。

另外，本书附赠以下学习资源，供读者在工作与学习中进一步掌握相关知识：

- 赠送价值5000 元的微信点餐小程序项目代码。
- 赠送前台和后台架构模板。
- 特别奉送上百道前端面试题，助读者面试一臂之力。
- 可以向作者咨询工作中的问题，未必局限于本书。

4. 在线服务，疑难消

本书提供售后疑难解答服务，有以下3 种方式：

（1）扫描下方二维码（左），关注微信公众号"html5 程序思维"，在后台发送uniapp，获取本书资源下载链接，然后将此链接复制到计算机浏览器的地址栏中，根据提示下载即可。也可以添加作者QQ或微信进行远程答疑。

（2）加入本书学习交流QQ群：211851273，获取网盘下载地址和密码，与作者交流。

（3）扫描下方二维码（右），加入"本书专属读者在线服务交流圈"，在置顶的动态中获取本书资源下载链接，然后将此链接复制到计算机浏览器的地址栏中，根据提示下载即可。在交流圈中，可以与本书其他读者分享读书心得，提出对本书的建议，以及向作者咨询问题等。

html5 程序思维 公众号　　　　　　本书专属读者在线服务交流圈

本书适用对象

本书适用于以下人群：

- 网页设计、网页制作等入门者及爱好者。
- 网页制作、网页建设开发人员。
- 相关专业的高等院校学生、毕业生。

● 相关培训机构。

本书约定

　　为了节约版面，书中所示代码大部分是局部的，全部代码可以通过"本书显著特色"的"在线服务，疑难消"模块处介绍的方法进行下载。

　　为了提供更多的学习资源，弥补篇幅有限的缺憾，本书提供了一些参考链接，如官方文档等，全部链接可以通过"本书显著特色"的"在线服务，疑难消"模块处介绍的方法进行下载。但由于链接具有时效性，本书无法保证所有链接永久有效，因此仅供参考。如遇链接失效等问题，读者可在"本书显著特色"的"在线服务，疑难消"模块处咨询作者。

　　本书中的插图可能会与读者实际使用环境中的操作界面有所差别，这可能是操作系统平台、浏览器类型、编辑器版本等不同引起的，一般不影响学习，特此说明。

本书作者

　　李杰，资深前端工程师、技术总监，拥有十余年一线开发经验，以及丰富的Web前端和移动端开发经验，擅长HTML5、JavaScript、Vue.js、uni-app、React、PHP、MySQL、混合式App开发。

　　程序思维创始人，曾经是八维教育实训主任、千锋教育高级HTML5前端讲师、尚品中国联合创始人、学橙教育联合创始人。曾与许多大型企业合作开发项目，拥有百余客户、千余案例。

　　网易签约讲师，学生千余名；CSDN签约讲师，学生万余名；51CTO签约讲师，学生千余名。各大平台视频课程销量前茅，学生高薪就业，工作稳定。

　　2018年创业开发的学橙教育App入围APICloud教育行业优秀案例。2020年React畅销视频课程受CSDN邀请入选平台"前端入门到全栈一卡通"套餐课，课程大卖，好评不断。已出版图书《uni-app多端跨平台开发从入门到企业级实战》《Vue.js开发从入门到企业级实战》，广受好评。

作　者

2024年1月

目　录

第1章　初识uni-app **1**

　　📹 视频讲解:00：05：55

　1.1　uni-app框架介绍 **2**
　　1.1.1　uni-app 概述 2
　　1.1.2　选择uni-app的原因 2

　1.2　uni-app项目介绍及学习技巧 **3**
　　1.2.1　项目展示及功能介绍 4
　　1.2.2　学习流程和学习技巧 4

　1.3　小结 **4**

第2章　uni-app环境搭建 **5**

　　📹 视频讲解：00：17：57

　2.1　下载与使用HBuilder X开发工具 **6**
　　2.1.1　下载HBuilder X 6
　　2.1.2　创建项目 6

　2.2　App真机运行 **10**
　　2.2.1　真机运行 10
　　2.2.2　打包发行 10

　2.3　uni-app微信小程序调试 **12**
　　2.3.1　下载微信开发者工具 13
　　2.3.2　运行项目 13
　　2.3.3　发行小程序 14

　2.4　H5运行与发行 **15**
　　2.4.1　运行项目 15
　　2.4.2　发行项目 15

　2.5　小结 **16**
　2.6　练习题 **16**

第3章　生命周期 **17**

　　📹 视频讲解：00：14：21

　3.1　应用生命周期 **18**

　3.2　页面生命周期 **18**
　3.3　组件生命周期 **20**
　3.4　小结 **20**
　3.5　练习题 **20**

**第4章　尺寸单位、Flex布局与
　　　　 背景图片** **21**

　　📹 视频讲解：00：08：12

　4.1　尺寸单位 **22**

　4.2　Flex布局 **22**
　　4.2.1　Flex布局概述 22
　　4.2.2　容器的属性 23
　　4.2.3　项目的属性 25

　4.3　背景图片 **27**
　　4.3.1　使用本地背景图片的问题 27
　　4.3.2　代码演示及把图片转换为
　　　　　　Base64格式 28

　4.4　小结 **30**
　4.5　练习题 **30**

第5章　配置pages.json **31**
　　📹 视频讲解：35：04：00

　5.1　配置项 **32**
　　5.1.1　globalStyle和pages 32
　　5.1.2　自定义导航栏使用注意事项 33
　　5.1.3　easycom 36
　　5.1.4　tabBar 37
　　5.1.5　subPackages分包加载 40

　5.2　小结 **43**
　5.3　练习题 **43**

第6章　配置manifest.json.............44

🎬 视频讲解：00：12：00

6.1　配置项.......................................45

　6.1.1　App图标配置.....................45
　6.1.2　配置AppID..........................47
　6.1.3　H5自定义模板.....................47
　6.1.4　配置代理解决跨域问题.........48

6.2　小结..49

6.3　练习题.......................................50

第7章　路由.......................................51

🎬 视频讲解：01：05：00

7.1　组件路由跳转............................52

　7.1.1　打开新页面.........................52
　7.1.2　页面重定向.........................52
　7.1.3　页面返回.............................53
　7.1.4　Tab切换.............................53
　7.1.5　reLaunch............................53

7.2　API路由跳转............................54

　7.2.1　打开新页面.........................54
　7.2.2　页面重定向.........................55
　7.2.3　页面返回.............................56
　7.2.4　Tab切换.............................57
　7.2.5　reLaunch............................57

7.3　接收参数与层级限制................58

　7.3.1　接收参数.............................58
　7.3.2　获取当前页面栈.................59
　7.3.3　解决跳转10层页面限制的问题...59
　7.3.4　解决tabBar不能传参的问题.....61
　7.3.5　自定义tabBar及封装tabBar组件...62

7.4　小结..67

7.5　练习题.......................................68

第8章　运行环境判断和平台判断...69

🎬 视频讲解：00：23：41

8.1　判断运行环境............................70

　8.1.1　开发环境和生产环境.............70
　8.1.2　配置开发环境和生产环境的
　　　　API接口.............................70

8.2　判断平台....................................71

　8.2.1　编译期判断.........................71
　8.2.2　运行期判断.........................73

8.3　小结..74

8.4　练习题.......................................74

第9章　常用组件.............................75

🎬 视频讲解：04：08：20

9.1　view...76

9.2　scroll-view..............................77

　9.2.1　scroll-view的使用.............77
　9.2.2　解决scroll-view中内嵌input
　　　　真机卡顿问题.....................81

9.3　swiper.......................................82

9.4　movable-area和movable-view...86

9.5　text和rich-text.......................89

　9.5.1　text的使用.........................89
　9.5.2　rich-text的使用.................91

9.6　button.......................................97

　9.6.1　button的使用.....................97
　9.6.2　获取手机号.........................102
　9.6.3　分享小程序.........................104

9.7　checkbox.................................106

9.8　radio...109

9.9　input...111

9.10　picker.....................................116

　9.10.1　普通选择器.......................117
　9.10.2　多列选择器.......................118
　9.10.3　时间选择器.......................122
　9.10.4　日期选择器.......................124
　9.10.5　省市区选择器...................127
　9.10.6　simpleAddress三级省市区联动....128

9.11　textarea 131
　　9.11.1　textarea的使用 132
　　9.11.2　textarea中的换行问题 135

9.12　web-view 135

9.13　image 137

9.14　switch 141

9.15　audio 142
　　9.15.1　audio的使用 142
　　9.15.2　uni.createInnerAudioContext
　　　　　　代替audio 144

9.16　video 148

9.17　小结 152

9.18　练习题 152

第10章　常用API 153

视频讲解：04：14：03

10.1　request发起请求 154
　　10.1.1　request的使用 154
　　10.1.2　Promise方式请求数据 158

10.2　uploadFile文件上传 160
　　10.2.1　uploadFile的使用 160
　　10.2.2　多文件上传 162

10.3　数据缓存 164
　　10.3.1　setStorage 164
　　10.3.2　getStorage 165
　　10.3.3　setStorageSync 165
　　10.3.4　getStorageSync 166
　　10.3.5　removeStorage 166
　　10.3.6　removeStorageSync 167
　　10.3.7　clearStorage 167
　　10.3.8　clearStorageSync 167

10.4　获取位置 167
　　10.4.1　getLocation 167
　　10.4.2　配合map组件定位"我的位置"
　　　　　　并显示到地图上 171
　　10.4.3　微信小程序获取地址详情 173

10.5　获取系统信息 177
　　10.5.1　getSystemInfo的使用 177
　　10.5.2　解决iPhone X"刘海"兼容性
　　　　　　问题 180

10.6　交互反馈 182
　　10.6.1　消息提示框 182
　　10.6.2　loading提示框 185
　　10.6.3　模态弹窗 187
　　10.6.4　操作菜单 191

10.7　动态设置导航条 193
　　10.7.1　动态设置标题 193
　　10.7.2　设置导航条颜色 194
　　10.7.3　显示/隐藏导航条加载动画 195
　　10.7.4　隐藏返回首页按钮 197

10.8　动态设置tabBar 198
　　10.8.1　动态设置tabBar某一项的内容 ... 198
　　10.8.2　动态设置tabBar的整体样式 199
　　10.8.3　隐藏/显示tabBar 201
　　10.8.4　为tabBar某一项的右上角添加/
　　　　　　删除文本 202
　　10.8.5　显示/隐藏tabBar某一项右上角的
　　　　　　红点 204

10.9　录音管理 205

10.10　视频组件控制 208
　　10.10.1　自由控制视频的播放 208
　　10.10.2　发送弹幕 211

10.11　网络状态 213
　　10.11.1　获取网络类型 213
　　10.11.2　监听网络状态变化 215

10.12　剪贴板 216
　　10.12.1　设置系统剪贴板的内容 216
　　10.12.2　获取系统剪贴板的内容 217

10.13　拨打电话 218

10.14　扫码 219

10.15　动画 221

10.16　下拉刷新 226

10.17　授权登录...........................228
　　10.17.1　login登录......................228
　　10.17.2　获取用户资料..................231

10.18　微信支付.........................234
　　10.18.1　支付流程及思路..............234
　　10.18.2　完成微信支付..................235

10.19　节点信息.........................239
　　10.19.1　获取单个节点..................239
　　10.19.2　获取多个节点..................241
　　10.19.3　在组件内获取节点信息.........242

10.20　调试...............................243

10.21　小结...............................244

10.22　练习题...........................244

第11章　点餐小程序客户端开发 ...245

视频讲解：17：42：08

11.1　扫描二维码欣赏完整项目...........246

11.2　首页...............................246
　　11.2.1　首页布局......................247
　　11.2.2　异步数据流对接配合地图定位
　　　　　　显示附近的商铺.................252
　　11.2.3　实现下拉刷新..................260
　　11.2.4　实现上拉加载和分享小程序.....261

11.3　菜品搜索组件....................263
　　11.3.1　最近搜索......................263
　　11.3.2　热门搜索......................269

11.4　菜品搜索.........................272

11.5　点餐...............................277

11.5.1　开发点餐页面....................278
11.5.2　开发菜品展示组件...............282
11.5.3　开发菜品详情组件...............300
11.5.4　开发套餐页面...................307
11.5.5　开发商家信息组件...............314
11.5.6　查看商家位置...................319
11.5.7　在小程序中关注公众号...........321

11.6　会员登录.........................323
　　11.6.1　微信授权实现一站式登录.......324
　　11.6.2　获取用户手机号进行绑定.......332

11.7　购物车...........................336
　　11.7.1　会员token认证................337
　　11.7.2　将菜品加入购物车.............340
　　11.7.3　开发购物车组件...............350

11.8　提交订单.........................372
　　11.8.1　开发提交订单页面.............372
　　11.8.2　实现微信支付.................383
　　11.8.3　开发支付成功页面.............384

11.9　个人中心.........................387

11.10　订单管理.........................393
　　11.10.1　开发已付款订单页面.........393
　　11.10.2　开发订单详情页面...........401
　　11.10.3　开发申请退款组件...........408
　　11.10.4　查看已退款的订单...........413

11.11　修改个人资料....................419

11.12　绑定手机号......................425

11.13　最终发布上线....................433

11.14　小结...........................436

第1章

初识 uni-app

uni-app是一个使用 Vue.js 开发所有前端应用的框架，开发者编写一套代码，可发布到iOS、Android、H5以及各种小程序（如微信、支付宝、百度、头条、QQ、钉钉、淘宝等）、快应用等平台。

扫一扫，看视频

1.1　uni-app 框架介绍

本节主要使读者深入了解uni-app，以及为什么要使用uni-app。

1.1.1　uni-app 概述

uni，译音为"优你"，含义为"统一"。uni-app是DCloud公司开发的一个基于Vue.js 开发所有前端应用的框架。

将一套代码发布到10个平台上并不是梦想。眼见为实，各位读者可扫描以下10个二维码，亲自体验最全面的跨平台效果，如图1-1所示。

图 1-1　10 个平台案例展示

1.1.2　选择 uni-app 的原因

uni-app在开发者数量、案例数量、跨平台能力、扩展灵活性、性能体验、周边生态、学习成本、开发成本8个关键指标上拥有巨大的优势。

1. 开发者/案例数量更多

uni-app涉及几十万应用，开发者数量超亿人，多个社群都在讨论uni-app。

2. 跨平台能力及扩展灵活性更强

（1）开发者编写一套代码，可发布到iOS、Android及各种小程序、快应用等多个平台。

（2）在跨平台的同时，通过条件编译和平台特有API调用，可以"优雅"地为某个平台编写个性化代码，调用其专有功能而不影响其他平台。

（3）支持原生代码混写和原生SDK集成。

3. 性能体验优秀

（1）体验更好的Hybrid框架，加载新页面时速度更快。

（2）App端支持Weex原生渲染，可支撑更流畅的用户体验。

（3）小程序端的性能优于市场上的其他框架。

4. 周边生态丰富

（1）插件市场拥有数千款插件。

（2）支持NPM（Node Package Manager，Node.js包管理和分发工具），支持小程序组件和SDK，兼容mpvue组件和项目，兼容Weex组件。

（3）微信生态的各种SDK可直接用于跨平台App。

5. 学习成本低

基于通用的前端技术栈，采用Vue语法和微信小程序API，无额外学习成本。

6. 开发成本低

（1）招聘、管理、测试各方面的成本都大幅下降。

（2）HBuilder X是高效开发"神器"，熟练掌握后研发效率至少翻倍。

uni-app的功能框架如图1-2所示。

图 1-2　uni-app 的功能框架

从图1-2可以看出，uni-app在跨平台过程中不牺牲平台特色，可"优雅"地调用平台专有功能，真正做到海纳百川、各取所长。

1.2　uni-app 项目介绍及学习技巧

在这里先演示一下学习完成uni-app之后开发的实战项目，并且教给大家一些学习uni-app的技巧。

1.2.1   项目展示及功能介绍

实战项目是一个点餐系统小程序，可以扫描下面的二维码欣赏案例效果，如图1-3所示。

图1-3   "好运买点餐"小程序二维码

该项目的核心功能包括附近商家展示、搜索菜品、菜品展示、套餐、购物车、堂内点餐、自提、外卖配送、积分商城、地图定位显示商家位置、会员登录自动获取手机号、充值、优惠券、微信支付、退款等。

1.2.2   学习流程和学习技巧

学习uni-app必须要有Vue.js基础，最好有Vue.js项目开发经验，建议读者在学习uni-app之前先学习Vue.js。在学习uni-app时一定要学会查看官方的技术文档，在开发中遇到问题时要会使用百度配合官方的技术文档解决问题。

1.3   小结

uni-app是一个使用Vue.js开发前端应用的框架，开发者开发一套代码，可以发布到iOS、Android、Web（响应式）以及各种小程序（微信、支付宝、百度、头条、QQ、钉钉、淘宝等）、快应用等多个平台。uni-app在开发者/案例数量更多、跨平台能力及扩展灵活性更强、性能体验优秀、周边生态丰富、学习成本低、开发成本低等关键指标上拥有更强的优势。uni-app在跨平台的过程中，不牺牲平台特色，可"优雅"地调用平台专有功能，真正做到海纳百川、各取所长。本章主要介绍了uni-app的特性及优势，可以使读者更深入地了解uni-app，以及更熟练地掌握项目演示和开发技巧。在学习uni-app之前一定要先学习Vue.js，并学会查看uni-app的官方技术文档。

第2章

uni-app 环境搭建

uni-app的项目需要安装HBuilder X，在HBuilder X软件中编写代码、运行项目。当然，编写代码也可以使用VS Code、WebStorm等软件，编写完成后用HBuilder X软件运行项目。

本章推荐配合视频教程学习。

扫一扫，看视频

2.1   下载与使用 HBuilder X 开发工具

HBuilder X可以在uni-app官网下载，在使用uni-app项目之前，必须使用HBuilder X开发工具生成生产环境的代码和运行项目。

2.1.1   下载 HBuilder X

打开HBuilder X官网下载地址，将鼠标指针移动到more按钮上会出现一个下拉菜单，如图2-1所示。

图 2-1   HBuilder X 下载窗口

有正式版和Alpha版（内部测试版）两个版本可供下载，这里选择正式版，可以下载Windows版和MacOS版，根据自己的操作系统进行下载即可。Windows版是免安装绿色版，下载后需要使用解压缩软件进行解压，解压后打开目录，运行HBuilderX.exe文件即可运行软件；MacOS版直接双击HBuilderX.3.6.4.20220922.dmg进行安装即可。

2.1.2   创建项目

使用HBuilder X创建项目有两种方式。

1. 通过 HBuilder X 可视化界面创建

这里以MacOS版为例进行演示，Windows版和MacOS版的操作方式是一样的。首先打开HBuilder X，选择菜单栏中的"文件"→"新建"→"1.项目"命令，如图2-2所示。

图 2-2   选择"1. 项目"命令

打开"新建项目"窗口，如图2-3所示。

图 2-3 "新建项目"窗口

左侧菜单栏默认选择为uni-app，自定义项目名称为uniappdemo，模板选择"默认模板"，Vue.js版本默认选择为Vue.js2，本书的教程以Vue.js3为例，所以这里选择Vue.js3。这里选择Vue.js版本的意思只是让HBuilder X生成对应Vue.js版本的初始化代码。在开发过程中，HBuilder X同时支持Vue.js2和Vue.js3版本的代码，所以即便选错，后期也可以在编码时更改。单击"创建"按钮，完成初始化项目的创建。

项目创建完成后即可运行，运行项目时必须打开项目中的任意文件，如打开App.vue，如图2-4所示。

图 2-4 打开 App.vue 文件

以"浏览器运行模式"为例，选择"运行"→"运行到浏览器"命令，选择浏览器，按照软件的提示进行操作即可，待运行成功后可在浏览器中体验uni-app的H5版。

> **注意：**
>
> 　　如果HBuilder X提示安装编译工具成功，请重新运行项目。如果按照提示再次运行时没有反应，可以重启HBuilder X软件再次运行。

2. 通过 vue-cli命令行创建项目

在命令提示符窗口中输入以下命令安装运行环境：

```
npm install -g @vue/cli@4
```

此命令用于全局安装vue-cli，如果安装过vue-cli，则可以省略此步骤。

使用正式版（对应HBuilder X最新正式版）创建uni-app项目，在命令提示符窗口中输入以下命令：

```
vue create -p dcloudio/uni-preset-vue 项目名称
```

使用Alpha版（对应HBuilder X最新Alpha版）创建uni-app项目，在命令提示符窗口中输入以下命令：

```
vue create -p dcloudio/uni-preset-vue#alpha 项目名称
```

此时，会提示选择项目模板，初次体验建议选择Hello uni-app 项目模板，如图2-5所示。

图 2-5　选择 Hello uni-app 项目模板

创建完成后，使用以下命令运行和发布项目：

```
npm run dev:%PLATFORM%   //运行项目
npm run build:%PLATFORM% //发布项目
```

%PLATFORM% 的取值见表2-1。

表 2-1　%PLATFORM% 的取值

值	平　台
app-plus	App 平台生成打包资源（支持npm run build:app-plus，可用于持续集成；不支持 run，运行调试仍需在 HBuilder X 中操作）
h5	H5 Web 版在浏览器中运行

续表

值	平 台
mp-alipay	支付宝小程序
mp-baidu	百度小程序
mp-weixin	微信小程序
mp-toutiao	字节跳动小程序
mp-qq	QQ 小程序
mp-360	360 小程序
mp-kuaishou	快手小程序
mp-jd	京东小程序
mp-xhs	小红书小程序
quickapp-webview	快应用（webview）
quickapp-webview-union	快应用联盟
quickapp-webview-huawei	快应用华为

以运行、发布微信小程序为例，输入以下命令：

```
npm run dev:mp-weixin //运行微信小程序
npm run build:mp-weixin //发布微信小程序
```

这样即可运行、发布微信小程序。当然，运行微信小程序必须先安装"微信开发者工具"，微信小程序的演示会在2.3节进行讲解。

接下来看一下项目结构：

```
┌─cloudfunctions          云函数目录（阿里云为aliyun，腾讯云为tcb）。
│─components              符合Vue.js组件规范的uni-app组件目录。
│  └─comp-a.vue           可复用的a组件。
├─hybrid                  存放本地网页的目录。
├─platforms              存放各平台专用页面的目录。
├─pages                  业务页面文件存放的目录。
│  ├─index
│  │  └─index.vue         index页面。
│  └─list
│     └─list.vue          list页面。
├─static                 存放应用引用静态资源（如图片、视频等）的目录。注意：静态
                          资源只能存放于此。
├─wxcomponents           存放小程序组件的目录。
├─main.js                Vue.js 初始化入口文件。
├─App.vue                应用配置，用于配置App全局样式以及监听应用生命周期。
├─manifest.json          配置应用名称、appid、logo、版本等打包信息。
└─pages.json             配置页面路由、导航条、选项卡等页面类信息。
```

以上是uni-app标准的项目结构，之前使用HBuilder X创建项目时，有些文件夹是没有的，可以根据业务需求自行创建文件夹。

2.2　App 真机运行

开发安卓手机App通常使用Windows系统，使用uni-app开发App在运行调试时可以使用模拟器或真机。

2.2.1　真机运行

真机运行需要连接手机。开启USB调试，进入uniappdemo项目，选择菜单栏中的"运行"→"运行到手机或模拟器"命令，然后选择要运行的设备，即可在该设备中体验uni-app，如图2-6所示。

图 2-6　真机运行

如果不使用真机运行，也可以使用模拟器运行，如图2-7所示。

图 2-7　模拟器运行

2.2.2　打包发行

将App打包为原生App有两种模式：云端打包和离线打包。

1. 云端打包

在HBuilder X菜单栏中选择"发行"→"原生App-云打包"命令，如图2-8所示。打开如图2-9所示的云端打包界面。

图 2-8　云端打包　　　　　　　　　　　　图 2-9　云端打包界面

在App正式运营时要选择自有证书，如果不知道如何生成证书，请单击"如何生成证书"链接按照教程自己生成。如果不生成iOS版的App包，则取消勾选iOS（ipa包）复选框。单击"打包"按钮，第一次打包会打开如图2-10所示的对话框。

图 2-10　安装 App 云打包插件

　　单击"安装"按钮安装插件，此时进入打包状态，注意必须在DCloud官网注册成为会员并登录才能使用云端打包功能；如果没有注册或登录会员，HBuilder X会给出提示和注册地址，按照提示操作即可。

　　打包成功后，在HBuilder X软件的控制台会给出下载apk包的地址，如图2-11所示。

图 2-11　apk 包下载地址

2. 离线打包

　　离线打包配置比较复杂，需要使用App离线开发工具包，即App离线SDK。把App运行环境（runtime）封装为原生开发调用接口，开发者可以在自己的 Android 及 iOS 原生开发环境配置工程中使用，包括 Android离线开发SDK及iOS离线开发SDK。

　　App离线SDK主要用于App本地离线打包及扩展原生能力，对应HBuilder X的云端打包功能。当uni-app、5+ App等项目发行为原生App时，无须将App资源及打包要使用的签名证书等提交到云端打包服务器，在开发者本地配置的原生开发环境中即可生成安装apk/ipa包。

　　按照官方文档安装及配置完成App离线SDK后，在HBuilder X菜单栏中选择"发行"→"原生App-本地打包"→"生成本地打包App资源"命令，如图2-12所示。

图 2-12　App离线打包

　　由于离线打包需要安装Android开发环境和iOS开发环境，对于没有原生App开发基础的人员来说，安装及配置难度较高，因此推荐使用云端打包。

2.3　uni-app 微信小程序调试

　　使用uni-app开发小程序是非常方便的，在开发效率上远远高于原生小程序的开发。本书的实战项目也是开发小程序项目，在市场上使用uni-app开发小程序是十分常见的。

2.3.1 下载微信开发者工具

要开发小程序，必须下载对应小程序的开发工具。这里以微信小程序为例，首先下载微信开发者工具。打开相关网址，进入图2-13所示的页面。

图 2-13 下载微信开发者工具页面

这里选择"稳定版"，根据自己的操作系统进行下载，Windows和MacOS版本在使用上是一样的，这里下载MacOS版本。下载完成后即可进行安装，安装过程非常简单，根据提示进行操作即可，这里不做演示。安装完成后，使用uni-app进行开发时需要打开微信开发者工具的"服务端口"，进入微信开发者工具，在菜单栏中选择"设置"→"安全设置"命令，弹出如图2-14所示的窗口，然后将"服务端口"打开即可。

图 2-14 微信开发者工具安全设置

2.3.2 运行项目

安装并配置完成微信开发者工具后，打开HBuilder X进入项目，选择菜单栏中的"运行"→"运行到小程序模拟器"→"微信开发者工具"命令，即可在微信开发者工具中体验uni-app，如图2-15所示。

图 2-15　使用 HBuilder X 运行微信小程序

注意:

　　如果是第一次使用,需要先配置小程序ide的相关路径才能运行成功。选择菜单栏中的"运行"→"运行到小程序模拟器"→"运行设置"命令,在以下位置输入微信开发者工具的安装路径,如图2-16所示。uni-app默认把项目编译到项目根目录的unpackage目录中。

小程序运行配置
uni-app依赖小程序开发者工具,请指定小程序开发工具安装目录

微信开发者工具路径
如未安装请至https://developers.weixin.qq.com/miniprogram/dev/devtools/download.html下载

D:/微信小程序2/微信web开发者工具	浏览...

图 2-16　配置微信开发者工具的安装路径

2.3.3　发行小程序

　　发行微信小程序必须要有微信小程序AppID,在微信公众号平台注册账号并获取AppID,注册完成后,进入小程序管理后台,选择左侧栏目中的"开发"→"开发设置"命令打开开发设置页面,在此页面中可以获取微信小程序AppID。

　　在HBuilder X中的菜单栏中选择"发行"→"小程序-微信"命令,打开"微信小程序发行"对话框,输入小程序名称和AppID,然后单击"发行"按钮即可在 unpackage/dist/build/mp-weixin目录中生成微信小程序项目代码,如图2-17所示。

图 2-17　发行微信小程序

　　稍等片刻,系统会自动启动微信开发者工具。如果没有自动启动,则需要手动打开微信开发者工具。导入项目,项目路径在根目录unpackage/dist/build/mp-weixin中。项目导入后单击"上传"按钮,之后按照"提交审核"→"发布"小程序的标准流程逐步进行操作即可。

2.4 H5 运行与发行

H5一般指HTML 5，是构建Web内容的一种语言描述方式，是指Web端在浏览器中运行。HBuilder X内置Web运行环境，只需选择运行的浏览器即可。

2.4.1 运行项目

打开项目文件，然后选择菜单栏中的"运行"→"运行到浏览器"命令，然后选择一个浏览器，即可在浏览器中体验uni-app的H5版，如图2-18所示。

图 2-18 运行 H5 项目到浏览器

2.4.2 发行项目

使用HBuilder X打开项目根目录下的manifest.json文件，进入可视化界面，如图2-19所示。

图 2-19 manifest.json 文件 H5 配置可视化界面

uni-app中的路由模式和Vue.js中一样，有hash和history两种模式，这里选择hash模式，应用的基础路径相当于vue.config.js配置文件中的publicPath选项，发行在网站根目录时可不配置应用的基础路径。

在HBuilder X菜单栏中选择"发行"→"网站-H5手机版"命令，即可生成 H5 的相关资源文件，并保存于 unpackage 目录，如图2-20所示。

图 2-20　发布 H5 手机版

生成好的文件保存在unpackage/dist/build/h5 文件夹中，将h5 文件夹中的所有文件上传到服务器即可。

2.5　小结

"工欲善其事，必先利其器"，本章主要讲解了uni-app的环境搭建、如何下载与使用HBuilder X创建项目、如何真机运行和打包发行App，以及如何下载、运行及发行微信小程序等内容。需要注意的是，使用HBuilder X运行微信小程序时，需要在微信开发者工具中打开服务端口。从本章开始，我们就正式学习uni-app了，建议大家先把环境搭建起来，跟着本书内容一起学习uni-app。

2.6　练习题

判断以下说法是否正确。

（1）uni-app必须使用HBuilder X软件运行项目。　　　　　　　　　　　　　　（　　）

（2）uni-app可以使用VS Code、WebStorm等软件编写代码。　　　　　　　　（　　）

（3）uni-app可以开发H5、小程序和App。　　　　　　　　　　　　　　　　（　　）

（4）uni-app创建项目有两种方式，分别是使用HBuilder X可视化界面创建和通过vue-cli命令行创建。　　　　　　　　　　　　　　　　　　　　　　　　　　　　　　（　　）

（5）使用uni-app开发微信小程序必须下载微信开发者工具。　　　　　　　　　（　　）

第 3 章

生命周期

uni-app的生命周期是以小程序的生命周期为基础实现的，分为应用生命周期、页面生命周期和组件生命周期，其中组件的生命周期就是Vue.js 的生命周期。

扫一扫，看视频

3.1　应用生命周期

uni-app支持的应用生命周期函数见表3-1。

表 3–1　应用生命周期函数

函　数	说　明
onLaunch	当 uni-app 初始化完成时触发（全局只触发一次）
onShow	当 uni-app 启动或从后台进入前台显示时触发
onHide	当 uni-app 从前台进入后台时触发
onError	当 uni-app 报错时触发
onUniNViewMessage	对 nvue 页面发送的数据进行监听
onUnhandledRejection	对未处理的 Promise 拒绝事件进行监听（2.8.1+）
onPageNotFound	页面不存在监听函数
onThemeChange	系统主题变化监听函数

其中，onLaunch、onShow、onHide这3个生命周期钩子函数在开发中经常使用。注意，应用生命周期仅可在App.vue文件中进行监听，在其他页面监听无效。尽量不要在onLaunch钩子函数中进行页面跳转，如果进行页面跳转，可能会出现白屏报错问题，其原因是可能会和pages.json内配置的第一个页面跳转时产生冲突，可以使用延迟进行跳转处理，如setTimeout。

3.2　页面生命周期

页面生命周期写在pages文件夹下的文件中。uni-app支持的页面生命周期函数见表3-2。

表 3–2　页面生命周期函数

函　数	说　明	平台差异说明	最低版本
onLoad	监听页面加载。其参数为上个页面传递的数据，参数类型为 Object（用于页面传参）	—	—
onShow	监听页面显示。页面每次出现在屏幕上都触发，包括从下级页面返回当前页面	—	—
onReady	监听页面初次渲染完成。注意，如果渲染速度快，会在页面进入动画完成前触发	—	—
onHide	监听页面隐藏	—	—
onUnload	监听页面卸载	—	—
onResize	监听窗口尺寸变化	App、微信小程序	—

函 数	说 明	平台差异说明	最低版本
onPullDownRefresh	监听用户下拉动作，一般用于下拉刷新	—	—
onReachBottom	监听页面上拉触底事件	—	—
onTabItemTap	点击 tab 时触发，参数类型为 Object	微信小程序、百度小程序、H5、App（自定义组件模式）	—
onShareAppMessage	监听用户点击右上角分享事件	—	—
onPageScroll	监听页面滚动，参数类型为 Object	微信小程序、百度小程序、字节跳动小程序、支付宝小程序	—
onNavigationBarButtonTap	监听原生标题栏按钮点击事件，参数类型为 Object	5+ App、H5	—
onBackPress	监听页面返回，返回 event = {from:backbutton|navigateBack}，backbutton 表示来源是左上角返回按钮或 Android 返回键；navigateBack 表示来源是 uni.navigateBack	App、H5、支付宝小程序	—
onNavigationBarSearchInputChanged	监听原生标题栏搜索输入框输入内容变化事件	App、H5	1.6.0
onNavigationBarSearchInputConfirmed	监听原生标题栏搜索输入框搜索事件，用户点击软键盘上的"搜索"按钮时触发	App、H5	1.6.0
onNavigationBarSearchInputClicked	监听原生标题栏搜索输入框点击事件	App、H5	1.6.0
onShareTimeline	监听用户点击右上角转发到朋友圈事件	微信小程序	2.8.1+
onAddToFavorites	监听用户点击右上角收藏事件	微信小程序	2.8.1+

注："平台差异说明"一列中有具体内容的代表函数（属性或方法等）只在所列平台中可用，有"—"的代表全平台通用。其余表中与此相同。

表3-2 中字体加粗的页面生命周期函数是开发项目常用的函数，其中，onPullDownRefresh 可以实现下拉刷新，onReachBottom可以实现上拉加载数据。这些常用的页面生命周期函数会在后面的实战项目中使用并详细讲解，在这里只需简单了解即可。

3.3 组件生命周期

组件生命周期写在components文件夹下的文件中，和Vue.js标准组件生命周期相同，其函数见表3-3。

表 3-3 组件生命周期函数

函　数	说　明
beforeCreate	在实例初始化之后被调用
created	在实例创建完成之后被立即调用
beforeMount	在挂载开始之前被调用
mounted	在挂载到实例上之后被调用（该函数在服务器端渲染期间不被调用）
beforeUpdate	在数据更新时被调用，发生在虚拟 DOM 打补丁之前
updated	由于数据更改导致的虚拟 DOM 重新渲染和打补丁，在这之后会调用此函数
beforeDestroy	在实例销毁之前被调用
destroyed	在 Vue.js 实例销毁之后被调用

3.4 小结

本章主要介绍了uni-app的生命周期，主要分为应用生命周期、页面生命周期和组件生命周期。其中，应用生命周期仅可在App.vue文件中进行监听，在其他页面监听无效。另外，尽量不要在onLaunch钩子函数中进行页面跳转，如果进行页面跳转，可能会出现白屏报错问题。页面生命周期函数中，onPullDownRefresh可以实现下拉刷新，onReachBottom可以实现上拉加载数据。组件生命周期就是Vue.js 标准组件的生命周期。

3.5 练习题

判断以下说法是否正确。

（1）uni-app组件的生命周期就是Vue.js 标准组件的生命周期。　　　　　　　　　（　　　）

（2）onLaunch函数在uni-app 初始化完成时触发且全局只触发一次。　　　　　　（　　　）

（3）页面生命周期中的onShow函数起着监听页面显示的作用，页面每次出现在屏幕上都触发，包括从下级页面返回当前页面。　　　　　　　　　　　　　　　　　　　　　（　　　）

（4）onHide函数监听页面隐藏，当uni-app从前台进入后台时触发且监听用户离开小程序。（　　　）

（5）onLoad函数监听页面加载，接收上一个页面传递的数据。　　　　　　　　　（　　　）

第 4 章

尺寸单位、Flex 布局与背景图片

uni-app支持的通用CSS单位包括px、rpx。为支持跨平台，在搭建框架时，建议使用Flex布局。uni-app支持在CSS里设置背景图片，使用方式与普通Web项目大体相同。

扫一扫，看视频

4.1　尺寸单位

uni-app支持的通用CSS单位包括px、rpx，其中px为屏幕像素，rpx为响应式px。

rpx是一种根据屏幕宽度自适应的动态单位。以750px宽的屏幕为基准，750rpx恰好为屏幕宽度。屏幕变宽，rpx实际显示效果会等比放大，但在App端和H5端，当屏幕宽度达到960px时，默认将按照375px的屏幕宽度进行计算。在开发移动端项目时选择rpx作为尺寸单位。

设计师一般只提供一个分辨率的设计图，如果严格按照设计图的px进行开发，在不同宽度的手机上，界面很容易变形，并且主要是宽度变形，因为有滚动条，所以在高度上一般不容易出问题。由此，引发了较强的动态宽度单位需求，微信小程序设计了rpx，以解决该问题。uni-app在App端、H5端和小程序中都支持rpx，并且可以配置不同屏幕宽度的计算方式。rpx是相对于基准宽度的单位，可以根据屏幕宽度进行自适应。uni-app规定屏幕基准宽度为750rpx。

页面元素在uni-app中的宽度计算公式如下：

```
750 * 元素在设计稿中的宽度 / 设计稿基准宽度
```

举例说明如下：

（1）若设计稿宽度为750px，元素A在设计稿中的宽度为100px，那么元素A在 uni-app 中的宽度应该设计为750 × 100 / 750，即100rpx。

（2）若设计稿宽度为 640px，元素B在设计稿中的宽度为100px，那么元素B在 uni-app 中的宽度应该设计为750 × 100 / 640，即约117rpx。

（3）若设计稿宽度为 375px，元素C在设计稿中的宽度为200px，那么元素C在uni-app 中的宽度应该设计为750 × 200 / 375，即400rpx。

4.2　Flex 布局

为了支持跨平台，uni-app建议使用Flex布局（Flexible Box，弹性布局），学过CSS3的读者应该都会使用Flex布局，这里简单说明一下Flex布局。传统的布局基于盒状模型，依赖 display、position和float属性。如果使用Flex布局，则不建议使用float属性。

4.2.1　Flex 布局概述

Flex 用于为盒状模型提供更大的灵活性。

任何一个容器都可以指定为 Flex 布局。代码示例如下：

```
.box{
  display: flex;
}
```

行内元素也可以使用 Flex 布局。代码示例如下：

```
.box{
    display: inline-flex;
}
```

采用 Flex 布局的元素，称为 Flex 容器（flex container），简称"容器"。它的所有子元素自动成为容器成员，称为 Flex 项目（flex item），简称"项目"。Flex容器示意图如图4-1所示。

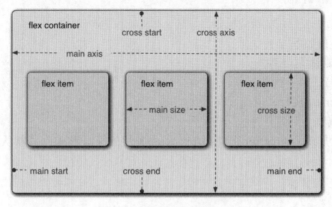

图 4-1　Flex 容器示意图

容器默认存在两条轴：水平的主轴（main axis）和垂直的交叉轴（cross axis）。主轴的开始位置（与边框的交叉点）叫作main start，结束位置叫作main end；交叉轴的开始位置叫作cross start，结束位置叫作cross end。

项目默认沿主轴排列。单个项目占据的主轴空间叫作main size，占据的交叉轴空间叫作cross size。

4.2.2　容器的属性

Flex布局支持6个容器属性：flex-direction、flex-wrap、flex-flow、justify-content、align-items、align-content。

1.flex-direction 属性

flex-direction属性决定主轴的方向（项目的排列方向）。代码示例如下：

```
.box {
    display:flex;
    flex-direction: row;
}
```

flex-direction属性值如下。

（1）row（默认值）：主轴为水平方向，起点在左端。

（2）row-reverse：主轴为水平方向，起点在右端。

（3）column：主轴为垂直方向，起点在上沿。

（4）column-reverse：主轴为垂直方向，起点在下沿。

2.flex-wrap属性

默认情况下，项目都排在一条线（又称"轴线"）上。flex-wrap属性定义，如果一条轴线排不下，可以换行。代码示例如下：

```
.box {
  display:flex;
  flex-wrap: wrap;
}
```

flex-wrap属性值如下。

（1）nowrap（默认）：不换行。

（2）wrap：换行，第一行在上方。

（3）wrap-reverse：换行，第一行在下方。

3.flex-flow属性

flex-flow属性是flex-direction属性和flex-wrap属性的简写形式，其默认值为row nowrap。代码示例如下：

```
.box {
  display:flex;
  flex-flow: row nowrap;
}
```

4.justify-content属性

justify-content属性定义了项目在主轴上的对齐方式。代码示例如下：

```
.box {
  display:flex;
  justify-content: flex-start;
}
```

justify-content属性值如下。

（1）flex-start（默认值）：左对齐。

（2）flex-end：右对齐。

（3）center：居中。

（4）space-between：两端对齐，项目之间的间隔相等。

（5）space-around：每个项目两侧的间隔相等。因此，项目之间的间隔比项目与边框的间隔大一倍。

5.align-items属性

align-items属性定义项目在交叉轴上的对齐方式。代码示例如下：

```
.box {
  display:flex;
  align-items: flex-start;
}
```

align-items属性值如下。

（1）flex-start：与交叉轴的起点对齐。

（2）flex-end：与交叉轴的终点对齐。

（3）center：与交叉轴的中点对齐。

（4）baseline：与项目的第一行文字的基线对齐。

（5）stretch（默认值）：如果项目未设置高度或设为auto，则将占满整个容器的高度。

6.align-content属性

align-content属性定义了多条轴线的对齐方式。如果项目只有一条轴线，该属性不起作用。代码示例如下：

```
.box {
  display:flex;
  align-content: flex-start;
}
```

align-content属性值如下。

（1）flex-start：与交叉轴的起点对齐。

（2）flex-end：与交叉轴的终点对齐。

（3）center：与交叉轴的中点对齐。

（4）space-between：与交叉轴两端对齐，轴线之间的间隔相等。

（5）space-around：每条轴线两侧的间隔相等。因此，轴线之间的间隔比轴线与边框的间隔大一倍。

（6）stretch（默认值）：轴线占满整个交叉轴。

4.2.3 项目的属性

Flex布局支持6个项目属性：order、flex-grow、flex-shrink、flex-basis、flex、align-self。

1.order属性

order属性定义项目的排列顺序。数值越小，排列越靠前，默认为0。代码示例如下：

```
.item {
  order: 1;
}
```

order属性示例如图4-2所示。

图4-2 order属性示例

2.flex-grow属性

flex-grow属性定义项目的放大比例，默认为0，即如果存在剩余空间，也不放大。代码示例如下：

```
.item {
    flex-grow: 0;
}
```

flex-grow属性示例如图4-3所示。

图 4-3 flex-grow 属性示例

如果所有项目的flex-grow属性值都为1，则它们将等分剩余空间（如果有剩余空间）；如果一个项目的flex-grow属性值为2，其他项目都为1，则前者占据的剩余空间将比其他项目多一倍。

3.flex-shrink 属性

flex-shrink属性定义了项目的缩小比例，默认为1，即如果空间不足，该项目将缩小。代码示例如下：

```
.item {
    flex-shrink: 1;
}
```

flex-shrink属性示例如图4-4所示。

图 4-4 flex-shrink 属性示例

如果所有项目的flex-shrink属性都为1，当空间不足时，都将等比例缩小；如果一个项目的flex-shrink属性值为0，其他项目都为1，当空间不足时，前者不缩小。负值对该属性无效。

4.flex-basis属性

flex-basis属性定义了在分配多余空间之前项目占据的主轴空间（main size）。浏览器根据这个属性计算主轴是否有多余空间。其默认值为auto，即项目的本来大小。代码示例如下：

```
.item {
    flex-basis: auto
}
```

flex-basis属性可以设置为与width或height属性一样的值（如350px），则项目将占据固定空间。

5.flex属性

flex属性是flex-grow、flex-shrink 和 flex-basis的简写，默认值为0 1 auto，后两个属性可选。代码示例如下：

```
.item {
  flex: 0 1 auto
}
```

6.align-self 属性

align-self属性允许单个项目有与其他项目不一样的对齐方式，可覆盖align-items属性。其默认值为auto，表示继承父元素的align-items属性，如果没有父元素，则等同于stretch。代码示例如下：

```
.item {
  align-self: auto;
}
```

align-self属性示例如图4-5所示。

图 4-5 align-self 属性示例

该属性可以取6个值，除了auto，其他都与align-items属性值完全一致。

4.3 背景图片

uni-app支持在CSS里设置背景图片，设置方式与普通Web项目大体相同，但是也有一些不同，接下来看看注意事项。

4.3.1 使用本地背景图片的问题

在CSS里设置背景图片时，为了多端兼容，需要注意以下几点：

（1）支持 Base64 格式图片。

（2）支持网络路径图片。

（3）小程序不支持在CSS中使用本地文件，包括本地的背景图片和字体文件，须使用Base64格式。App端在v3模式以前也有相同的限制，从v3编译模式起支持直接使用本地背景图和字体。

使用本地路径背景图片时需要注意以下几点：

（1）为方便开发者，当背景图片小于40KB且uni-app 编译到不支持本地背景图片的平台时，会自动将其转换为Base64 格式。

（2）当背景图片不小于40KB时，会有性能问题，故不建议使用太大的背景图片。如果开发者必须使用太大的背景图片，则需要自己将其转换为Base64格式，或将其复制到服务器上，从网络地址中引用。

（3）本地背景图片的引用路径推荐使用以 ~@为开头的绝对路径。

代码示例如下：

```
.test2 {
    background-image: url('~@/static/logo.png');
}
```

> **注意：**
> 微信小程序真机测试不支持相对路径，但在微信开发者工具里支持。因此，以真机为主，开发时不要使用相对路径。

4.3.2　代码演示及把图片转换为 Base64 格式

在项目中引入背景图片，观察其能否被转换为Base64 格式。在static文件夹下创建images文件夹，将背景图片复制到images文件夹下。pages/index/index.vue文件中的代码如下：

```
<template>
  <view>
        <view class="bg"></view>
  </view>
</template>

<script>
</script>

<style>
  .bg{
        width:200rpx;
        height:200rpx;
        background-image: url("~@/static/images/1.jpg");
        background-size:100%
  }
</style>
```

以上加粗代码为背景图片相关代码，<view>元素是uni-app的组件，uni-app组件名称以小程序命名为基准。有开发微信小程序经验的读者应该对这个组件不陌生，在9.1节中会详细讲解<view>组件。接下来使用HBuilder X运行微信小程序，如果运行后在微信开发者工具控制台中显示Cannot read property 'forceUpdate' of undefined这个错误，则需要配置微信小程序的AppID，使用HBuilder X打开mainifest.json文件后进行微信小程序配置，输入自己的微信小程序AppID，勾选"ES6转ES5""上传代码时自动压缩""检查安全域名和TLS版本"复选框，如图4-6所示。

图 4-6　微信小程序配置

在微信开发者工具中运行的效果如图4-7所示。

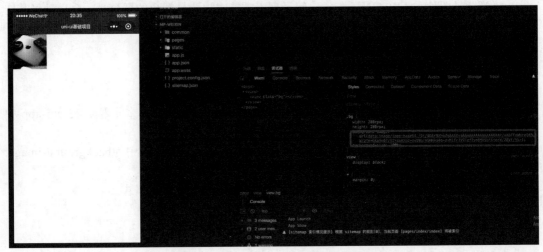

图 4-7　将背景图片转换为 Base64 格式

从图4-7中可以看出，当背景图片小于40KB时，将自动转换为Base64格式。如果背景图片大于40KB，则应使用网络图片。

4.4　小结

　　本章主要讲解了uni-app中尺寸单位的类型，在开发移动端时，选择rpx作为尺寸单位；同时讲解了rpx换算规则，实际工作中需要根据UI的设计图去切页面；还讲解了换算公式，只要按照这个公式进行操作，切出的页面就是自适应的。接着讲解了Flex布局（弹性布局），这也是微信小程序官方主推的页面布局方式，可以简便、完整、响应式地实现各种页面布局，如垂直居中。任何一个容器、一个项目都可以指定为 Flex 布局。最后讲解了在CSS样式中插入背景图片的注意事项，如小程序不支持在CSS中使用本地文件，包括本地的背景图片和字体文件。总之，本章讲解的是切页面最基础的知识，读者一定要多加练习，多切页面，做出的页面能自适应绝大部分屏幕尺寸，这样前端的基本功就达到了。

4.5　练习题

1. 判断题

　　（1）为了更好地支持跨平台，uni-app不建议使用Flex布局，最好使用float。　　　（　　）
　　（2）uni-app支持的通用CSS单位包括px和rpx。　　　（　　）
　　（3）Flex布局支持6个容器属性，分别是flex-direction、flex-wrap、flex-flow、justify-content、align-items和align-content。　　　（　　）
　　（4）当背景图片小于40KB且uni-app 编译到不支持本地背景图片的平台时，会自动将其转换为Base64 格式。　　　（　　）
　　（5）背景图片的引用路径前缀~@表示相对路径。　　　（　　）

2. 填空题

　　（1）若设计稿宽度为640px，元素C在设计稿上的宽度为150px，那么元素 C 在 uni-app 中的宽度应该是_____px。
　　（2）若加入的背景图片路径为static/images/1.jpg，那么在CSS样式中为background-image: url_____。
　　（3）当背景图片小于40KB时，uni-app会自动将其转换为_____格式。

第 5 章

配置 pages.json

pages.json文件用于对 uni-app 进行全局配置，以决定页面文件的路径、窗口样式、原生的导航栏、底部的原生tabbar等。

5.1   配置项

pages.json文件用于对uni-app进行全局配置，可以在配置项中设置默认页面的窗口、设置页面路径及窗口、设置组件自动引入规则、设置底部tab、配置分包加载等。

5.1.1   globalStyle 和 pages

扫一扫，看视频

globalStyle用于全局设置应用的状态栏、导航条、标题、窗口背景色等。

globalStyle的属性选项很多，但是使用起来很简单，这里讲解常用的属性。打开pages.json文件，配置如下：

```
{
    "pages": [
        {
        "path": "pages/index/index",
        "style": {
            "navigationBarTitleText": "uni-ui基础项目" //导航栏标题文字内容
            }
        }
    ],
    "globalStyle": {
        //导航栏标题颜色及状态栏前景颜色，仅支持 black/white
        "navigationBarTextStyle": "white",
        "navigationBarTitleText": "uni-app", //导航栏标题文字内容
        //导航栏背景颜色(同状态栏背景色)
        "navigationBarBackgroundColor": "#007AFF",
        "backgroundColor": "#FFFFFF" //下拉显示出来的窗口背景色
    }
}
```

pages可以配置应用由哪些页面组成。pages节点接收一个数组，数组中的每一项都是一个对象。pages属性见表5-1。

表5-1   pages 属性

属　性	类　型	说　明
path	String	配置页面路径
style	Object	配置页面窗口表现，配置项参考地址为 https://uniapp.dcloud.io/collocation/pages?id=style

接下来使用pages属性配置新增页面。新建一个"新闻页面"，在pages文件夹下创建news文件夹，在news文件夹下创建index.vue文件。开发目录如下：

```
├─pages
│  ├─index
│  │    └─index.vue
│  └─news
│       └─index.vue
├─static
├─main.js
├─App.vue
├─manifest.json
└─pages.json
```

上述加粗的地方为新创建的目录及文件。需要在 pages.json 中填写如下代码：

```
{
    //导航栏标题文字内容
    "pages": [
        ...
        {
            "path": "pages/news/index",
            "style": {
                "navigationBarTitleText": "新闻页面"
            }
        }
    ],
    ...
}
```

注意：
（1）pages节点的第一项为应用入口页（即首页）。
（2）应用中新增/减少页面，都需要对 pages 数组进行修改。
（3）文件名不需要写后缀，框架会自动寻找路径下的页面资源。
（4）style配置项与globalStyle配置项相同时，会覆盖globalStyle配置项。

配置完成后保存文件，即可访问"新闻页面"。关于如何跳转访问"新闻页面"，会在第7章进行讲解。

5.1.2 自定义导航栏使用注意事项

如果原生导航栏不能满足需求，可以使用自定义导航栏。先看一下原生导航栏的样式，使用HBuilder X运行微信小程序项目，在微信开发者工具中渲染的效果如图5-1所示。

扫一扫，看视频

图 5-1   原生导航栏

如果要自定义导航栏，需要先将原生导航栏隐藏，pages.json文件中的配置如下：

```
{
    "pages": [
        {
        "path": "pages/index/index",
        "style": {
                "navigationBarTitleText": "uni-ui基础项目",
                "navigationStyle":"custom"
                }
        },
        ...
    ],
    ...
}
```

当将navigationStyle设为custom时，不再显示原生导航栏，如图5-2所示。

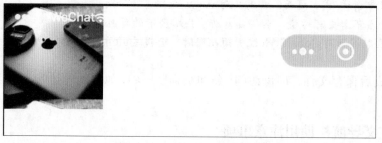

图 5-2   不再显示原生导航栏

需要注意的是，如果没有原生导航栏，在非H5端，手机顶部状态栏区域会被页面内容覆盖。这是因为窗体是沉浸式的，即全屏可写内容。uni-app提供了设置状态栏高度的CSS变量"--status- bar-height"，如果需要在前景部分显示状态栏的位置，可写一个占位div，将高度设置为CSS变量。pages/index/index.vue文件中的代码如下：

```
<template>
  <view>
        <view class="status_bar">
                <!-- 这里是状态栏 -->
        </view>
        <view class="bg"></view>
  </view>
</template>

<script>
</script>

<style>
  ...
  .status_bar {
        height: var(--status-bar-height);
        width: 100%;
    }
</style>
```

上述加粗代码可以将状态栏显示出来。接下来编写一个导航栏，pages/index/index.vue 文件中的代码如下：

```
<template>
  <view>
  ...
        <view class="nav-bar">
                uni-app首页
        </view>
  ...
  </view>
</template>

<script>
</script>

<style>
//完整样式代码请查看源码包
  .nav-bar{width:100%;height:80rpx;background-color:#3cc51f;color:#FFFFFF;text-
align: center;line-height:80rpx;font-size: 28rpx;}
</style>
```

上述加粗代码为新增代码，在微信开发者工具中渲染的效果如图5-3所示。

图5-3　自定义导航栏

在后面的实战项目开发中，会根据设计的UI设置不同的自定义导航栏样式。这里需要注意的是，自定义导航栏需要添加CSS变量"--status-bar-height"，这样便可以显示出状态栏。

5.1.3　easycom

扫一扫，看视频

传统的Vue.js组件需要安装、引用、注册后才能使用，而使用easycom组件只需一步。只要组件安装在项目的components目录下，并符合components/组件名称/组件名称.vue目录结构，即可无须引用、注册，直接在页面中使用。代码示例如下：

```
<template>
    <view class="container">
        <uni-list>
            <uni-list-item title="第一行"></uni-list-item>
            <uni-list-item title="第二行"></uni-list-item>
        </uni-list>
    </view>
</template>
<script>
    //这里不用import引入，也不需要在components内注册uni-list组件。在template里就
    //可以直接用
        export default {
        }
</script>
```

2.1.2小节中创建的项目自带UI组件，如uni-list和uni-list-item组件，其存放在components文件夹下，必须符合components/uni-list/uni-list.vue和components/uni-list-item/uni-list-item.vue 这样的目录结构和命名规范，才会支持easycom。打开components文件夹可以看到许多扩展组件，使用方法可以参考官方文档。

easycom是自动开启的，不需要手动开启，有需求时可以在pages.json的easycom节点进行个性化设置，如关闭自动扫描，或者自定义扫描匹配组件的策略。pages.json的easycom属性见表5-2。

表5-2 pages.json 的 easycom 属性

属 性	类 型	默认值	说 明
autoscan	Boolean	true	是否开启自动扫描。开启后将会自动扫描符合 components/组件名称/组件名称 .vue 目录结构的组件
custom	Object	—	以正则方式自定义组件匹配规则。如果autoscan不能满足需求，可以使用 custom 自定义匹配规则

自定义easycom配置的示例：如果需要匹配node_modules内的Vue.js文件，需要使用packageName/ path/to/vue-file-$1.vue形式的匹配规则，其中packageName为安装的包名，/path/to/vue-file-$1.vue为Vue.js文件在包内的路径。代码示例如下：

```
"easycom": {
  "autoscan": true,
  "custom": {
    "^uni-(.*)": "@/components/uni-$1.vue", //匹配components目录内的Vue.js文件
    //匹配node_modules内的Vue.js文件
    "^vue-file-(.*)": "packageName/path/to/vue-file-$1.vue"
  }
}
```

注意：

（1）easycom方式引入的组件无须在页面内引入，也不需要在components内声明，即可在任意页面使用。

（2）easycom方式引入的组件不是全局引入，而是局部引入。例如，在H5端只有加载相应页面时才会加载使用的组件。

（3）在组件名完全一致的情况下，easycom引入的优先级低于手动引入（区分连字符形式与驼峰形式）。

（4）考虑到编译速度，直接在pages.json内修改easycom不会触发重新编译，需要改动页面内容时才会触发。

（5）easycom只处理Vue.js组件，不处理小程序组件。暂不处理扩展名为.nvue的组件，建议参考uni ui，使用.vue扩展名，同时兼容nvue页面。

（6）nvue页面里的扩展名为.vue的组件同样支持easycom。

5.1.4 tabBar

如果应用是一个多tab应用，可以通过tabBar配置项指定tab栏的表现，以及tab

扫一扫，看视频

切换时显示的对应页。tabBar的配置项有很多，可以参考官方文档。

　　接下来，在2.1.2小节创建的项目中添加tabBar，首先将所需图标复制到static/images文件夹下，图标可以在相关网站中下载。先创建tabBar关联的页面，在pages文件夹下分别创建cart/index.vue和my/index.vue文件，接下来在pages.json文件中进行以下配置：

```json
{
    "pages": [
        {
        "path": "pages/index/index",
        "style": {
                "navigationBarTitleText": "uni-ui基础项目",
                "navigationStyle":"custom"
                }
        },
        {
            "path": "pages/cart/index",
            "style": {
                    "navigationBarTitleText": "购物车"
                }
        },
        {
            "path": "pages/my/index",
            "style": {
                    "navigationBarTitleText": "我的"
                }
        },
        {
            "path": "pages/news/index",
            "style": {
                    "navigationBarTitleText": "新闻页面"
                }
        }
    ],
    "globalStyle": {
            "navigationBarTextStyle": "white",
            "navigationBarTitleText": "uni-app",
            "navigationBarBackgroundColor": "#007AFF",
            "backgroundColor": "#FFFFFF"
    },
    "tabBar": {
            "color": "#7A7E83",
```

```
            "selectedColor": "#E00023",
            "borderStyle": "black",
            "backgroundColor": "#ffffff",
            "list": [
                    {
                        "pagePath": "pages/index/index",
                        "iconPath": "static/images/tabbar/home1.png",
                        "selectedIconPath": "static/images/tabbar/home2.
                                            png",
                        "text": "首页"
                    },
                    {
                        "pagePath": "pages/cart/index",
                        "iconPath": "static/images/tabbar/cart1.png",
                        "selectedIconPath": "static/images/tabbar/cart2.
                                            png",
                        "text": "购物车"
                    },
                    {
                        "pagePath": "pages/my/index",
                        "iconPath": "static/images/tabbar/my1.png",
                        "selectedIconPath": "static/images/tabbar/my2.png",
                        "text": "我的"
                    }
                ]
        }
    }
```

上述加粗代码用于显示tabBar，配置完成后首页可显示tabBar。tabBar配置项说明和list属性说明分别见表5-3和表5-4。

表5-3　tabBar配置项说明

属　　性	类　　型	说　　明
color	HexColor	tab 上的文字默认颜色
selectedColor	HexColor	tab 上的文字选中时的颜色
borderStyle	String	tab 上边框的颜色，可选值为 black 和 white
backgroundColor	HexColor	tab 的背景色
list	Array	tab 的列表，详见 list 属性说明（表5-4），最少2个、最多5个 tab

表 5-4   list 属性说明

属 性	类 型	说 明
pagePath	String	页面路径，必须先在 pages 中定义
text	String	tab 上的按钮文字，在App 和 H5 平台为非必填。例如，中间可放一个没有文字的 "+" 图标
iconPath	String	图片路径，icon 大小限制为 40KB，建议尺寸为 81px × 81px。当 postion 为 top 时，此参数无效，不支持网络图片，不支持字体图标
selectedIconPath	String	选中时的图片路径，icon 大小限制为 40KB，建议尺寸为 81px × 81px。当 postion 为 top 时，此参数无效

在微信开发者工具中渲染的效果即为tabBar展示效果，如图5-4所示。

图 5-4   tabBar 展示效果

5.1.5   subPackages 分包加载

扫一扫，看视频

分包加载配置是小程序的分包加载机制，因小程序有体积和资源加载限制，各个小程序平台都提供了分包方式，以便优化小程序的下载和启动速度。主包主要用于放置默认启动页面（tabBar 页面），以及一些所有分包都需要用到的公共资源（js脚本）；而分包则根据pages.json的配置进行划分。

假设支持分包的 uni-app 目录结构如下：

```
┌─pages
│ ├─index
│ │   └─index.vue
│ └─login
│     └─login.vue
├─pagesA
```

```
│    ├─static
│    └─list
│         └─list.vue
├─pagesB
│    ├─static
│    └─detail
│         └─detail.vue
├─static
├─main.js
├─App.vue
├─manifest.json
└─pages.json
```

则需要在 pages.json 中填写以下内容：

```
{
    "pages": [
        {
        "path": "pages/index/index",
        "style": { ...}
        },
        {
        "path": "pages/login/login",
        "style": { ...}
        }
    ],
    "subPackages": [
        {
        "root": "pagesA",
        "pages": [
                {
                    "path": "list/list",
                    "style": { ...}
                }
        ]
        },
        {
        "root": "pagesB",
        "pages": [
                {
                    "path": "detail/detail",
                    "style": { ...}
                }
```

```
                ]
              }
        ],
        "preloadRule": {
            "pagesA/list/list": {
                "network": "all",
                "packages": ["__APP__"]
            },
            "pagesB/detail/detail": {
                "network": "all",
                "packages": ["pagesA"]
            }
        }
    }
```

subPackages节点接收一个数组，数组中的每一项都是应用的子包，其属性见表5-5。

表5-5　subPackages 属性

属　　性	类　　型	是否必填	说　　明
root	String	是	子包的根目录
pages	Array	是	组成子包的页面，参考表 5-1

注意：
（1）subPackages 里的pages的路径是 root 下的相对路径，不是绝对路径。
（2）微信小程序每个分包的大小是 2MB，总体积不能超过 20MB。
（3）百度小程序每个分包的大小是 2MB，总体积不能超过 8MB。
（4）支付宝小程序每个分包的大小是 2MB，总体积不能超过 8MB。
（5）QQ小程序每个分包的大小是 2MB，总体积不能超过 24MB。
（6）分包下支持独立的 static 目录，用于对静态资源进行分包。
（7）uni-app内支持对微信小程序、QQ小程序、百度小程序分包优化，即将静态资源或者js文件放入分包内，不占用主包大小。

preloadRule支持分包预载，在进入小程序某个页面时，由框架自动预下载可能需要的分包，提升进入后续分包页面时的启动速度。

preloadRule中，属性（key）是页面路径，值（value）是进入此页面的预下载配置，见表5-6。

表5-6　preloadRule 配置属性

字　段	类　　型	是否必填	默认值	说　　明
packages	StringArray	是	无	进入页面后预下载分包的 root 或 name。__APP__ 表示主包
network	String	否	wifi	在指定网络下预下载，可选值为 all（不限网络）、wifi（仅 Wi-Fi 下预下载）

App的分包同样支持preloadRule，但网络规则无效。在后面的项目实战开发中会使用分包，读者将会有更深刻的理解。

5.2 小结

pages.json是uni-app的全局配置文件。所有页面文件的路径、窗口样式、原生的导航栏和tabBar都存放在pages.json中。本章主要讲解了pages.json文件的配置，首先是globalStyle和pages属性。globalStyle配置全局外观，如设置导航栏背景颜色，pages设置页面的路径。与Vue不同，uni-app没有vue-router，也没有主子路由之分，页面的路径需要在pages.json文件中的pages属性中配置。其次讲解了使用自定义导航栏时的注意事项；还讲解了easycom，该组件无须引用和注册，可以直接在页面中使用。另外讲解了subPackages分包加载可以优化小程序的下载和启动速度，需要注意tabBar页面和启动页面不能放在分包中。本章内容建议观看视频同步学习，同时可以尝试自己动手修改配置以便查看效果。

5.3 练习题

判断以下说法是否正确。

（1）pages.json文件用于对uni-app进行局部配置。 （ ）

（2）当navigationStyle设置为custom时，可以显示原生导航栏。 （ ）

（3）subPackages分包加载会延长小程序的加载时间，可能会出现跨端兼容性问题，不建议使用分包技术。 （ ）

（4）微信小程序每个分包的大小是2MB，总体积不能超过26MB。 （ ）

（5）subPackages 里的pages的路径是 root 下的相对路径，不是绝对路径。 （ ）

第 6 章

配置 manifest.json

manifest.json文件可以配置H5、小程序、App信息，如配置代理、H5模板、小程序AppID以及App的名称、图标、权限等。

扫一扫，看视频

6.1　配置项

manifest.json文件的配置项有很多，这里重点讲解开发项目前必须要配置的选项，后面根据开发项目需求进行配置即可。如果在实际开发中需要配置选项，请仔细阅读官方配置文档。

6.1.1　App图标配置

在开发App之前或开发完成之后，应该配上自己的图标，如果没有配置，则默认为HBuilder X的图标。使用HBuilder X开发工具打开manifest.json文件，默认进入基础配置页面，如图6-1所示。

图6-1　基础配置页面

在基础配置页面中可以填写应用的名称和应用的版本号。uni-app的AppID由DCloud云端分配，主要用于DCloud相关的云服务，请勿自行修改。

选择"App图标配置"选项卡，进入图6-2所示的页面。可以看到图标的尺寸有很多，如果每个都进行制作，则会很浪费时间。在"自动生成图标"选项中单击"浏览"按钮，选择1024×1024的图标，单击"自动生成所有图标并替换"按钮，会自动生成Android图标和iPhone图标，生成的图标会自动保存在unpackage/res/icons文件夹下。如果想查看manifest.json文件的源码，可以选择"源码视图"选项卡，如图6-3所示。

图 6-2　App 图标配置页面

```
43    "splashscreen" : {
44        "iosStyle" : "common",
45        "androidStyle" : "common"
46    },
47    "icons" : {
48        "android" : {
49            "hdpi" : "unpackage/res/icons/72x72.png",
50            "xhdpi" : "unpackage/res/icons/96x96.png",
51            "xxhdpi" : "unpackage/res/icons/144x144.png",
52            "xxxhdpi" : "unpackage/res/icons/192x192.png"
53        },
54        "ios" : {
55            "appstore" : "unpackage/res/icons/1024x1024.png",
56            "ipad" : {
57                "app" : "unpackage/res/icons/76x76.png",
58                "app@2x" : "unpackage/res/icons/152x152.png",
59                "notification" : "unpackage/res/icons/20x20.png",
60                "notification@2x" : "unpackage/res/icons/40x40.png",
61                "proapp@2x" : "unpackage/res/icons/167x167.png",
62                "settings" : "unpackage/res/icons/29x29.png",
63                "settings@2x" : "unpackage/res/icons/58x58.png",
64                "spotlight" : "unpackage/res/icons/40x40.png",
65                "spotlight@2x" : "unpackage/res/icons/80x80.png"
66            },
67            "iphone" : {
68                "app@2x" : "unpackage/res/icons/120x120.png",
69                "app@3x" : "unpackage/res/icons/180x180.png",
70                "notification@2x" : "unpackage/res/icons/40x40.png",
71                "notification@3x" : "unpackage/res/icons/60x60.png",
72                "settings@2x" : "unpackage/res/icons/58x58.png",
73                "settings@3x" : "unpackage/res/icons/87x87.png",
74                "spotlight@2x" : "unpackage/res/icons/80x80.png",
75                "spotlight@3x" : "unpackage/res/icons/120x120.png"
76            }
77        }
78    }
```

图 6-3　"源码视图"选项卡

图6-2生成的图标会自动生成图6-3中的代码，也可以直接在"源码视图"中填写配置信息。

6.1.2 配置 AppID

在开发微信小程序时，有些功能必须用自己的AppID，如授权登录、获取手机号、支付等。打开mainifest.json文件，找到以下代码并修改为自己的AppID：

```
"mp-weixin" : {
    "appid" : "wx1a2ccf9b9d1bb416",//填写微信小程序AppID
    ...
}
```

6.1.3 H5 自定义模板

在Vue.js中，public文件夹下有index.html文件，但uni-app的项目中并没有index.html文件，这样在扩展上就会有局限性，如自定义添加meta标签，或者添加第三方统计代码等，但uni-app可以通过manifest.json配置index.html模板文件。

首先在根目录下创建index.html文件，内容如下：

```
<!DOCTYPE html>
<html>
<head>
    <meta charset="UTF-8">
    <meta name="format-detection" content="telephone=no,email=no,date=no,
address=no"/>
    <meta http-equiv="X-UA-Compatible" content="IE=edge,chrome=1"/>
    <!--htmlWebpackPlugin.options.title获取HBuilder X配置的标题-->
    <title><%= htmlWebpackPlugin.options.title %></title>
    <script>
            var coverSupport = 'CSS' in window && typeof CSS.supports
=== 'function' && (CSS.supports('top: env(a)') || CSS.supports('top:
constant(a)'));
            document.write('<meta name="viewport" content="width=device-width,
user-scalable=no, initial-scale=1.0, maximum-scale=1.0, minimum-scale=1.0'
+ (coverSupport ? ', viewport-fit=cover' : '') + '" />')
    </script>
     <!--BASE_URL获取manifest.json文件中的运行基础路径，VUE_APP_INDEX_CSS_HASH获
取自动生成的hash值-->
    <link rel="stylesheet" href="<%= BASE_URL %>static/index.<%= VUE_APP_
INDEX_CSS_HASH %>.css" />
</head>
<body>
<noscript>
```

```
        <strong>Please enable JavaScript to continue.</strong>
    </noscript>
    <div id="app"></div>
    <!-- built files will be auto injected -->
    </body>
    </html>
```

上述加粗代码viewport-fit=cover可以解决iPhone X两侧边缘出现白边的问题。接下来在manifest.json文件中配置模板，选择"h5配置"选项卡，如图6-4所示。

图 6-4　"h5配置"选项卡

在"index.html模板路径"中选择index.html，之后使用HBuilder X运行项目，选择"运行"→"运行到浏览器"命令，在浏览器中运行测试，如图6-5所示。

图 6-5　在浏览器中运行测试

6.1.4　配置代理解决跨域问题

在开发H5网站时，在开发环境中需要解决跨域问题，可以在manifest.json文件中配置代理以解决该问题。选择"源码视图"选项卡，在源码视图中配置的代码如下：

```
"h5" : {
    "title" : "hello uniapp",
    "template" : "index.html",
    "router" : {
        "mode" : "hash",
        "base" : ""
    },
    "sdkConfigs" : {
        "maps" : {}
    },
    "devServer" : {
        "proxy" : {
            "/api" : {
                "target" : "http://localhost:9191/api",
                "changeOrigin" : true,
                "pathRewrite" : {
                    "^/api" : ""
                }
            }
        }
    }
}
```

在h5属性中添加devServer选项，devServer属性值和学习Vue.js时在vue.config.js文件中配置的是一样的，这里不再过多解释。

6.2　小结

manifest.json文件是应用的配置文件，用于指定应用的名称、图标、权限等。本章主要讲解了manifest.json文件的小程序、H5、App的基础配置，如配置App图标、配置AppID、配置H5自定义模板，以及配置代理解决跨域问题等。当然，第三方地图、支付等功能也可以在manifest.json文件中进行配置。manifest.json文件的配置，推荐在HBuilder X 提供的可视化操作界面中完成。

部分配置会在打包时的操作界面中自动补全，如证书等信息。Native.js权限部分会根据配置的模块权限在打包后自动填充。部分modules是默认的，不需要进行配置。建议各位读者动手配置自己项目中的manifest.json文件。

6.3　练习题

判断以下说法是否正确。

（1）manifest.json文件可以配置H5、小程序、App信息，如配置代理、H5模板、小程序AppID以及App的名称、图标、权限等。　　　　　　　　　　　　　　　（　　）

（2）在开发微信小程序时，有些功能必须要配置AppID，如授权登录、获取手机号、在线支付等。　　　　　　　　　　　　　　　　　　　　　　　　　　　　（　　）

（3）在uni-app中开发H5网站是不能自定义模板的。　　　　　　　　　　　（　　）

（4）在开发H5网站时，uni-app是不能配置代理解决跨域问题的。　　　　　（　　）

第7章

路由

uni-app页面路由由框架统一管理，开发者需要在pages.json文件中配置每个页面路由的路径及页面样式。微信小程序等在app.json中配置页面路由的方式基本相同。

7.1　组件路由跳转

uni-app有两种页面路由跳转方式，即使用navigator组件跳转和调用API跳转。本节介绍navigator组件路由跳转。

扫一扫，看视频

7.1.1　打开新页面

使用navigator组件将open-type属性值设置为navigate时，表现为打开新页面。接下来看一下代码示例。pages/index/index.vue文件中的代码如下：

```
<template>
  <view class="page">
      <navigator open-type="navigate" url="/pages/news/index"
hover-class="navigator-hover">
            <button type="default" class="btn">跳转到新闻页面</button>
      </navigator>
  </view>
</template>

<script>
</script>

<style>
  .page{width:100%;height:100vh;}
  .navigator-hover{width:100%;height:150rpx;background-color:#F56C6C;
opacity: 1;display:flex;align-items: center}
  .btn{width:50%;height:80rpx;border-radius: 0px;}
  .btn:after{border:0 none;}
</style>
```

如果不在navigator组件中添加open-type属性，则默认为open-type="navigate"。url属性可以设置跳转的路径为相对路径或绝对路径。hover-class属性指定点击时的样式类，当hover-class="none"时，没有点击效果。注意，在微信小程序中将<button>标签的默认边框隐藏，需要使用伪元素after，在<style>标签内添加.btn:after{border:0 none}可以隐藏<button>标签的默认边框。

7.1.2　页面重定向

使用navigator组件将open-type属性值设置为redirect时，会进行页面重定向，可以理解为Vue.js 路由的replace跳转。

pages/index/index.vue文件中的代码如下：

```
<navigator open-type="redirect" url="/pages/news/index" hover-class=
"navigator-hover">
        <button type="default" class="btn">跳转到新闻页面</button>
    </navigator>
```

使用页面重定向进行跳转，不会进入历史记录，不支持页面返回。可以利用该特点解决微信小程序跳转10层页面限制的问题，详见7.3.3小节的内容。

7.1.3　页面返回

使用组件<navigator open-type="navigateBack"/>方式跳转页面，在跳转后的页面中可以自定义返回操作。pages/news/index.vue文件中的代码如下：

```
<template>
    <view>
        <navigator open-type="navigateBack">
            <button type="default">返回</button>
        </navigator>
        新闻页面
    </view>
</template>
```

将open-type属性值设置为navigateBack，单击"返回"按钮可以返回上一页。

7.1.4　Tab 切换

Tab切换主要用于从当前页面跳转到tabBar中的页面，如从"新闻页面"跳转到"购物车页面"。pages/news/index.vue文件中的代码如下：

```
<template>
    <view>
    <navigator url="/pages/cart/index" open-type="switchTab">
                <button type="default">跳转到购物车页面</button>
    </navigator>
    </view>
</template>
```

将open-type属性值设置为switchTab，可以跳转到tabBar中的页面，跳转后页面会全部出栈，只留下新的tabBar中的页面。页面全部出栈意味着跳转后的页面不支持页面返回。

7.1.5　reLaunch

使用navigator组件将open-type属性值设置为reLaunch时，会进行重加载，页面全部出栈，只留下新的页面。pages/news/index.vue文件中的代码如下：

```
<template>
```

```
<view>
        <navigator url="/pages/index/index" open-type="reLaunch">
                <button type="default">跳转到首页</button>
        </navigator>
    </view>
</template>
```

使用重加载可以跳转至任何页面，跳转后页面全部出栈，意味着跳转后的页面不支持页面返回。

7.2　API 路由跳转

7.1节讲解了使用navigator组件进行跳转的方法。接下来使用API实现路由跳转页面。

7.2.1　打开新页面

扫一扫，看视频

使用uni.navigateTo()方法跳转页面，可以保留当前页面，跳转到应用内的某个页面；使用uni.navigateBack()方法可以返回到原页面，类似于Vue.js中的this.$router.push()方法。

pages/index/index.vue文件中的代码如下：

```
<template>
  <view class="page">
        <button type="default" class="btn" @click="goPage('/pages/news/
index')">跳转到新闻页面</button>
    </view>
</template>

<script lang="ts">//lang="ts"支持TypeScript编码模式
//defineComponet:重载函数，对setup()函数进行封装，在TypeScript编码模式下，给予了
//组件正确的参数类型推断
import { defineComponent } from 'vue';
    export default defineComponent({
        name:'index',
        setup(){
            //将goPage定义为Function类型
            let goPage:Function=(url)=>{
                        uni.navigateTo({
                                url:url
                        })
                    }
            return{
            goPage //返回goPage方法，可在视图中调用
```

```
        }
      }
    })
</script>

<style>
//样式代码请查看源码包
</style>
```

上述加粗代码为在<button>组件上添加click事件,使用uni.navigateTo()方法实现页面跳转,url参数为跳转页面的路径。路径后可以带参数,参数与路径之间使用"?"分隔,参数键与参数值之间使用"="相连,不同参数之间使用"&"分隔,如path?key=value&key2=value2,在<script>标签内添加lang="ts"属性支持TypeScript编码模式。

7.2.2 页面重定向

使用uni.redirectTo()方法可以关闭当前页面,跳转到应用内的某个页面,类似于Vue.js的this.$router.replace()方法。

pages/index/index.vue文件中的代码如下:

```
<template>
  <view class="page">
        <button type="default" class="btn" @click="goPage('/pages/news/
index')">跳转到新闻页面</button>
    </view>
</template>

<script lang="ts">
import { defineComponent } from 'vue';
    export default defineComponent({
        name:'index',
        setup(){
              let goPage:Function=(url)=>{
              //redirectTo()重定向页面
                    uni.redirectTo({
                        url:url
                    })
              }
        return{
         goPage
         }
       }
    })
```

```
</script>

<style>
//样式代码请查看源码包
</style>
```

注意：
> 跳转到tabBar页面时只能使用switchTab。

7.2.3　页面返回

使用uni.navigateBack()方法可以关闭当前页面，返回上一页面或多级页面，并且可以决定需要返回几层。

pages/news/index.vue文件中的代码如下：

```
<template>
    <view>
          <button type="default" @click="goBack()">返回</button>
    </view>
</template>

<script lang="ts">
import { defineComponent } from 'vue';
    export default defineComponent({
        name:'news',
        setup(){
            let goBack:Function=()=>{
                uni.navigateBack({
                            delta: 1
                        });
            };
            return{
              goBack
            }
        }
    })
</script>
```

uni.navigateBack()方法类似于Vue.js的this.$router.go(-1)，delta参数表示返回的页面数，如果delta大于现有页面数，则返回到首页。

7.2.4 Tab 切换

使用uni.switchTab()方法可以跳转到tabBar页面，并关闭其他所有非tabBar页面。pages/news/index.vue文件中的代码如下：

```
<template>
  <view>
    ...
      <button type="default" @click="goTabBar('/pages/cart/index')">跳转
到购物车页面</button>
  </view>
</template>

<script lang="ts">
  import { defineComponent } from 'vue';
   export default defineComponent({
      name:'news',
      setup(){
        let goTabBar:Function=(url:string)=>{
            uni.switchTab({
                          url:url
                });
        }
        return{
         goTabBar
        }
      }
  })
</script>
```

url参数为需要跳转到的tabBar页面的路径（须为在pages.json的tabBar字段定义的页面），路径后不能带参数。

7.2.5 reLaunch

使用uni.reLaunch()方法可以关闭所有页面，接着跳转到应用内的某个页面。pages/news/index.vue文件中的代码如下：

```
<template>
  <view>
    ...
      <button type="default" @click="goReLaunch('/pages/index/index')">
跳转到首页</button>
  </view>
```

```
      </template>

      <script lang="ts">
         import { defineComponent } from 'vue';
          export default defineComponent({
             name:'news',
             setup(){
                 let goReLaunch:Function=(url:string)=>{
                     uni.reLaunch({
                                 url: url
                     });
                 }
                 return{
                  goReLaunch
                 }
             }
         })
      </script>
```

　　url参数表示需要跳转的应用内页面路径，路径后可以带参数。参数与路径之间使用 "?" 分隔，参数键与参数值之间使用 "=" 相连，不同参数之间使用 "&" 分隔，如path?key=value&key2=value2。

　　如果要跳转的页面是tabBar页面，则不能带参数。

7.3　接收参数与层级限制

　　本节重点讲解如何接收路由跳转过来的动态参数，以及如何解决微信小程序使用navigateTo()方法跳转10层超过页面限制的问题。

7.3.1　接收参数

　　在uni-app中接收路由参数与在Vue.js中不同，在onLoad()生命周期钩子函数中接收参数。代码示例如下：

扫一扫，看视频

```
//在起始页面跳转到pages/news/index.vue页面并传递参数
uni.navigateTo({
      url:'pages/news/index?id=1&title=新闻动态'
})
//在pages/news/index.vue页面接收参数
onLoad(opts){                      //opts为object类型，会序列化上个页面传递的参数
    console.log(opts.id);        //输出上个页面传递的参数，值为1
    console.log(opts.title);  //输出上个页面传递的参数，值为 "新闻动态"
}
```

上述加粗代码中，onLoad()方法接收的参数为object类型，会序列化上个页面传递的参数。

需要注意的是，url是有长度限制的，太长的字符串会导致传递失败，这个问题可以使用encodeURIComponent()方法解决。代码示例如下：

```
//在起始页面跳转到pages/news/index.vue页面并传递参数
uni.navigateTo({
    url:"/pages/news/index?id=1&title="+encodeURIComponent('新闻动态')+""
})
//在pages/news/index.vue页面接收参数
onLoad(opts){//opts为object类型，会序列化上个页面传递的参数
    //输出上个页面传递的参数，值为新闻动态
    console.log(decodeURIComponent(opts.title));
}
```

上述加粗代码中，使用路由传递参数时使用encodeURIComponent()方法将参数的值进行编码，接收参数时使用decodeURIComponent()方法进行解码。

7.3.2　获取当前页面栈

使用getCurrentPages()方法可以获取当前页面栈的实例，并以数组的形式按栈的顺序给出，第一个元素为首页，最后一个元素为当前页面。

代码示例如下：

```
onLoad(opts){//opts为object类型，会序列化上个页面传递的参数
  //获取页面栈
  let pages = getCurrentPages();
  //获取第一个页面
  let firstPage= pages[0];
      console.log(firstPage.route); //结果:pages/index/index
  //获取当前页面
  let curPage=pages[pages.length-1];
      console.log(curPage.route);//结果:pages/news/index
}
```

使用navigateTo()方法跳转页面会将每一个页面添加到页面栈中。使用getCurrentPages()方法可以获取到所有页面栈，返回的是一个数组。如果获取到第一个页面，索引为0；如果获取到当前页面，索引为"总页面栈数量−1"；如果获取到最后一个页面，索引为"总页面栈数量−1"，其实最后一个页面就是当前页面。可以利用该方法解决微信小程序限制10层页面的问题。

7.3.3　解决跳转10层页面限制的问题

微信小程序为了解决性能问题，使用navigateTo()方法将跳转页面限制为10层，因为每次使用navigateTo()方法跳转页面会将跳转的页面添加到页面栈中，页面栈层数越多性能越差。每次使用navigateBack()方法返回页面，就会减少一层页面栈，但

扫一扫，看视频

是有一种需求，如从"文章列表页面"跳转到"文章详情页面"，"文章详情页面"中又有相关文章，单击相关文章的标题使用navigateTo()方法又跳转到"文章详情页面"，在这一过程中并没有使用navigateBack()方法返回页面，而是无限地使用navigateTo()方法进行跳转，那么最多只能跳转10次，超过10次跳转无效。

解决这个问题有两个方案。

（1）使用getCurrentPages()方法获取页面栈页面数，如果大于等于10层就使用redirectTo()方法进行跳转。

（2）官方文档中已经给出了完美的解决方案，即"注意：为了不让用户在使用小程序时造成困扰，请尽量避免多层级的交互方式"。

第一种方案的代码示例如下：

```
<template>
    <div>
        <div>相关新闻:</div>
        <div>
            <view class="news-list" @click="pushPage('/pages/news/index?id=3
&title='+encodeURIComponent('民法典将如何影响婚姻生活')+'')">{{!title?'点击这里':
decodeURIComponent(title)}}</view>
        </div>
    </div>
</template>

<script lang="ts">
    import { defineComponent,ref } from 'vue';
    let pagesCount:number=0;
    let title=ref("");//使用ref定义响应式数据
    export default defineComponent({
        name:'news',
        onLoad(opts){
            let pages=getCurrentPages();
            //获取页面栈总页数
            pagesCount=pages.length;
            title.value=opts.title;//将参数赋值给title.value
            console.log(pagesCount,decodeURIComponent(title.value));
        },
        setup(){
            let pushPage:Function=(url:string)=>{
                //如果页面栈总数大于10
                if(pagesCount>=10){
                    //使用重定向跳转页面
                    uni.redirectTo({
```

```
                    url
                })
            }else{
                //如果页面栈小于10, 打开新页面
                uni.navigateTo({
                    url: url
                })
            }
        }
        return{
         pushPage,
         title
        }
    }
  })
</script>
```

上述代码中的注释很详细，逻辑也比较简单，真实演示效果可以观看本小节视频教程。

7.3.4 解决 tabBar 不能传参的问题

跳转到tabBar页面时是不能传参的，但是在实际开发中需要在跳转tabBar页面时进行传参，这时可以将参数传入本地缓存来实现传参，H5的本地缓存是localStorage，uni-app的本地缓存是uni.setStorageSync()。创建pages/shop/index.vue文件，该文件中的代码如下：

扫一扫，看视频

```
<template>
    <div>
        <div class="shop-list" @click="goPage('/pages/index/index','1')">北
京分店</div>
        <div class="shop-list" @click="goPage('/pages/index/index','2')">上
海分店</div>
        <div class="shop-list" @click="goPage('/pages/index/index','3')">山
西分店</div>
    </div>
</template>

<script lang="ts">
import { defineComponent } from 'vue';
    export default defineComponent({
        name:'shop',
        setup(){
            let goPage:Function=(url,id)=>{
```

```
                //将id传入本地缓存
                uni.setStorageSync("branch_shop_id",id);
                //跳转到tabBar页面
                uni.switchTab({
                    url
                })
            }
          return{
            goPage
          }
        }
    })
</script>
<style scoped>
    .shop-list{height:40px;line-height:40px;}
</style>
```

uni.setStorageSync()方法的第一个参数是属性，第二个参数是值。与H5的localStorage使用方式一样，使用uni.switchTab()方法跳转到tabBar的首页，在pages/index/index.vue文件中接收参数，代码如下：

```
onShow(){
//获取pages/shop/index.vue文件中uni.setStorageSync()方法属性为branch_shop_id的值
    let branchShopId=uni.getStorageSync("branch_shop_id");
    console.log(branchShopId); //结果为1
}
```

使用uni.getStorageSync()方法获取本地缓存，这样即可实现路由传参的效果。

7.3.5　自定义 tabBar 及封装 tabBar 组件

扫一扫，看视频

在5.1.4小节学习了如何配置tabBar，但是系统生成的tabBar有时不能满足我们的需求，而且有局限性，如自定义tabBar的样式、在子页面使用tabBar等这些特殊的需求都无法实现，这时可以自己写一个tabBar。使用Vue.js 开发时，tabBar可以使用嵌套路由的方式实现，在uni-app中没有嵌套路由的概念，可以使用组件的形式实现。

首先编写tabBar组件，在components文件夹中创建tab-bar/index.vue文件，该文件中的代码如下：

```
<template>
    <view class="tab-bar-wrap">
        <view class="tab-bar">
            <view :class="{item:true, home:true, active:homeActive}" @
click="replacePage('/pages/index/index')">
            <view class="icon"></view>
```

```
            <view class="text">首页</view>
        </view>
            <view :class="{item:true, my:true, active:myActive}" @
click="replacePage('/pages/my/index')">
            <view class="icon"></view>
            <view class="text">我的</view>
        </view>
    </view>
  </view>
</template>
<script lang="ts">
    import { defineComponent,ref,onMounted } from 'vue';
    let homeActive=ref(true);
    let myActive=ref(false);
    export default defineComponent({
        name:'tab-bar',
        props:{
            //当前路由地址
            curRoute:{
                type:String,
                default:""
            }
        },
        setup(props:any){
            //相当于Vue.js 2的mounted生命周期钩子函数
            onMounted(()=>{
                //改变tabBar图标和文字的样式
                switch(props.curRoute){
                    case "pages/index/index"://首页
                        homeActive.value=true;
                        myActive.value=false;
                        break;
                    case "pages/my/index"://我的页面
                        homeActive.value=false;
                        myActive.value=true;
                        break;
                    default://默认为首页样式
                        homeActive.value=true;
                        myActive.value=false;
                        break;
                }
            })
```

```
                    let replacePage:Function=(url:string)=>{
                        //重定向跳转页面
                        uni.redirectTo({
                            url
                        })
                    }
                return{
                 homeActive,
                 myActive,
                 replacePage
                }
            }
        })
    </script>
    <style scoped>
    //样式代码请查看源码包
    </style>
```

上述代码比较简单，不再赘述。需要注意的是，考虑到兼容性，在开发uni-app的组件时应避免使用created生命周期，而应使用mounted生命周期。

接下来将tabBar组件分别引入pages/index/index.vue和pages/my/index.vue文件中。pages/index/index.vue文件中的代码如下：

```
<template>
   <view class="page">
        <button type="default" class="btn" @click="goPage('/pages/news/
index?id=1&title='新闻动态')">跳转到新闻页面</button>
        <button type="default" class="btn" @click="goPage('/pages/shop/
index')">选择商品</button>
        <!--将当前页面的路由地址传递给tabBar组件-->
        <tab-bar :curRoute="curRoute"></tab-bar>
   </view>
</template>
<script lang="ts">
   import { defineComponent,ref } from 'vue';
   import TabBar from "../../components/tab-bar";
   let curRoute=ref("");
    export default defineComponent({
        name:'index',
            onLoad(opts) {
                let pages=getCurrentPages();
                let curPage=pages[pages.length-1];
```

```
                    //获取当前页面
                    curRoute.value=curPage.route;
            },
            components:{
                    TabBar
            },
        setup(){
            //将goPage定义为Function类型
            let goPage:Function=(url)=>{
                        uni.navigateTo({
                                url:url
                        })
                }
            return{
            goPage, //返回goPage方法，可在视图中调用curRoute
            }
        }
    })
</script>
<style>
//样式代码请查看源码包
</style>
```

上述加粗代码为tabBar相关代码，使用getCurrentPages()方法获取当前路由地址，传递给tabBar组件，在tabBar组件内部利用父组件传过来的路由地址，判断并改变tabBar的图标和文字的样式。

pages/my/index.vue文件中的代码如下：

```
<template>
    <view>
        我的页面
        <tab-bar :curRoute="curRoute"></tab-bar>
    </view>
</template>

<script lang="ts">
    import { defineComponent,ref } from 'vue';
    import TabBar from "../../components/tab-bar";
    let curRoute=ref("");
    export default defineComponent({
        name:'my',
        onLoad(opts) {
```

```
        let pages=getCurrentPages();
        let curPage=pages[pages.length-1];
        curRoute.value=curPage.route;
    },
    components:{
        TabBar
    },
    setup(){
        return{
            curRoute
        }
    }
})
</script>
```

上述代码与pages/index/index.vue文件中引入tabBar组件的方式一样，这里不作过多解释。在微信开发者工具中渲染的效果，即自定义tabBar预览效果如图7-1所示。

图 7-1   自定义 tabBar 预览效果

点击"我的"或"首页"按钮分别跳转到各自的页面。需要注意的是，如果使用微信开发者工具进行测试，跳转页面时会出现滑动效果，正常情况下是不应该出现滑动效果的，所以需要在手机上进行真机测试。打开微信开发者工具，单击"预览"按钮，如图7-2所示。

图7-2 单击"预览"按钮

这时会将unpackage/dist/dev/mp-weixin文件夹中的所有文件上传到微信小程序服务器,上传完成后会生成二维码(该二维码具有时效性,读者在操作时会生成新的二维码,此处仅作展示之用),如图7-3所示。

图7-3 真机测试二维码

用微信扫一扫功能扫描二维码,可以进行真机测试。在手机上测试自定义的tabBar跳转页面时不会出现滑动效果,可见微信开发者工具的测试和真机测试是有些差异的,最终要以真机测试效果为准。

7.4 小结

本章主要讲解了uni-app的路由,包括组件路由跳转、API路由跳转。在组件路由跳转和API路由跳转中,讲解了如何打开新页面、页面重定向、页面返回、Tab切换以及reLaunch(重加载)。另外,讲解了如何接收参数、获取当前栈、解决tabBar跳转无法传参的问题以及使用navigateTo()方法跳转时存在的10层限制的问题。最后还讲解了如何自定义tabBar组件、如何封装tabBar组件以及如何进行真机测试。学习本章时,建议观看视频配套学习,效果会一目了然,同时自己要多加练习,这样会对路由知识有更好的理解。

7.5　练习题

判断以下说法是否正确。

（1）当navigator组件的open-type属性值设置为"navigate"时，表现为打开新页面。（　　）

（2）当navigator组件的open-type属性值设置为"switchTab"时，可以跳转到tabBar中的页面，并且支持页面返回。（　　）

（3）可以在onLoad()生命周期钩子函数中接收参数。（　　）

（4）跳转到tabBar页面时是可以传递参数的。（　　）

（5）在微信小程序中使用navigateTo()方法跳转页面时限制为5层。（　　）

第8章

运行环境判断和平台判断

由于uni-app的一套代码可多端使用，因此必定存在因不同平台而产生的差异，这时需要根据不同的平台编写不同的代码。

8.1　判断运行环境

扫一扫，看视频

　　在实际开发中判断运行环境，通常用于调用不同环境的服务端API接口地址。例如，有两个接口，测试接口为http://10.11.29.33:8181，正式接口为http://10.11.29.55，在开发环境下需要调用测试接口，在生产环境下需要调用正式接口，这时就需要判断当前的运行环境，从而自动调用不同的接口。

8.1.1　开发环境和生产环境

　　uni-app可通过process.env.NODE_ENV判断当前运行环境是开发环境还是生产环境，一般用于连接测试服务端API接口或生产服务端API接口的动态切换。

　　在HBuilder X中，选择"运行"命令编译出的代码是开发环境，选择"发行"命令编译出的代码是生产环境。代码示例如下：

```
if (process.env.NODE_ENV === 'development') {
    console.log('开发环境')
}
if (process.env.NODE_ENV === 'production') {
    console.log('生产环境')
}
```

　　在实际开发中不可能只有生产环境和开发环境，还需要多环境配置，如测试环境、预览环境等。其配置方式与Vue.js一样，也需要配置package.json文件。使用HBuilder X创建的项目是没有package.json文件的，需要使用vue-cli命令行创建项目。项目创建后即可看到package.json文件，可以根据Vue.js多环境配置方案自行配置，如果无法配置成功，请观看视频教程学习。

8.1.2　配置开发环境和生产环境的 API 接口

　　在开发项目时一般会给两个服务端API接口，分别是测试接口和正式接口。本小节实现在不同环境中自动切换接口地址的功能。为了在开发项目中使用方便，这里将其封装到一个文件中。在static文件夹下创建js/conf/config.js文件，该文件中的代码如下：

```
let baseApi=process.env.NODE_ENV === 'development'?"http://dev.lucklnk.
com":"http://www.lucklnk.com";
export default {
        baseApi:baseApi
}
```

　　将config.js文件导入到main.js文件中，并挂载到Vue.js组件实例中。新增代码如下：

```
import App from './App';
import config from "./static/js/conf/config";
...
```

```
// #ifdef Vue.js 3
import { createSSRApp } from 'vue'
export function createApp() {
  const app = createSSRApp(App);
  app.config.globalProperties.$config = config;//将config设置为全局变量
  return {
    app
  }
}
// #endif
```

上述加粗代码为新增代码，由于Vue.js 3中新的API组合内部没有this，所以无法直接操作Vue.js原型，可以使用globalProperties自定义全局属性，$config为自定义的属性。

在pages/index/index.vue文件中使用getCurrentInstance()函数，代码如下：

```
import { defineComponent,ref,getCurrentInstance} from 'vue';
    export default defineComponent({
        name:'index',
          setup() {
            let cInstance:any=getCurrentInstance();//获取当前组件实例
                console.log(cInstance.proxy.$config.baseApi);//获取全局变量
      },
      ...
    })
```

由于Vue.js 3新的API组合内部没有this，所以需要使用getCurrentInstance()函数来获取当前组件实例，这样就可以获取到$config全局属性。

8.2　判断平台

在uni-app中进行平台判断有两个时段，一个是编译期判断，另一个是运行期判断，在项目中常选择在编译期判断。

扫一扫，看视频

8.2.1　编译期判断

编译期判断，即条件编译，不同平台在编译出包后已经是不同的代码。编译期判断可以写在<script>标签、<template>标签和<style>标签内。<script>标签内的代码示例如下：

```
// #ifdef H5
    alert("只有H5平台才有alert方法")
// #endif
```

#ifdef为开始标签，#endif为结束标签，H5为判断的条件。注意，#ifdef和#endif一定要写在注释里面。

\<template>标签内的代码示例如下：

```
<!--#ifdef H5-->
    <section>我是H5标签</section>
<!--#endif-->
```

\<style>标签内的代码示例如下：

```
/* #ifdef H5 */
    section{font-size:28rpx;color:#F56C6C}
/* #endif */
```

条件编译是用特殊的注释作为标记，在编译时根据这些特殊的注释，将注释里面的代码编译到不同平台。其写法以 #ifdef 或 #ifndef 加 %PLATFORM% 开头，以#endif 结尾。条件编译的写法及说明见表8-1，%PLATFORM可取值见表8-2。

- #ifdef:if defined（仅在某平台存在）。
- #ifndef:if not defined（除了某平台均存在）。
- %PLATFORM%：平台名称。

表 8-1　条件编译的写法及说明

条件编译的写法	说　　明
#ifdef APP-PLUS 需要条件编译的代码 #endif	仅出现在 App 平台下的代码
#ifndef H5 需要条件编译的代码 #endif	除了 H5 平台，其他平台均存在的代码
#ifdef H5 || MP-WEIXIN 需要条件编译的代码 #endif	在 H5 平台或微信小程序平台中存在的代码（这里只有 ||，不可能出现 &&，因为没有交集）

表 8-2　%PLATFORM% 可取值

值	平　　台
Vue.js 3	HBuilder X 3.2.0+
APP-PLUS	App
APP-PLUS-NVUE 或 APP-NVUE	App nvue
H5	浏览器
MP-WEIXIN	微信小程序
MP-ALIPAY	支付宝小程序

续表

值	平 台
MP-BAIDU	百度小程序
MP-TOUTIAO	字节跳动小程序
MP-LARK	飞书小程序
MP-QQ	QQ 小程序
MP-KUAISHOU	快手小程序
MP-JD	京东小程序
MP-360	360 小程序
MP	微信小程序、支付宝小程序、百度小程序、字节跳动小程序、QQ 小程序、360 小程序
QUICKAPP-WEBVIEW	快应用通用（包含联盟、华为）
QUICKAPP-WEBVIEW-UNION	快应用联盟
QUICKAPP-WEBVIEW-HUAWEI	快应用华为

支持的文件有.vue、.js、.css、pages.json以及各种预编译语言文件，如.scss、.less、.stylus、.ts、.pug。注意，条件编译是利用注释实现的，在不同语法中的注释写法也不一样，js使用"// 注释"写法，css使用"/* 注释 */"写法，vue模板里使用"<!-- 注释 -->"写法。

8.2.2 运行期判断

运行期判断是指代码已经打入包中，但仍然需要在运行期判断平台，此时可使用 uni.getSystemInfoSync().platform 判断客户端环境是 Android、iOS 还是小程序开发者工具。注意，在百度小程序开发者工具、微信小程序开发者工具、支付宝小程序开发者工具中使用 uni.getSystemInfoSync().platform时，其返回值均为 devtools。代码示例如下：

```
switch(uni.getSystemInfoSync().platform){
    case 'android':
        console.log('运行在Android上')
        break;
    case 'ios':
        console.log('运行在iOS上')
        break;
    default:
        console.log('运行在开发者工具上')
        break;
}
```

运行期判断在实际开发中并不常用，只需了解即可。

8.3　小结

本章主要讲解了运行环境判断和平台判断。其中，运行环境判断介绍了根据开发环境与生产环境的不同，全自动切换服务端API接口地址；平台判断的重点是编译期判断，在实际开发中经常会使用编译期判断解决平台兼容性的问题。本章内容看起来简单，但在实际的企业开发中特别重要，如API接口的调用。为了安全起见，只有在项目真正发布后才能调用真实地址的数据接口，平常测试时都使用开发环境的接口，而平台判断更多的是用于解决兼容性问题，或者一些特殊功能。读者可以自己动手进行配置，看是否能正确判断运行环境和平台。

8.4　练习题

1. 判断题

（1）uni-app可通过process.env.NODE_ENV判断当前运行环境是开发环境还是生产环境。（　　）

（2）process.env.NODE_ENV === 'development'表示当前为生产环境。（　　）

（3）uni-app可以使用Vue.js 3 中的provide和inject实现跨组件传值。（　　）

（4）在uni-app中平台判断有两种场景，一种是编译期判断，另一种是运行期判断。（　　）

（5）编译期判断只能写在<script>标签和<template>标签内，不能写在<style>标签内。（　　）

2. 填空题

（1）当process.env.NODE_ENV的值为_____时是开发环境。

（2）#ifdef MP-WEIXIN表示_____平台。

（3）当uni.getSystemInfoSync().platform的值为_____时表示在安卓平台运行。

第9章

常用组件

扫一扫看视频

　　uni-app为开发者提供了一系列基础组件，类似于HTML里的基础标签元素，但uni-app的组件不是与HTML相同，而是与小程序相同，更适合手机端使用。虽然不推荐使用HTML标签，但实际上如果开发者写了div等标签，在编译到非H5平台时也会被编译器转换为view标签，类似的还有span转text、a转navigator等，包括CSS里的元素选择器也会被转换。但为了管理方便、策略统一，编写代码时建议使用view等组件。

9.1　view

扫一扫，看视频

view（视图容器）类似于传统HTML中的div标签，用于包裹各种元素内容，是页面布局最常用的组件。

view和传统HTML的div有一定的区别，div的样式和事件效果都是由CSS和JavaScript（JS）实现的，而view组件在支持CSS样式的同时自带事件效果属性。view组件的属性说明见表9-1。

表 9-1　view 组件的属性说明

属　　性	类　　型	默认值	说　　明
hover-class	String	none	指定按下去的样式类。当 hover-class="none" 时，没有单击态效果
hover-stop-propagation	Boolean	false	指定是否阻止本节点的祖先节点出现单击态，App、H5、支付宝小程序、百度小程序不支持
hover-start-time	Number	50	按住后多久出现单击态，单位为 ms
hover-stay-time	Number	400	手指松开后单击态的保留时间，单位为 ms

在pages文件夹下创建view/index.vue文件，该文件中的代码如下：

```
<template>
    <view class="page">
        <view class="box1" hover-class="hover" hover-start-time="500"
hover-stay-time="1600">
            <view class="box2" hover-class="hover" hover-start-time="500"
hover-stay-time="1600" :hover-stop-propagation="true"></view>
        </view>
    </view>
</template>
<script>
    export default {
        name: "view-index"
    }
</script>
<style scoped>
//样式代码请查看源码包
</style>
```

如果使用div，编译时会被转换为view。hover-stop-propagation属性类似于阻止冒泡事件，当hover-stop-propagation属性值为true时，单击class="box2"的view组件，不会影响class="box1"的view组件样式的改变。

9.2 scroll-view

扫一扫, 看视频

scroll-view（可滚动视图区域）用于区域滚动，类似于H5的iScroll效果。注意，在webview渲染的页面中，区域滚动的性能不如页面滚动。

9.2.1 scroll-view 的使用

scroll-view的使用非常广泛，如内容溢出时滚动显示内容、横向滚动、纵向滚动、支持下拉刷新、支持上拉加载等。scroll-view组件的属性说明见表9-2。

表 9-2 scroll-view 组件的属性说明

属 性	类 型	默认值	说 明	平台差异说明
scroll-x	Boolean	false	允许横向滚动	—
scroll-y	Boolean	false	允许纵向滚动	—
upper-threshold	Number	50	距顶部 / 左边多远时（单位为 px），触发 scrolltoupper 事件	
lower-threshold	Number	50	距底部 / 右边多远时（单位为 px），触发 scrolltolower 事件	—
scroll-top	Number		设置竖向滚动条位置	—
scroll-left	Number		设置横向滚动条位置	—
scroll-into-view	String		值应为某子元素 id（id 不能以数字开头）。设置哪个方向可滚动，则在哪个方向滚动到该元素	—
scroll-with-animation	Boolean	false	在设置滚动条位置时使用动画过渡	—
enable-back-to-top	Boolean	false	iOS 点击顶部状态栏、Android 双击标题栏时，滚动条返回顶部，只支持竖向	微信小程序
show-scrollbar	Boolean	false	控制是否出现滚动条	App-nvue 2.1.5+
refresher-enabled	Boolean	false	开启自定义下拉刷新	app-vue 2.5.12+、微信小程序基础库 2.10.1+
refresher-threshold	Number	45	设置自定义下拉刷新阈值	app-vue 2.5.12+、微信小程序基础库 2.10.1+
refresher-default-style	String	"black"	设置自定义下拉刷新默认样式，支持设置为 black、white、none，none 表示不使用默认样式	app-vue 2.5.12+、微信小程序基础库 2.10.1+
refresher-background	String	"#FFF"	设置自定义下拉刷新区域背景颜色	app-vue 2.5.12+、微信小程序基础库 2.10.1+

续表

属　性	类　型	默认值	说　明	平台差异说明
refresher-triggered	Boolean	false	设置当前下拉刷新状态，true 表示下拉刷新已经被触发，false 表示下拉刷新未被触发	app-vue 2.5.12+、微信小程序基础库 2.10.1+
enable-flex	Boolean	false	启用 flexbox 布局。开启后，当前节点声明了 display: flex 就会成为 flex container，并作用于其孩子节点	微信小程序 2.7.3
scroll-anchoring	Boolean	false	开启 scroll anchoring 特性，即控制滚动位置不随内容变化而抖动，仅在 iOS 下生效，安卓下可参考 CSS overflow-anchor 属性	微信小程序 2.8.2
@scrolltoupper	EventHandle	—	滚动到顶部/左边,会触发 scrolltoupper 事件	—
@scrolltolower	EventHandle	—	滚动到底部/右边,会触发 scrolltolower 事件	—
@scroll	EventHandle	—	滚动时触发, event.detail = {scrollLeft, scrollTop, scrollHeight, scrollWidth, deltaX, deltaY}	—
@refresherpulling	EventHandle	—	自定义下拉刷新控件被下拉	app-vue 2.5.12+、微信小程序基础库 2.10.1+
@refresherrefresh	EventHandle	—	自定义下拉刷新控件被触发	app-vue 2.5.12+、微信小程序基础库 2.10.1+
@refresherrestore	EventHandle	—	自定义下拉刷新控件被复位	app-vue 2.5.12+、微信小程序基础库 2.10.1+
@refresherabort	EventHandle	—	自定义下拉刷新控件被中止	app-vue 2.5.12+、微信小程序基础库 2.10.1+

scroll-view的属性非常多，其中较常用的有scroll-x、scroll-y、scroll-top、scroll-left、@ scroll。

首先实现纵向滚动效果，在pages文件夹下创建scroll_view/index.vue文件，该文件中的代码如下：

```
<template>
    <view class="page">
        <scroll-view scroll-y="true" class="classify" :scroll-
top="scrollTop" @scroll="eventScroll" scroll-with-animation="true">
            <view class="item">早餐1</view>
```

```
                <view class="item">套餐</view>
                ...
            </scroll-view>
            <view @click="goTop()">滚动到顶部</view>
        </view>
    </template>
<script lang="ts">
    import { defineComponent,ref } from 'vue';
    //记录当前竖向滚动的位置
    let tmpScrollTop;
    export default defineComponent({
        name:'scroll-view',
        onLoad(){
            tmpScrollTop=0;//初始值为0
        },
        setup(){
            //使用ref将scrollTop设置为响应式数据
            let scrollTop=ref(0);
            //返回顶部
            let goTop:Function=()=>{
                //将滚动位置的值赋值给scrollTop
                scrollTop.value=tmpScrollTop;
                setTimeout(()=>{
                    scrollTop.value=0;//滚动到顶部
                },30);
            }
            //@scroll监听的方法
            let eventScroll:Function=(event)=>{
                //event.detail.scrollTop获取距顶部的位置
                tmpScrollTop=event.detail.scrollTop;
            }
            return{
            scrollTop,
            goTop,
            eventScroll
            }
        }
    })
</script>
<style scoped>
    .page{width:100%;height:100vh;}
        .classify{width:200rpx;height:400rpx;border:1px solid
#007aff;overflow:hidden;}
```

```
.classify .item{width:100%;height:60rpx;}
</style>
```

将scroll-view组件的属性scroll-y的值设置为true可以实现纵向滚动。需要注意的是，实现"滚动到顶部"功能需要进行以下两步操作。

（1）将监听滚动位置的值赋给竖向滚动条位置，代码如下：

```
scrollTop.value=tmpScrollTop;
```

（2）使用setTimeout或this.$nextTick异步延迟将竖向滚动条位置设置为0，代码如下：

```
setTimeout(()=>{
    scrollTop.value=0;//滚动到顶部
},30);
```

接下来看一下横向滚动效果，代码如下：

```
<template>
    <view class="page">
        <scroll-view scroll-x="true" class="nav-wrap">
            <view class="item"></view>
            ...
        </scroll-view>
    </view>
</template>
<script>
    export default {
        name: "scroll_view"
    }
</script>
<style scoped>
    .page{width:100%;height:100vh;}
    .nav-wrap{width:600rpx;height:200rpx;border:1px solid
#007aff;overflow:hidden;white-space: nowrap;}
    .nav-wrap .item{width:200rpx;height:100%;background
d-color:#FF0000;margin-right:20rpx;display:inline-block;}
</style>
```

将scroll-view组件的scroll-x属性的值设置为true可以实现横向滚动，横向滚动一定要设置好CSS样式，使class="item"的view组件不能换行。在scroll-view组件上添加class="nav-wrap"的元素样式，nav-wrap的值必须设置width属性值，overflow属性值为hidden，white-space属性值为nowrap，scroll-view组件内部元素class="item"的view组件的样式值需要设置为display:inline-block，这样scroll-view组件内部的元素便不能换行，从而实现横向滚动。

9.2.2　解决 scroll-view 中内嵌 input 真机卡顿问题

　　在开发微信小程序时，scroll-view组件中会嵌套多个input组件，在真机测试上会出现页面卡顿问题，这属于微信小程序底层的问题，目前没有很好的解决方案。因此，需要从另一个角度解决问题。例如，在开发"购物车"功能时数量使用view或text组件包裹，点击"数量"时将text组件替换成input组件，当输入完成后，再将input组件替换成text组件，即可解决此问题。接下来看一下代码示例，pages/cart/index.vue文件中的代码如下：

```
<template>
    <view class="page">
        <scroll-view class="scroll" scroll-x="true">
            <view class="item" v-for="(item,index) in items" :key="index">
                <view class="title">{{item.title}}</view>
                <view class="amount-wrap">
                    <view>数量:</view>
                    <view>
                        <!--如果isInput的值为false,则显示text组件,隐藏input组件-->
                            <text v-if="!item.isInput"
@click="showInput(index)">{{item.amount}}</text>
                            <input type="number" v-model="item.amount"
v-if="item.isInput" :focus="true" @blur="hideInput(index)" />
                    </view>
                </view>
            </view>
        </scroll-view>
    </view>
</template>
<script lang="ts">
import { defineComponent ,reactive} from 'vue';
    export default defineComponent({
        name:'cart',
        setup(){
            //使用reactive将数组转化成响应式数据
            let items=reactive([
                {
                    title:"JavaScript",//标题
                    amount:1,//数量
                    isInput:false//是否显示input组件
                },
                {
                    title:"VUE",
```

```
                                amount:1,
                                isInput:false
                        },
                        {
                                title:"React",
                                amount:1,
                                isInput:false
                        }
                ]);
                //显示input组件函数
                let showInput:Function=(index)=>{
                        items[index].isInput=true;
                }
                //隐藏input组件函数
                let hideInput:Function=(index)=>{
                        items[index].isInput=false;
                }
                return{
                 items,
                 showInput,
                 hideInput
                }
            }
        })
    </script>
    <style scoped>
    //样式代码请查看源码包
    </style>
```

注意，一定要使用v-if，而不要使用v-show，因为v-if不会将元素渲染到视图中。由于scroll-view组件内部并没有input组件，因此不会卡顿。点击text组件时显示input组件删除text组件，失去焦点时显示text组件删除input组件。input组件有两个属性，即focus和@blur。其中，focus的值为true，表示显示input组件时自动获取焦点;@blur表示输入框失去焦点时触发。这里的input并非HTML的input元素，而是uni-app的input组件。

9.3 swiper

扫一扫，看视频

swiper（滑块视图容器）最常用的功能是制作轮播图效果，其可以兼容多个平台。

swiper一般用于左右滑动或上下滑动，如制作banner轮播图。注意，滑动切换和滚动切换是有区别的，滑动切换是一屏一屏地切换。swiper下的每个swiper-item都是一个滑动切换区域，不能停留在两个滑动切换区域之间。swiper组件的属性说明见表9-3。

表 9-3　swiper 组件的属性说明

属　性	类　型	默认值	说　明	平台差异说明
indicator-dots	Boolean	false	是否显示面板指示点	—
indicator-color	Color	rgba(0,0,0,.3)	指示点颜色	—
indicator-active-color	Color	#000000	当前选中的指示点颜色	—
active-class	String	—	swiper-item 可见时的 class	支付宝小程序
changing-class	String	—	acceleration 设置为 {{true}} 时且处于滑动过程中，中间若干屏处于可见时的 class	支付宝小程序
autoplay	Boolean	false	是否自动切换	
current	Number	0	当前所在滑块的 index	
current-item-id	String	—	当前所在滑块的 item-id，不能与 current 同时指定	支付宝小程序不支持
interval	Number	5000	自动切换时间间隔	
duration	Number	500	滑动动画时长	app-nvue 不支持
circular	Boolean	false	是否采用衔接滑动，即播放到末尾后重新回到开头	
vertical	Boolean	false	滑动方向是否为纵向	
previous-margin	String	0px	前边距，可用于露出前一项的一小部分，接收 px 和 rpx 值	app-nvue、字节跳动小程序不支持
next-margin	String	0px	后边距，可用于露出后一项的一小部分，接收 px 和 rpx 值	app-nvue、字节跳动小程序不支持
acceleration	Boolean	false	当开启时，会根据滑动速度连续滑动多屏	支付宝小程序
disable-programmatic-animation	Boolean	false	是否禁用代码变动，触发 swiper 切换时使用动画	支付宝小程序
display-multiple-items	Number	1	同时显示的滑块数量	app-nvue、支付宝小程序不支持
skip-hidden-item-layout	Boolean	false	是否跳过未显示的滑块布局，设置为 true 可优化复杂情况下的滑动性能，但会丢失隐藏状态滑块的布局信息	App、微信小程序
disable-touch	Boolean	false	是否禁止用户的 touch 操作	App 2.5.5+、H5 2.5.5+、支付宝小程序、字节跳动小程序（只在初始化时有效，不能动态变更）

续表

属　性	类　型	默认值	说　明	平台差异说明
touchable	Boolean	true	是否监听用户的触摸事件,只在初始化时有效,不能动态变更	字节跳动小程序 uni-app 2.5.5+ 推荐统一使用 disable-touch
easing-function	String	default	指定 swiper 切换缓动动画类型,有效值包括 default、linear、easeInCubic、easeOutCubic、easeInOutCubic	微信小程序
@change	EventHandle	—	current 改变时会触发 change 事件,event.detail = {current: current, source: source}	—
@transition	EventHandle	—	swiper-item 的位置发生改变时会触发 transition 事件,event. detail = {dx: dx, dy: dy},支付宝小程序暂不支持 dx, dy	App、H5、微信小程序、支付宝小程序、字节跳动小程序、QQ 小程序
@animationfinish	EventHandle	—	动画结束时会触发 animationfinish 事件,event.detail = {current: current, source: source}	字节跳动小程序不支持

接下来看一下代码示例。在pages文件夹下创建swiper/index.vue文件,该文件中的代码如下:

```
<template>
    <view class="page">
        <swiper class="swiper" :indicator-dots="true" :autoplay="true"
interval="3000" duration="500" indicator-color="rgba(0,0,0,0.3)" indicator-
active-color="#FF0000" @transition="eventTransition" :vertical="false">
            <swiper-item>
                <image src="//vueshop.glbuys.com/uploadfiles/1524206455.
jpg"></image>
            </swiper-item>
            <swiper-item>
                <image src="//vueshop.glbuys.com/uploadfiles/1484285302.
jpg"></image>
            </swiper-item>
            <swiper-item>
                <image src="//vueshop.glbuys.com/uploadfiles/1484285334.
jpg"></image>
            </swiper-item>
```

```
            </swiper>
        </view>
</template>

<script lang="ts">
     import { defineComponent } from 'vue';
    export default defineComponent({
        name:'swiper',
        setup(){
            //监听swiper-item的位置是否发生改变
            let eventTransition:Function=(e)=>{
                console.log(e.detail.dx,e.detail.dy);
             }
            return{
             eventTransition
            }
        }
    })
</script>
<style scoped>
    .page{width:100%;height:100vh;}
    .swiper{width:100%;height:400rpx;}
    .swiper image{width:100%;height:100%;}
</style>
```

swiper组件使用起来很简单，但要注意swiper-item组件内部的image组件并非HTML元素，而是uni-app内置的image组件（会在9.14节讲解），在uni-app中不使用img元素而是使用image组件装载图片。在微信开发者工具中渲染的效果如图9-1所示。

图 9-1　swiper 组件渲染效果

9.4   movable-area 和 movable-view

扫一扫，看视频

movable-area（可拖动区域）组件和movable-view（可移动视图）组件搭配使用可以实现在页面中拖动滑动或双指缩放功能。

movable-area指代可拖动的范围，在其中可内嵌movable-view组件用于指示可拖动的区域，即用手指或鼠标按住movable-view双指缩放或拖动，但拖不出movable-area规定的范围。当然，也可以不拖动，而是使用代码触发movable-view在movable-area里的移动缩放。

movable-area和movable-view支持的平台有App、H5、微信小程序、支付宝小程序、百度小程序、QQ小程序、快应用、360小程序，不支持的平台有字节跳动小程序。movable-area组件的属性说明见表9-4。

表 9-4   movable-area 组件的属性说明

属　　性	类　　型	默认值	说　　明
scale-area	Boolean	false	当里面的 movable-view 设置为支持双指缩放时，设置此值可将缩放手势生效区域修改为整个 movable-area

> **注意：**
> movable-area 必须设置 width 和 height 属性，如果不设置则默认为10px。app-nvue平台暂不支持手势缩放，并且和滚动冲突。

movable-view必须在movable-area组件中使用，并且必须是直接子节点，否则不能移动。
movable-view组件的属性说明见表9-5。

表 9-5   movable-view 组件的属性说明

属　　性	类　　型	默认值	说　　明	平台差异说明
direction	String	none	movable-view 的移动方向，属性值有 all（所有方向）、vertical（纵向）、horizontal（横向）、none	—
inertia	Boolean	false	movable-view 是否带有惯性	微信小程序、支付宝小程序、App、H5、百度小程序
out-of-bounds	Boolean	false	超过可移动区域后，movable-view 是否还可以移动	微信小程序、支付宝小程序、App、H5、百度小程序
x	Number / String		定义 x 轴方向的偏移，如果 x 的值不在可移动范围内，会自动移动到可移动范围；改变 x 的值会触发动画	—

属 性	类 型	默认值	说 明	平台差异说明
y	Number / String	—	定义 y 轴方向的偏移，如果 y 的值不在可移动范围内，会自动移动到可移动范围；改变 y 的值会触发动画	
damping	Number	20	阻尼系数，用于控制 x 或 y 改变时的动画和过界回弹的动画，值越大移动越快	微信小程序、支付宝小程序、App、H5、百度小程序
friction	Number	2	摩擦系数，用于控制惯性滑动的动画，值越大摩擦力越大，滑动越快停止；必须大于 0，否则会被设置成默认值	微信小程序、支付宝小程序、App、H5、百度小程序
disabled	Boolean	false	是否禁用	—
scale	Boolean	false	是否支持双指缩放，默认缩放手势生效区域在 movable-view 内	微信小程序、支付宝小程序、App、H5
scale-min	Number	0.5	定义缩放倍数最小值	微信小程序、支付宝小程序、App、H5
scale-max	Number	10	定义缩放倍数最大值	微信小程序、支付宝小程序、App、H5
scale-value	Number	1	定义缩放倍数，取值范围为 0.5 ~ 10	微信小程序、支付宝小程序、App、H5
animation	Boolean	true	是否使用动画	微信小程序、支付宝小程序、App、H5、百度小程序
@change	EventHandle	—	拖动过程中触发的事件，event.detail = {x: x, y: y, source: source}，其中 source 表示产生移动的原因，值可为 touch（拖动）、touch-out-of-bounds（超出移动范围）、out-of-bounds（超出移动范围后的回弹）、friction（惯性）和空字符串（setData）	—
@scale	EventHandle	—	缩放过程中触发的事件，event.detail = {x: x, y: y, scale: scale}	微信小程序、App、H5、百度小程序

接下来看一下代码示例。在pages文件夹下创建movable/index.vue文件，该文件中的代码如下：

```
<template>
    <view class="page">
        <view class="uni-padding-wrap uni-common-mt">
            <view class="uni-title uni-common-mt">
                示例1:
                <text>movable-view 区域小于 movable-area</text>
```

```
        </view>
        <movable-area class="marea1">
            <movable-view class="mview1" :x="x" :y="y" direction="all" @
change="onChange">示例1</movable-view>
        </movable-area>
            <button @click="moveMview" type="default">点击这里移动至(30px,
30px)</button>
        <view class="uni-title uni-common-mt">
            示例2：
            <text>movable-view区域大于movable-area</text>
        </view>
        <movable-area class="marea2">
            <movable-view class="max" direction="all">
                <image src="//vueshop.glbuys.com/uploadfiles/1484285334.
jpg"></image>
            </movable-view>
        </movable-area>
        </view>
    </view>
</template>
<script lang="ts">
import { defineComponent,ref,nextTick } from 'vue';
    export default defineComponent({
        name:'movable',
        setup(){
            let x=ref(0);
            let y=ref(0);
            let tmpX:number=0;
            let tmpY:number=0;
            console.log(tmpX,tmpY)
            //单击按钮，实现将class="mview1"的movable-view组件移动至x为30px、y为
            //30px的位置
            let moveMview:Function=()=>{
                x.value = tmpX
                y.value = tmpY
                nextTick(()=> {
                    x.value = 30
                    y.value = 30
                })
                // setTimeout(()=>{
                //     x.value = 30
                //     y.value = 30
                // },30)
```

```
        }
        //记录class="mview1"的movable-view组件移动的位置
        let onChange:Function=(e)=> {
            tmpX = e.detail.x
            tmpY = e.detail.y
        }

        return{
        x,
        y,
        moveMview,
        onChange
        }
    }
    })
</script>
<style scoped>
//样式代码请查看看源码包
</style>
```

在上述代码的"示例1"中，单击button按钮，将class="mview1"的movable-view组件移动到指定位置，需要在class="mview1"的movable-view组件上绑定@change事件，并调用自定义的onChange()方法。在onChange()方法接收的参数中，使用e.detail.x获取x坐标的值，使用e.detail.y获取y坐标的值，并分别赋值给tmpX和tmpY变量。单击button按钮，调用moveMview()方法，在该方法内部，先将tmpX和tmpY的值分别赋给x和y，再使用setTimeout()或nextTick()函数异步延迟，在该方法内部将要移动位置的值赋给x和y，最后将x和y分别赋给class="mview1"的movable-view组件的x和y属性。

9.5 text 和 rich-text

在uni-app中，纯文字建议使用text（文本）组件进行包裹，以实现长按选择文字、连续空格、解码等功能。rich-text（富文本）组件可以解析HTML标签，通常用于显示商品介绍、文章内容等场景。

9.5.1 text 的使用

text组件用于包裹文本内容。text组件的属性说明见表9-6。

扫一扫，看视频

表 9-6 text 组件的属性说明

属 性	类 型	默认值	说 明	平台差异说明
selectable	Boolean	false	文本是否可选	—
space	String	—	显示连续空格	App、H5、微信小程序
decode	Boolean	false	是否解码	App、H5、微信小程序

space属性的值见表9-7。

表 9-7   space 属性的值

值	说 明
ensp	中文字符空格一半大小
emsp	中文字符空格大小
nbsp	根据字体设置的空格大小

接下来看一下代码示例。在pages文件夹下创建text/index.vue文件，该文件中的代码如下：

```ts
<template>
    <view class="page">
        <text :selectable="true" space="nbsp" :decode="true">{{text}}</text>
    </view>
</template>
<script lang="ts">
    import { defineComponent ,ref} from 'vue';
    export default defineComponent({
        name:'text',
        setup(){
            let text=ref('我是&lt;text&gt; 组件')
            return{
              text
            }
        }
    })
</script>
<style scoped>
    .page{width:100%;height:100vh;}
</style>
```

在微信开发者工具中渲染的内容为"我是<text>组件"。

> **注意：**
> text组件只支持嵌套text，不支持其他组件或自定义组件，否则会引发在不同平台的渲染差异。在app-nvue下，只有text组件才能包裹文本内容，无法在view组件中包裹文本。decode可以解析的有 、&lt、&gt、&amp、&apos、 、 ，支持"\n"方式换行，如果使用span组件，在编译时会被转换为text，各个操作系统的空格标准并不一致，除了文本节点以外的其他节点都无法长按选中。

9.5.2 rich-text 的使用

rich-text组件可以支持部分HTML节点及属性。rich-text组件的属性说明见表9-8。

表 9-8 rich-text 组件的属性说明

属 性	类 型	默认值	说 明	平台差异说明
nodes	Array、String	[ ]	节点列表、HTML String	
space	String	—	显示连续空格	微信基础库 2.4.1+、QQ 小程序
selectable	Boolean	false	富文本是否可以长按选中，可用于复制、粘贴等场景	百度 APP 11.10+

nodes属性推荐使用Array类型。由于rich-text组件会将String类型转换为Array类型，因此性能会有所下降。注意，app-nvue平台的nodes属性只支持使用 Array 类型，支付宝小程序的nodes属性只支持使用 Array类型。rich-text组件支持默认事件，包括click、touchstart、touchmove、touchcancel、touchend、longpress。nodes属性支持的HTML节点及属性见表9-9。

扫一扫，看视频

表 9-9 nodes 属性支持的 HTML 节点及属性

节 点	属 性
a	—
abbr	—
b	—
blockquote	—
br	—
code	—
col	span、width
colgroup	span、width
dd	—
del	—
div	—
dl	—
dt	—
em	—
fieldset	—
h1	—

节　点	属　性
h2	—
h3	—
h4	—
h5	—
h6	—
hr	—
i	—
img	alt、src、height、width
ins	—
label	—
legend	—
li	—
ol	start、type
p	—
q	—
span	—
strong	—
sub	—
sup	—
table	width
tbody	—
td	colspan、height、rowspan、width
tfoot	—
th	colspan、height、rowspan、width
thead	—
tr	—
ul	—

注意：

全局支持class和style属性，但不支持id属性。

首先介绍nodes为String类型的代码示例。在pages文件夹下创建rich_text/index.vue文件，该文件中的内容如下：

```
<template>
    <view class="page">
        <rich-text :nodes="content"></rich-text>
    </view>
</template>
<script lang="ts">
import { defineComponent,ref } from 'vue';
    export default defineComponent({
        name:'rich-text',
        setup(){
                let content=ref('<div>我是<span style="color:#FF0000;font-size:36rpx;">富文本</span>组件</div>')
            return{
             content
             }
        }
    })
</script>
<style scoped>
    .page{width:100%;height:100vh;}
</style>
```

在微信开发者工具中渲染的效果如图9-2所示。

图9-2 富文本显示的效果

nodes为String类型时的用法很简单，但是性能和平台的兼容性略差，推荐使用Array类型。nodes内的节点目前支持两种类型，可通过type来区分，分别是元素节点（type=node）和文本节点（type=text），默认是元素节点，即在富文本区域里显示的HTML节点，属性说明见表9-10和表9-11。

表 9-10　type = node 时的属性说明

属　性	说　明	类　型	是否必填	备　注
name	标签名	String	是	支持部分受信任的 HTML节点
attrs	属性	Object	否	支持部分受信任的属性，遵循 Pascal（帕斯卡）命名法
children	子节点列表	Array	否	结构和 nodes 一致

表 9-11　type = text 时的属性说明

属　性	说　明	类　型	是否必填	备　注
text	文本	String	是	支持 entities

type为text时的文本节点代码示例如下：

```ts
<template>
    <view class="page">
        <rich-text :nodes="content"></rich-text>
    </view>
</template>
<script lang="ts">
import { defineComponent,reactive } from 'vue';
    export default defineComponent({
        name:'rich-text',
        setup(){
            let content=reactive([
                {
                    type:"text",
                    text:"我是富文本组件"
                },
                {
                    type:"text",
                    text:"我是富文本组件2"
                }
            ])
        return{
         content
         }
        }
    })
</script>
<style scoped>
```

```
    .page{width:100%;height:100vh;}
</style>
```

data()方法返回的content属性中的type属性值为text，表示文本节点，在text属性值中写入内容会将内容渲染到视图上。

type为node时的元素节点代码示例如下：

```
<template>
    <view class="page">
        <rich-text :nodes="content"></rich-text>
    </view>
</template>
<script lang="ts">
import { defineComponent,reactive } from 'vue';
    export default defineComponent({
        name:'rich-text',
        setup(){
            let content=reactive([
                {
                    type:"node",
                    name:"div",
                    children:[
                        {
                            type:"text",
                            text:"我是"
                        },
                        {
                            type:"node",
                            name:"span",
                            attrs:{
                                style:"color:#FF0000;font-size:36rpx;"
                            },
                            children:[
                                {
                                    type:"text",
                                    text:"富文本"
                                }
                            ]
                        },
                        {
                            type:"text",
```

```
                                text:"组件"
                            }
                        ]
                    }
                ])
            return{
             content
            }
        }
    })
</script>
<style scoped>
    .page{width:100%;height:100vh;}
</style>
```

元素节点中最难的就是content属性值的数据结构，建议读者仔细阅读上述代码，如果在阅读过程中遇到问题，请观看视频教程学习。

在实际开发中，rich-text的内容是通过服务端获取的，而服务端的内容都是String类型。为了解决兼容性和性能问题，uni-app推荐rich-text使用Array类型进行渲染。因此，需要将String类型的数据转换为Array类型再进行渲染，可以使用html-parser进行转换。

将html-parser.js文件复制到static/js/utils文件夹下，打开html-parser.js文件，将最后一行export default parseHtml代码删除；找到272行，将function parseHtml修改为export function parseHtml，这样即可解决重新运行项目出现parseHtml is not function错误的问题。

pages/rich_text/index. vue文件中的代码如下：

```
<template>
    <view class="page">
        <rich-text :nodes="content"></rich-text>
    </view>
</template>
<script lang="ts">
    import { defineComponent,ref } from 'vue';
    import {parseHtml} from "../../static/js/utils/html-parser";
    export default defineComponent({
        name:'rich-text',
        setup(){
                let content=ref(parseHtml('<div>我是<span style="color:
#FF0000;font-size:36rpx;">富文本</span>组件</div>'))
            return{
             content
            }
        }
```

```
    })
</script>
<style scoped>
    .page{width:100%;height:100vh;}
</style>
```

导入html-parser.js文件，使用parseHtml()函数将String类型转换为Array类型后再进行渲染输出。

9.6 button

uni-app的button（按钮）组件是非常强大的，可以实现获取微信用户信息、获取手机号、分享等功能。

扫一扫，看视频

9.6.1 button 的使用

uni-app的button组件与H5的button标签部分功能有所不同，uni-app采用的是小程序button的使用方式，其功能非常强大，属性很多，属性说明见表9-12~表9-16。

表 9-12　button 组件的属性说明

属　　性	类　型	默认值	说　　明	生效时机	平台差异说明
size	String	default	按钮的大小	—	—
type	String	default	按钮的样式类型	—	—
plain	Boolean	false	按钮是否镂空，背景色是否透明	—	—
disabled	Boolean	false	是否禁用	—	—
loading	Boolean	false	名称前是否带 loading 图标	—	app-nvue平台，在 iOS 上为雪花，在 Android 上为圆圈
form-type	String	—	用于 form 组件，点击会触发 form 组件的 submit/reset 事件	—	—
open-type	String	—	开放能力	—	—
hover-class	String	button-hover	指定按钮按下去的样式类。当 hover-class= "none" 时，没有点击态效果	—	app-nvue 平台暂不支持
hover-start-time	Number	20	按住后多久出现点击态，单位为 ms	—	—

属　性	类　型	默认值	说　明	生效时机	平台差异说明
hover-stay-time	Number	70	手指松开后点击态保留时间，单位为 ms	—	—
app-parameter	String	—	打开 App 时，向 App 传递的参数，open-type=launch-App 时有效	—	微信小程序、QQ 小程序
hover-stop-prop-agation	Boolean	false	指定是否阻止本节点的祖先节点出现点击态	—	微信小程序
lang	String	'en'	指定返回用户信息的语言，zh_CN 为简体中文、zh_TW 为繁体中文、en 为英文	—	微信小程序
session-from	String	—	会话来源，open-type="contact" 时有效	—	微信小程序
send-message-title	String	当前标题	会话内消息卡片标题，open-type="contact" 时有效	—	微信小程序
send-message-path	String	当前分享路径	会话内消息卡片点击跳转小程序路径，open-type="contact" 时有效	—	微信小程序
send-message-img	String	截图	会话内消息卡片图片，open-type="contact"时有效	—	微信小程序
show-message-card	Boolean	false	是否显示会话内消息卡片，设置此参数为 true，用户进入客服会话会在右下角显示"可能要发送的小程序"提示，用户点击后可以快速发送小程序消息，open-type="contact" 时有效	—	微信小程序
@getphone-number	Handler	—	获取用户手机号回调	open-type="getPhoneNumber"	微信小程序
@getuserinfo	Handler	—	用户点击该按钮时，会返回获取到的用户信息，从返回参数的 detail 中获取到的值同 uni.getUserInfo	open-type="getUserInfo"	微信小程序
@error	Handler	—	当使用开放能力时，发生错误的回调	open-type="launchApp"	微信小程序

续表

属　性	类　型	默认值	说　明	生效时机	平台差异说明
@opensetting	Handler	—	在打开授权设置页并关闭后回调	open-type="openSetting"	微信小程序
@launchapp	Handler	—	打开 App 成功的回调	open-type="launchApp"	微信小程序

表 9-13　size 属性有效值说明

值	说　明
default	默认大小
mini	小尺寸

表 9-14　type 属性有效值说明

值	说　明
primary	微信小程序、360 小程序为绿色，App、H5、百度小程序、支付宝小程序、快应用为蓝色，字节跳动小程序为红色，QQ 小程序为浅蓝色。若想在多端统一颜色，应改为 default，然后自行编写样式
default	白色
warn	红色

表 9-15　form-type 属性有效值说明

值	说　明
submit	提交表单
reset	重置表单

表 9-16　open-type 属性有效值说明

值	说　明	平台差异说明
feedback	打开"意见反馈"页面，用户可提交反馈内容并上传日志	App、微信小程序、QQ 小程序
share	触发用户转发	微信小程序、百度小程序、支付宝小程序、字节跳动小程序、QQ 小程序
getUserInfo	获取用户信息，可以从 @getuserinfo 回调中获取到用户信息，包括头像、昵称等信息	微信小程序、百度小程序、QQ 小程序
contact	打开客服会话，如果用户在会话中点击消息卡片后返回应用，可以从 @contact 回调中获得具体信息	微信小程序、百度小程序

值	说　明	平台差异说明
getPhoneNumber	获取用户手机号，可以从 @getphonenumber 回调中获取到用户信息	微信小程序、百度小程序、字节跳动小程序、支付宝小程序
launchApp	打开 App，可以通过app-parameter 属性设置向 App 传递的参数	微信小程序、QQ 小程序
openSetting	打开授权设置页	微信小程序、百度小程序
getAuthorize	支持小程序授权	支付宝小程序
contactShare	分享到通讯录好友	支付宝小程序
lifestyle	关注生活号	支付宝小程序
openGroupProfile	获取 QQ 群资料卡页面，可以通过 group-id 属性设置需要打开的群资料卡的群号，同时 manifest 中必须配置 groupIdList	QQ 小程序基础库 1.4.7 版本 +

下面介绍button组件的基本用法。在pages文件夹下创建button/index.vue文件，该文件中的代码如下：

```
<template>
    <view class="page">
        <button class="btn" type="default" form-type="submit">button
        组件</button>
    </view>
</template>
<script>
    export default {
        name: "button-index"
    }
</script>
<style scoped>
 .page{width:100%;height:100vh;}
 .btn{width:200rpx;height:80rpx;background-color:#007aff;color:#FFFFFF;
font-size:32rpx;}
 .btn:after{ border:0 none;}
</style>
```

button组件的使用方法很简单，与传统H5的button类似，但不同之处在于type属性值默认为default，不再是button，如果想设置submit或reset，则需要在form-type属性中进行设置。注意，如果想清除button组件的边框，则需要在伪元素after中进行设置。下面介绍button组件的开放能力，如获取微信用户信息。代码示例如下：

```
<template>
    <view class="page">
```

```
        <button type="primary" open-type="getUserInfo"
  @getuserinfo="getUserInfo">获取用户信息</button>
        <view>头像: <image :src="head" style="width:200rpx;height:200rpx;">
</image></view>
        <view>国家:{{country}}</view>
        <view>省份:{{province}}</view>
        <view>城市:{{city}}</view>
        <view>性别:{{(gender==1?'男':(gender==2?'女':''))}}</view>
        <view>昵称:{{nickName}}</view>
    </view>
</template>
<script>
    export default {
        name: "button-index",
        data(){
            return {
                head:"",
                country:"",
                province:"",
                city:"",
                gender:"",
                nickName:""
            }
        },
        methods:{
            getUserInfo(e){
                this.head=e.detail.userInfo.avatarUrl;
                this.country=e.detail.userInfo.country;
                this.province=e.detail.userInfo.province;
                this.city=e.detail.userInfo.city;
                this.gender=e.detail.userInfo.gender;
                this.nickName=e.detail.userInfo.nickName;
            }
        }
    }
</script>
<style scoped>
 .page{width:100%;height:100vh;}
</style>
```

获取用户信息时,需要在button组件中设置open-type属性,将值设置为getUserInfo。绑定@getuserinfo事件,传入自定义方法getUserInfo(),该方法接收的参数可以获取到用户信息。

9.6.2 获取手机号

获取微信用户绑定的手机号，需要先调用uni.login接口，因为需要用户主动触发才能发起获取手机号接口请求，所以该功能不由API来调用，需要通过button组件的单击事件来触发。

> **注意：**
>
> 目前uni.login接口针对非个人开发者且完成了认证的小程序开放（不包含海外主体），须谨慎使用。若不能得到用户授权，则无法获取其手机号。若用户举报较多或被发现在不必要的场景下使用，微信有权永久收回小程序的该接口权限。

扫一扫，看视频

获取手机号的流程：将button组件的open-type值设置为getPhoneNumber，当用户单击并同意之后，可以通过@getphonenumber事件回调获取到微信服务器返回的加密数据，然后在第三方服务端结合session_key进行解密获取手机号。

获取手机号需要和服务端配合，前端人员不需要懂服务端，只需让服务端人员开发出两个接口：一个是uni.login会员登录授权接口，另一个是encryptedData解密接口。

在实际开发中，将uni.login会员登录授权接口和encryptedData解密接口的官方文档地址给服务端开发人员即可。该接口文档也可以根据前言中的本书资源获取方式进行获取。

使用服务端接口前需要先配置微信开发者工具，否则接口无法使用。打开微信开发者工具，单击"详情"按钮，选择"本地设置"，勾选"不校验合法域名、web-view（业务域名）、TLS版本以及HTTPS证书"复选框，如图9-3所示。

图9-3 微信开发者工具"详情"选项设置

pages/button/index.vue文件中的代码如下：

```html
<template>
    <view class="page">
        <button type="warn" open-type="getPhoneNumber" @getphonenumber="getP
honeNumber($event)">获取手机号</button>
    </view>
</template>

<script lang="ts">
import { defineComponent } from 'vue';
    export default defineComponent({
        name:'button-index',
        setup(){
            let getPhoneNumber:Function=(e)=>{
                let iv=e.detail.iv; //加密算法的初始向量
                //包括所有信息在内的完整用户信息的加密数据，里面包含手机号
                let enData=e.detail.encryptedData;
                 //uni-app的登录API
                 uni.login({
                     provider: 'weixin', //登录服务提供商，使用微信登录
                     success: (loginRes)=> {
                         //小程序专有，用户登录凭证，通过服务端接口，使用code换取openID
                         //和sessionKey等信息
                          let code=loginRes.code;
                          //request发起网络请求，类似于ajax
                          uni.request({
                              method:"POST",
                               url: 'https://diancan.glbuys.com/api/v1/wechat_
openid',//调用服务端接口获取openid和sessionKey
                              data: {
                                  code: code //用户登录凭证
                              },
                              header: {
                                  'Content-Type': 'application/x-www-form-urlencoded'
                              },
                              success: (res) => {
                                  let openId=res.data.data.openid;//获取openID
                                  //获取sessionKey
                                  let sessionKey=res.data.data.session_key;
                                  //发起网络请求
                                  uni.request({
```

```
                                        method:"POST",
                                         url: 'https://diancan.glbuys.com/api/v1/
dewxbizdata',//调用服务端接口解密encryptedData最终获取手机号
                                        data: {
                                            session_key: sessionKey,
                                            iv:iv,
                                            encrypteddata:enData
                                        },
                                        header: {
                                            'Content-Type': 'application/x-www-
                                            form-urlencoded'
                                        },
                                        success: (res) => {
                                            //手机号
                                            console.log(res.data.data.phoneNumber);
                                        }
                                    });
                                }
                            })
                        }
                    return{
                     getPhoneNumber
                    }
                }
            })
</script>
<style scoped>
  .page{width:100%;height:100vh;}
</style>
```

上述代码中的注释很清晰，这里不再赘述，请读者仔细阅读。request的使用方式很像jQuery，该内容会在10.1节中进行讲解。

> **注意：**
> 获取手机号的功能需要在真机调试下进行测试。

扫一扫，看视频

9.6.3 分享小程序

当button组件的open-type属性值为share时，可以自定义分享小程序页面。pages/button/index.vue文件中的代码示例如下：

```html
<template>
    <view class="page">
        <button type="primary" open-type="share">分享</button>
    </view>
</template>

<script lang="ts">
import { defineComponent } from 'vue';
    export default defineComponent({
        name:'button-index',
        setup(){
            let onShareAppMessage:Function=(res)=> {
            //分享事件来源:button（页面内分享按钮）、menu（右上角分享按钮）
            console.log(res.from);
            //如果from值为button,则target是触发这次分享事件的button,否则为undefined
            if (res.from === 'button') {//来自页面内分享按钮
                console.log(res.target)
            }
            return {
                title: 'button组件',//分享的标题
                //页面path ，必须是以"/"开头的完整路径
                path: '/pages/button/index',
                    imageUrl:"http://vueshop.glbuys.com/uploadfiles/1524556409.
jpg"//分享图标，路径可以是本地文件路径、代码包文件路径或网络图片路径，支持PNG及JPG。显示
    //图片长宽比为5:4
                }
            }
            return{
            onShareAppMessage
            }
        }
    })
</script>
<style scoped>
 .page{width:100%;height:100vh;}
</style>
```

分享功能需要配合onShareAppMessage()函数实现。在小程序中，当用户点击"分享"按钮后，在js中定义onShareAppMessage()处理函数，该函数与onLoad()等生命周期函数同级，设置该页面的分享信息。用户点击"分享"按钮时会调用该函数。该"分享"按钮可以是小程序右上角原生菜单自带的分享按钮，也可以是开发者在页面中放置的分享按钮。此事件需要返回一个Object，用于自定义分享内容。

9.7 checkbox

扫一扫，看视频

uni-app的checkbox（复选框）组件与传统H5的checkbox使用方式不太一样，需要使用checkbox-group组件包裹checkbox才能实现多选。

checkbox-group内部由多个checkbox 组成。checkbox组件的属性说明见表9-17和表9-18。

表 9-17 checkbox 组件的事件属性说明

属 性	类 型	说 明
@change	EventHandle	checkbox-group 中的选中项发生改变时触发change事件，detail = {value:[选中的 checkbox 的 value 的数组]}

表 9-18 checkbox 组件的属性说明

属 性	类 型	默认值	说 明
value	String		checkbox 标识，选中时触发 checkbox-group 的 change 事件，并携带 checkbox 的 value
disabled	Boolean	false	是否禁用
checked	Boolean	false	当前是否选中，可用来设置默认选中
color	Color		checkbox 的颜色，同 css 的 color

接下来看一下代码示例。在pages文件夹下创建checkbox/index.vue文件，该文件中的代码如下：

```
<template>
    <view class="page">
        <checkbox-group @change="checkboxChange">
            <label class="uni-list-cell" v-for="(item,index) in
items" :key="index">
                <view>
                    <checkbox :value="item.value" :checked="item.checked" />
                </view>
                <view>{{item.name}}</view>
            </label>
        </checkbox-group>
        <button type="button" @click="submit()">提交</button>
    </view>
</template>
<script lang="ts">
    import { defineComponent ,reactive} from 'vue';
    export default defineComponent({
        name:'checkbox',
```

```
setup(){
    let items=reactive([{
            value: 'USA',
            name: '美国'
        },
        {
            value: 'CHN',
            name: '中国',
            checked: 'true'
        },
        {
            value: 'BRA',
            name: '巴西'
        },
        {
            value: 'JPN',
            name: '日本'
        },
        {
            value: 'ENG',
            name: '英国'
        },
        {
            value: 'FRA',
            name: '法国'
        }
    ])
    let checkboxChange:Function= (e)=> {
        let tmpItems = items,//data()方法中的items属性
        //获取checkbox组件checked属性值为true的所有value，该值为数组
        values = e.detail.value;
        for (var i = 0; i < tmpItems.length; ++i) {
            //如果values包含items[i].value
            if(values.includes(items[i].value)){
                items[i].checked=true;
            }else{
                items[i].checked=false;
            }
        }
    }
```

```
                    }
                    //提交
                    let submit:Function=()=>{
                        let newItems=[];
                        for(let i=0;i<items.length;i++){
                            if(items[i].checked){
                                //将已选择的数据添加到数组中
                                newItems.push(items[i]);
                            }
                        }
                        //显示已选择的数据
                        console.log(JSON.stringify(newItems));
                    }
                return{
                 items,
                 checkboxChange,
                 submit
                 }
             }
         })
</script>
<style scoped>
    .page{width:100%;height:100vh;}
    .uni-list-cell{display:flex;}
</style>
```

以上代码中的注释很清晰，这里不再赘述，在微信开发者工具中渲染的效果，即checkbox
组件的预览效果如图9-4所示。

图 9-4 checkbox 组件的预览效果

9.8　radio

　　uni-app的radio（单选按钮）组件和checkbox一样，需要用radio-group组件包裹radio组件才能使用。

扫一扫，看视频

　　radio-group内部由多个radio组成。通过将多个radio包裹在一个radio-group下，实现这些radio的单选功能。radio组件的属性说明见表9-19和表9-20。

表 9-19　radio 组件的事件属性说明

属　　性	类　　型	说　　明
@change	EventHandle	radio-group 中的选中项发生变化时触发 change 事件，event.detail = {value: 选中项 radio 的 value}

表 9-20　radio 组件的属性说明

属　　性	类　　型	默认值	说　　明
value	String		radio 标识。当该 radio 被选中时，radio-group 的 change 事件会携带 radio 的 value
checked	Boolean	false	当前是否选中
disabled	Boolean	false	是否禁用
color	Color		radio 的颜色，同 CSS 的 color

　　接下来看一下代码示例。在pages文件夹下创建radio/index.vue文件，该文件中的代码如下：

```
<template>
    <view>
        <view class="uni-list">
            <radio-group @change="radioChange">
                <label class="uni-list-cell" v-for="(item, index) in items" :key="item.value">
                    <view>
                        <radio :value="item.value" :checked="item.checked" />
                    </view>
                    <view>{{item.name}}</view>
                </label>
            </radio-group>
        </view>
        <button type="button" @click="submit">提交</button>
    </view>
</template>
<script lang="ts">
```

```typescript
import { defineComponent,reactive} from 'vue';
//定义变量newItem值的接口规范
interface InewItem{
    value:string,
    name:string,
    checked?:string|boolean
}
export default defineComponent({
    name:'radio',
    setup(){
        //继承InewItem接口并设置初始化值
        let newItem:InewItem={value:"",name:"",checked:"false"};
        let items=reactive([{
                value: 'USA',
                name: '美国'
            },
            {
                value: 'CHN',
                name: '中国',
                checked: 'true'
            },
            {
                value: 'BRA',
                name: '巴西'
            },
            {
                value: 'JPN',
                name: '日本'
            },
            {
                value: 'ENG',
                name: '英国'
            },
            {
                value: 'FRA',
                name: '法国'
            }
        ]);
        let radioChange: Function=(evt)=> {
            for (let i = 0; i < items.length; i++) {
                //如果data方法中的items属性值等于选择数据的值
                if (items[i].value === evt.target.value) {
```

```
                            items[i].checked=true;
                            newItem=items[i];//将选择的数据赋值给this.newItem属性
                            break;
                        }
                    }
                }
                //单击"提交"按钮调用的方法
                let submit:Function=()=>{
                    //输出选择的数据
                    console.log(newItem.name);
                }
            return{
              items,
              radioChange,
              submit
            }
          }
        })
</script>
<style scoped>
    .uni-list-cell{display:flex;}
</style>
```

radio组件和checkbox组件的使用方式类似，比较简单。在微信开发者工具中渲染的效果，即radio组件的预览效果如图9-5所示。

图 9-5 radio 组件的预览效果

9.9 input

uni-app的input（输入框）组件的功能非常强大，使用方式与传统H5的input标签相似，同样支持v-model。

input组件的属性说明见表9-21~表9-23。

表 9-21   input 组件的属性说明

属　　性	类　型	默认值	说　明	平台差异说明
value	String	—	输入框的初始内容	—
type	String	text	input 的类型	H5 暂不支持动态切换，应使用 v-if 进行整体切换
password	Boolean	false	是否为密码类型	—
placeholder	String	—	输入框为空时的占位符	—
placeholder-style	String	—	指定 placeholder 的样式	—
placeholder-class	String	"input-placeholder"	指定 placeholder 的样式类	—
disabled	Boolean	false	是否禁用	—
maxlength	Number	140	最大输入长度，设置为 –1 时不限制最大长度	—
cursor-spacing	Number	0	指定光标与键盘的距离，单位为 px。取 input 距离底部的距离和 cursor-spacing 指定的距离的最小值作为光标与键盘的距离	App、微信小程序、百度小程序、QQ 小程序
focus	Boolean	false	获取焦点	在 H5 平台能否聚焦以及软键盘是否跟随弹出，取决于当前浏览器本身的实现
confirm-type	String	done	设置键盘右下角按钮的文字，仅在 type="text" 时生效	—
confirm-hold	Boolean	false	点击键盘右下角按钮时是否保持键盘不收起	App、微信小程序、支付宝小程序、百度小程序、QQ 小程序
cursor	Number		指定 focus 时的光标位置	—
selection-start	Number	–1	光标起始位置，自动聚集时有效，需要与 selection-end 搭配使用	—
selection-end	Number	–1	光标结束位置，自动聚集时有效，需要与 selection-start 搭配使用	

续表

属　性	类　型	默认值	说　明	平台差异说明
adjust-position	Boolean	true	键盘弹起时，是否自动上推页面	App-Android（Vue.js页面 softinputMode 为 adjustResize 时无效）、微信小程序、百度小程序、QQ 小程序
hold-keyboard	Boolean	false	聚焦时，点击页面时不收起键盘	微信小程序 2.8.2
@input	EventHandle	—	当键盘输入时，触发 input 事件，event.detail = {value}	—
@focus	EventHandle	—	输入框聚焦时触发，event.detail = { value, height }，height 为键盘高度	仅微信小程序、App（2.2.3+）、QQ 小程序支持 height
@blur	EventHandle	—	输入框失去焦点时触发，event.detail = {value: value}	—
@confirm	EventHandle	—	点击完成按钮时触发，event.detail = {value: value}	—
@keyboardheightchange	EventHandle	—	键盘高度发生变化时触发，event.detail = {height: height, duration: duration}	微信小程序 2.7.0

注意：
　　@input事件处理函数可以直接返回一个字符串，将替换输入框中的内容。仅微信小程序支持，input 组件上有默认的 min-height 样式，如果 min-height 的值大于 height 的值，那么 height样式将无效。

表 9-22　type 属性有效值说明

值	说　明	平台差异说明
text	文本输入键盘	—
number	数字输入键盘	均支持，注意 iOS 上 app-vue 弹出的数字键盘并非九宫格形式
idcard	身份证输入键盘	微信、支付宝、百度、QQ 小程序
digit	带小数点的数字键盘	App 的 nvue 页面、微信、支付宝、百度、头条、QQ 小程序

> **注意：**
> 小程序平台上的Number 类型只支持输入整型数字。微信开发者工具上体现不出效果，需要使用真机预览。如果需要在小程序平台输入浮点型数字，请使用 digit 类型。

表 9-23　confirm-type 属性有效值说明

值	说　明	平台差异说明
send	右下角按钮为"发送"	微信、支付宝、百度小程序、App 的 nvue
search	右下角按钮为"搜索"	—
next	右下角按钮为"下一个"	微信、支付宝、百度小程序、App 的 nvue
go	右下角按钮为"前往"	—
done	右下角按钮为"完成"	微信、支付宝、百度小程序、App 的 nvue

在pages文件夹下创建input/index.vue文件，该文件中的代码如下：

```
<template>
    <view>
        <view class="uni-common-mt">
            <view class="uni-form-item uni-column">
                <view class="title">可自动聚焦的input</view>
                <input class="uni-input" focus placeholder="自动获得焦点"/>
            </view>
            <view class="uni-form-item uni-column">
                <view class="title">键盘右下角按钮显示为搜索</view>
                <input class="uni-input" confirm-type="search" placeholder=
"键盘右下角按钮显示为搜索"/>
            </view>
            <view class="uni-form-item uni-column">
                <view class="title">控制最大输入长度的input</view>
                <input class="uni-input" maxlength="10" placeholder="最大输入
长度为10"/>
            </view>
            <view class="uni-form-item uni-column">
                <view class="title">实时获取输入值:{{inputValue}}</view>
                <input class="uni-input" @input="onKeyInput" placeholder="输
入同步到view中"/>
            </view>
            <view class="uni-form-item uni-column">
                <view class="title">控制输入的input</view>
                    <input class="uni-input" @input="replaceInput" v-
model="changeValue" placeholder="连续的两个1会变成2"/>
```

```
            </view>
        <!-- #ifndef MP-BAIDU -->
        <view class="uni-form-item uni-column">
            <view class="title">控制键盘的input</view>
             <input class="uni-input" ref="input1" @input="hideKeyboard"
placeholder="输入123自动收起键盘"/>
        </view>
        <!-- #endif -->
        <view class="uni-form-item uni-column">
            <view class="title">数字输入的input</view>
             <input class="uni-input" type="number" placeholder="这是一个
数字输入框"/>
        </view>
        <view class="uni-form-item uni-column">
            <view class="title">密码输入的input</view>
             <input class="uni-input" password type="text" placeholder=
"这是一个密码输入框"/>
        </view>
        <view class="uni-form-item uni-column">
            <view class="title">带小数点的input</view>
             <input class="uni-input" type="digit" placeholder="带小数点的
数字键盘"/>
        </view>
        <view class="uni-form-item uni-column">
            <view class="title">身份证输入的input</view>
             <input class="uni-input" type="idcard" placeholder="身份证输
入键盘"/>
        </view>
        <view class="uni-form-item uni-column">
            <view class="title">控制占位符颜色的input</view>
               <input class="uni-input" placeholder-style="color:#F76260"
placeholder="占位符字体是红色的"/>
        </view>
     </view>
  </view>
</template>

<script lang="ts">
    import { defineComponent,ref } from 'vue';
    export default defineComponent({
        name:'input',
        setup(){
```

```
            let focus=ref(false);
            let inputValue=ref("");
            let changeValue=ref("");
             //视图中"实时获取输入值"的方法
             let onKeyInput:Function=(event)=> {
                inputValue.value = event.target.value;
            }
            //视图中"控制输入的input"的方法
            let replaceInput:Function=(event)=> {
                var value:string = event.target.value;
                if (value === '11') {
                    changeValue.value = '2';
                }
            }
            //视图中"控制键盘的input"的方法
            let hideKeyboard:Function=(event)=> {
                if (event.target.value === '123') {
                    uni.hideKeyboard();//收起键盘，百度小程序不支持
                }
            }
        return{
         focus,
         inputValue,
         changeValue,
         onKeyInput,
         replaceInput,
         hideKeyboard
        }
    }
    })
</script>
<style scoped>
//CSS样式省略
</style>
```

请读者仔细阅读上述代码，代码有点多，但是很简单，以上功能请使用真机测试。

9.10　picker

picker（选择器）组件是从底部弹起的滚动选择器。picker支持5 种选择器，通过mode进行区分，分别是普通选择器、多列选择器、时间选择器、日期选择器、省市区选择器，默认为普通选择器。

9.10.1 普通选择器

扫一扫,看视频

当mode属性值为selector或没有mode属性时,为普通选择器。普通选择器的属性说明见表9-24。

表 9-24 普通选择器的属性说明

属 性	类 型	默认值	说 明
range	Array / Array<Object>	[]	当 mode 为 selector 或 multiSelector 时,range 有效
range-key	String	—	当 range 是一个 Array<Object> 时,通过 range-key 来指定 Object 中 key 的值作为选择器显示内容
value	Number	0	value 的值表示选择了 range 中的第几个(下标从 0 开始)
@change	EventHandle	—	当 value 改变时触发 change 事件,event.detail = {value: value}
disabled	Boolean	false	是否禁用
@cancel	EventHandle	—	取消选择或点遮罩层收起 picker 时触发

在pages文件夹下创建picker/selector.vue文件,该文件中的代码如下:

```ts
<template>
    <view>
        <picker @change="bindPickerChange" :value="index" :range="array" range-key="title">
            <view class="picker">{{array[index].title}}</view>
        </picker>
        <button @click="submit">提交</button>
    </view>
</template>
<script lang="ts">
    import { defineComponent,ref,reactive} from 'vue';
    export default defineComponent({
        name:'selector',
        setup(){
            let array=reactive([
                    {id:"1",title:'中国'},
                    {id:"2",title:'美国'},
                    {id:"3",title:'巴西'},
                    {id:"4",title:'日本'}
```

```
                ]);
            let index=ref(0);
            //视图@change事件回调方法，获取数据索引
            let bindPickerChange:Function=(e)=>{
                index.value=e.detail.value;//获取数组array的索引
            }
            //提交数据
            let submit:Function=()=>{
                //输出选择的数据
                    console.log(array[index.value].id,array[index.value].
title);
            }
            return{
            array,
            index,
            bindPickerChange,
            submit
            }
        }
    })
</script>
<style scoped>
    .picker{width:500rpx;height:80rpx;border:1px  solid
#EFEFEF;line-height:80rpx;}
</style>
```

如果range-key属性值为title，在picker选项中会显示array数组中title的属性值；如果range-key属性值为id，则会显示array数组中id的属性值。

> **注意：**
> 　picker组件在各平台中的实现是有UI差异的，有的平台的Android是从中间弹出的，如百度小程序、支付宝小程序；有的平台支持循环滚动，如微信小程序、百度小程序；有的平台没有取消按钮，如App端。以上差异均不影响使用。

9.10.2　多列选择器

扫一扫，看视频

当mode属性值为multiSelector时，为多列选择器。多列选择器支持的平台有App、H5、微信小程序、百度小程序、字节跳动小程序、QQ小程序，不支持的平台有支付宝小程序。

多列选择器的属性说明见表9-25。

表 9-25 多列选择器的属性说明

属 性	类 型	默认值	说 明
range	二维 Array / 二维 Array <Object>	[]	当 mode 为 selector 或 multiSelector 时，range 有效。二维数组，长度表示多少列，数组的每项表示每列的数据，如 [["a","b"], ["c","d"]]
range-key	String	—	当 range 是一个二维 Array <Object> 时，通过 range-key 来指定 Object 中 key 的值作为选择器显示内容
value	Array	[]	value 每一项的值表示选择了 range 对应项中的第几个（下标从 0 开始）
@change	EventHandle	—	当 value 改变时触发 change 事件，event.detail = {value: value}
@columnchange	EventHandle	—	当某一列的值改变时触发 columnchange 事件，event.detail = {column: column, value: value}，column 的值表示改变了第几列（下标从 0 开始），value 的值表示变更值的下标
@cancel	EventHandle	—	取消选择时触发
disabled	Boolean	false	是否禁用

在pages文件夹下创建picker/multiselector.vue文件，该文件中的代码如下：

```ts
<template>
    <view>
        <picker mode="multiSelector" @change="bindPickerChange" @columnchang
e="bindPickerColumnChange" :range="array" range-key="title">
            <view class="picker">{{showTitle?showTitle:'请选择'}}</view>
        </picker>
        <button @click="submit">提交</button>
    </view>
</template>
<script lang="ts">
    import { defineComponent,reactive,ref } from 'vue';
    export default defineComponent({
        name:'multiselector',
        setup(){
            let array=reactive(
                [
                    [
                        {id:1,title:"主食"},
```

```
                    {id:2,title:"饮料"},
                    {id:3,title:"小吃"}
            ],
            [
                    {id:1,title:"牛肉汉堡"},
                    {id:2,title:"鸡肉汉堡"},
                    {id:3,title:"培根汉堡"}
            ]
        ]
);
let index1=ref(0);//第一列数据的索引
let index2=ref(1);//第二列数据的索引
let showTitle=ref("");//选择后显示的数据
//视图@columnchange事件回调方法，获取数据索引
let bindPickerColumnChange:Function=(e)=>{
    let column=e.detail.column;//获取数组array的第几列
    let index=e.detail.value;//array列中的索引
    if(column==0){//如果是第一列
        switch (index) {
            case 0://如果是主食
                //更新第二列的数据
                array[1]=[
                    {id:1,title:"牛肉汉堡"},
                    {id:2,title:"鸡肉汉堡"},
                    {id:3,title:"培根汉堡"}
                ]
                break;
            case 1://如果是饮料
                //更新第二列的数据
                array[1]=[
                    {id:1,title:"可乐"},
                    {id:2,title:"雪碧"},
                    {id:3,title:"咖啡"}
                ];
                break;
            case 2://如果是小吃
                //更新第二列的数据
                array[1]=[
                    {id:1,title:"薯条"},
                    {id:2,title:"鸡块"},
```

```
                              {id:3,title:"鸡柳"}
                          ];
                          break;
                      }
                  }
              }
          //视图@change事件回调方法，获取数据索引
          let bindPickerChange:Function=(e)=>{
              index1.value=e.detail.value[0]//获取第一列数据的索引
              index2.value=e.detail.value[1]//获取第二列数据的索引
                  //array[0][this.index1]为第一列数据的值, array[0][this.index1]
                  //为第二列数据的值
                  showTitle.value=array[0][index1.value].title+"-"+array[1]
[index2.value].title;
          }
          //提交数据
          let submit:Function=()=>{
                  //输出选择的数据
                  console.log(JSON.stringify(array[0][index1.value]),JSON.
stringify(array[1][index2.value]));
          }
          return{
          array,
          index1,
          index2,
          showTitle,
          bindPickerColumnChange,
          bindPickerChange,
          submit
          }
      }
  })
</script>
<style scoped>
    .picker{width:500rpx;height:80rpx;border:1px solid #EFEFEF;line-height:
80rpx;}
</style>
```

　　多列选择器的使用非常灵活，可以根据自定义的数组列数进行显示。以上代码注释很清晰，请读者仔细阅读，如果阅读起来比较困难，推荐配合视频教程学习。

注意:
微信开发者工具的PC模拟器有可能出现拖动时数据错乱的问题,推荐使用真机测试。

在真机测试中渲染的效果如图9-6和图9-7所示。

图 9-6   多列选择器选择"主食"   图 9-7   多列选择器选择"饮料"
　　　　　显示的数据　　　　　　　　　　　　　　显示的数据

9.10.3   时间选择器

当mode属性值为time时,为时间选择器。时间选择器的属性说明见表9-26。

表 9-26   时间选择器的属性说明

属　　性	类　　型	默认值	说　　明	平台差异说明
value	String	—	选中的时间,格式为 "hh:mm"	—
start	String	—	有效时间范围的开始,字符串格式为 "hh:mm"	App 不支持
end	String	—	有效时间范围的结束,字符串格式为 "hh:mm"	App 不支持
@change	EventHandle	—	value 改变时触发 change 事件,event.detail = {value: value}	—
@cancel	EventHandle	—	取消选择时触发	—
disabled	Boolean	false	是否禁用	—

在pages文件夹下创建picker/time.vue文件，该文件中的代码如下：

```ts
<template>
    <view>
        <picker mode="time" :value="time" start="09:01" end="22:59"
@change="bindTimeChange">
            <view class="picker">{{time}}</view>
        </picker>
        <button @click="submit">提交</button>
    </view>
</template>
<script lang="ts">
    import { defineComponent,ref } from 'vue';
    export default defineComponent({
        name:'time',
        setup(){
            let time=ref("17:30");
            //视图@change事件的回调函数
            let bindTimeChange:Function=(e)=>{
                time.value=e.detail.value;        //获取选择的时间
            }
            let submit:Function=()=>{
                console.log(time.value);           //输出选择的时间
            }
            return{
             time,
             bindTimeChange,
             submit
            }
        }
    })
</script>
<style scoped>
    .picker{width:500rpx;height:80rpx;border:1px solid #EFEFEF;line-height:
80rpx;}
</style>
```

时间选择器在App端调用的是原生时间选择控件，在不同平台有不同的UI表现。在微信开发者工具中渲染的效果，即时间选择器的预览效果如图9-8所示。

图 9-8   时间选择器的预览效果

9.10.4   日期选择器

扫一扫，看视频

当mode属性值为date时，为日期选择器。日期选择器的属性说明见表9-27和表9-28。

表 9-27   日期选择器的属性说明

属　性	类　型	默认值	说　明	平台差异说明
value	String	0	选中的日期，格式为 "YYYY-MM-DD"	—
start	String	—	有效日期范围的开始，字符串格式为 "YYYY-MM-DD"	App 不支持
end	String	—	有效日期范围的结束，字符串格式为 "YYYY-MM-DD"	App 不支持
fields	String	day	有效值为 year、month、day，表示选择器的粒度，默认为 day，App 端未配置此项时使用系统 UI	H5、App 2.6.3+、微信小程序、百度小程序、字节跳动小程序
@change	EventHandle	—	value 改变时触发 change 事件，event.detail = {value: value}	—
@cancel	EventHandle	—	取消选择时触发	—
disabled	Boolean	false	是否禁用	—

表 9-28 fields 属性有效值说明

值	说 明
year	选择器粒度为年
month	选择器粒度为月份
day	选择器粒度为天

在pages文件夹下创建picker/date.vue文件，该文件中的代码如下：

```ts
<template>
    <view>
        <picker mode="date" :value="date" :start="startDate" :end="endDate"
@change="bindDateChange">
            <view class="picker">{{date}}</view>
        </picker>
        <button @click="submit">提交</button>
    </view>
</template>
<script lang="ts">
    import { defineComponent,ref} from 'vue';
    export default defineComponent({
        name:'date',
        setup(){
            let date=ref(getDate());              //当前日期
            let startDate=getDate('start');        //起始日期
            let endDate=getDate('end');            //结束日期
            //获取日期
            function getDate(type?:string):string{
                const date = new Date();
                let year:number = date.getFullYear();
                let month:number|string = date.getMonth() + 1;
                let day:number|string = date.getDate();
                if (type === 'start') {
                    year = year - 60;
                } else if (type === 'end') {
                    year = year + 2;
                }
                month= month > 9 ? month : '0' + month;
                day = day > 9 ? day : '0' + day;
                return `${year}-${month}-${day}`;      //将日期格式拼接为"YYYY-MM-DD"
            }
            //视图@change事件的回调函数
```

```
            function bindDateChange(e:any):void{
                date.value=e.detail.value;       //获取选择的日期
            }
            function submit():void{
                console.log(date.value);         //输出选择的日期
            }
        return{
         date,
         startDate,
         endDate,
         bindDateChange,
         submit
        }
      }
    })
</script>
<style scoped>
    .picker{width:500rpx;height:80rpx;border:1px  solid
#EFEFEF;line-height:80rpx;}
</style>
```

日期选择器的使用很简单，在App端调用的是原生日期选择控件，在不同平台有不同的UI表现。在微信开发者工具中渲染的效果，即日期选择器的预览效果如图9-9所示。

图9-9　日期选择器的预览效果

9.10.5 省市区选择器

当mode属性值为region时，为省市区选择器。省市区选择器支持的平台有微信小程序、百度小程序、字节跳动小程序、QQ小程序，不支持的平台有App、H5、支付宝小程序。省市区选择器的属性说明见表9-29。

扫一扫，看视频

表 9-29 省市区选择器的属性说明

属 性	类 型	默认值	说 明
value	Array	[]	选中的省市区，默认选中每一列的第一个值
custom-item	String	—	可以为每一列的顶部添加一个自定义的项
@change	EventHandle	—	value 改变时触发 change 事件，event.detail = {value: value}
@cancel	EventHandle	—	取消选择时触发
disabled	Boolean	false	是否禁用

在pages文件夹下创建pages/picker/region.vue文件，该文件中的代码如下：

```ts
<template>
    <view>
        <picker mode="region" :value="areas" @change="bindAreaChange">
            <view class="picker">{{area?area:'请选择'}}</view>
        </picker>
        <button @click="submit">提交</button>
    </view>
</template>
<script lang="ts">
    import { defineComponent,ref} from 'vue';
    export default defineComponent({
        name:'region',
        setup(){
            let areas:any []=[];              //获取地址数组
            let area=ref("");                 //选择的地址
            //视图中picker组件的@change事件的回调函数，获取省市区
            function bindAreaChange(e:any):void{
                areas=e.target.value;         //获取的数组地址
                area.value=areas.join(",");   //将数组转成字符串并用逗号进行拼接
            }
            function submit():void{
                console.log(areas,area.value); //输出选择的地址数据
            }
```

```
            return{
             area,
             bindAreaChange,
             submit
            }
          }
      })
</script>
<style scoped>
    .picker{width:500rpx;height:80rpx;border:1px solid #EFEFEF;line-height:
80rpx;}
</style>
```

在微信开发者工具中渲染的效果，即省市区选择器的预览效果如图9-10所示。

图 9-10　省市区选择器的预览效果

　　由于省市区选择器包含大量数据，占用体积较大，并非所有应用都需要，并且很多城市数据有自维护需求，因此在App和H5平台没有内置。可以基于多列picker或picker-view自行填充城市数据，这里推荐使用simpleAddress第三方插件解决平台兼容性问题。

9.10.6　simpleAddress 三级省市区联动

扫一扫，看视频

　　simpleAddress是一款基于uni-app开发的第三方三级省市区联动插件，可以兼容所有平台。

　　打开simpleAddress插件下载官网，进入simpleAddress插件页面，单击"下载插件ZIP"按钮进行下载，如图9-11所示。

图 9-11 下载 simpleAddress 插件

　　下载完成后，解压zip包，找到simple-address文件夹，将该文件夹复制到components文件夹下，创建pages/picker/address.vue文件并将其引入该文件中，该文件中的代码如下：

```ts
<template>
    <view>
        <view class="picker" @click="openAddres">{{area?area:'请选择'}}</view>
        <button @click="submit">提交</button>
        <simple-address ref="simpleAddress" :pickerValueDefault="cityPickerVa
lueDefault" @onConfirm="onConfirm" themeColor="#007AFF"></simple-address>
    </view>
</template>
<script lang="ts">
    import { defineComponent,reactive,ref,getCurrentInstance} from 'vue';
     import SimpleAddress from "../../components/simple-address/simple-
address.vue";
    export default defineComponent({
        name:'simple-address',
        components:{
            SimpleAddress
        },
        setup(){
        let cityPickerValueDefault=reactive([0, 0, 0]);//地址默认选中值
        let area=ref("");                              //选中后的地址
        const { proxy} = getCurrentInstance();
        let onConfirm:Function=(e:any)=> {
        cityPickerValueDefault=e.value;
            //将选择的地址数组转成字符串并用逗号进行拼接
            area.value = e.labelArr.join(",");
        }
```

```
            //弹出simpleAddress组件
            let openAddress:Function=()=> {
                //调用simpleAddress组件里的方法
                proxy.$refs.simpleAddress.open();
            }
            let submit:Function=()=>{
                console.log(area.value);//输出选择的地址数据
            }
            return{
            cityPickerValueDefault,
            area,
            onConfirm,
            openAddress,
            submit
            }
        }
    })
</script>
<style scoped>
    .picker{width:500rpx;height:80rpx;border:1px solid
#EFEFEF;line-height:80rpx;}
</style>
```

单击"请选择"按钮，调用自定义openAddress()方法，在该方法内部使用proxy.$refs.simpleAddress.open()弹出simpleAddress组件。simpleAddress组件属性pickerValueDefault为地址的默认选中值，值为数组类型，数组内的3个值分别代表省、市、区的索引，@onConfirm为监听单击"确定"按钮的事件。

> **注意:**
> 由于simpleAddress组件是用Vue.js 2代码模式开发的，在Vue.js 3代码模式里调用Vue.js 2代码模式组件里的方法，需要使用getCurrentInstance()方法的proxy属性，即proxy.$refs.simpleAddress.open()，这样就可以调用simpleAddress组件里的open()方法了。

simpleAddress组件的相关说明见表9-30~表9-33。

表9-30   simpleAddress组件的属性说明

属　　性	类　　型	默认值	说　　明
animation	Boolean	true	是否打开窗口动画
type	String	bottom	打开弹窗位置，值为 bottom 时从底部弹出
maskClick	Boolean	true	是否开启遮罩层，值为 false 时不开启
maskBgColor	String	rgba(0, 0, 0, 0.4)	遮罩层背景颜色

续表

属 性	类 型	默认值	说 明
themeColor	String	无	按钮主题颜色
cancelColor	String	#1aad19	"取消"按钮主题颜色
confirmColor	String	themeColor	"确认"按钮主题颜色
pickerValueDefault	Array	[ ]	地址默认选中值
btnFontSize	String	uni.scss 里的 $uni-font-size-base	"取消""确认"按钮字体大小

表 9-31　事件说明

事 件	说 明
onChange	监听 picker-view 的 change 事件
onCancel	监听"取消"按钮点击事件
onConfirm	监听"确定"按钮点击事件

表 9-32　事件中返回的参数说明

参 数	说 明
label	省 - 市 - 区
value	获得选中地址区域的 index 索引
cityCode	城市编码
areaCode	区域编码
provinceCode	省份编码

表 9-33　方法说明

方 法	类 型	说 明
open	Function	弹出地址选择组件，通过 ref 触发
queryIndex	Function	自定义信息返回对应的 index，方便设置默认值

9.11　textarea

textarea（多行输入框）组件的使用方法与传统H5的textarea标签的使用方法类似，其功能非常强大，在实际开发中经常应用于填写备注、个人简介等场景。

扫一扫，看视频

9.11.1　textarea 的使用

textarea的属性说明见表9-34。

表 9-34　textarea 的属性说明

属　　性	类　　型	默认值	说　　明	平台差异说明
value	String	—	输入框的内容	—
placeholder	String	—	输入框为空时的占位符	—
placeholder-style	String	—	指定 placeholder 的样式	—
placeholder-class	String	textarea-placeholder	指定 placeholder 的样式类	—
disabled	Boolean	false	是否禁用	—
maxlength	Number	140	最大输入长度，设置为 –1 时不限制最大长度	—
focus	Boolean	false	获取焦点	在 H5 平台能否聚焦以及软键盘是否跟随弹出，取决于当前浏览器本身的实现
auto-height	Boolean	false	是否自动增高，设置 auto-height 时，style.height 不生效	—
fixed	Boolean	false	如果 textarea 是在一个 position: fixed 的区域，需要显示指定属性 fixed 为 true	微信小程序、百度小程序、字节跳动小程序、QQ 小程序
cursor-spacing	Number	0	指定光标与键盘的距离，单位为 px 。取 textarea 距离底部的距离和 cursor-spacing 指定的距离的最小值作为光标与键盘的距离	App、微信小程序、百度小程序、字节跳动小程序、QQ 小程序
cursor	Number	—	指定 focus 时的光标位置	微信小程序、App、H5、百度小程序、字节跳动小程序、QQ 小程序
show-confirm-bar	Boolean	true	是否显示键盘上方带有"完成"按钮的那一栏	微信小程序、百度小程序、QQ 小程序
selection-start	Number	–1	光标起始位置，自动聚焦时有效，需要与 selection-end 搭配使用	微信小程序、App、H5、百度小程序、字节跳动小程序、QQ 小程序

续表

属　性	类　型	默认值	说　明	平台差异说明
selection-end	Number	-1	光标结束位置，自动聚焦时有效，需要与 selection-start 搭配使用	微信小程序、App、H5、百度小程序、字节跳动小程序、QQ 小程序
adjust-position	Boolean	true	键盘弹起时，是否自动上推页面	App-Android（softinputMode 为 adjustResize 时无效）、微信小程序、百度小程序、QQ 小程序
disable-default-padding	Boolean	false	是否去掉 iOS 下的默认内边距	微信小程序 2.10.0
hold-keyboard	Boolean	false	聚焦时，点击页面时不收起键盘	微信小程序 2.8.2
@focus	EventHandle	—	当输入框聚焦时触发，event.detail = { value, height }，height 为键盘高度	仅微信小程序、App（HBuilder X 2.0+ nvue uni-app 模式）、QQ 小程序支持 height
@blur	EventHandle	—	当输入框失去焦点时触发，event.detail = {value, cursor}	—
@linechange	EventHandle	—	当输入框行数变化时触发，event.detail = {height: 0, heightRpx: 0, lineCount: 0}	字节跳动小程序不支持，nvue ios 暂不支持
@input	EventHandle	—	当键盘输入时触发，event.detail = {value, cursor}，@input 处理函数的返回值并不会反映到 textarea 上	—
@confirm	EventHandle	—	当点击"完成"按钮时触发，event.detail = {value: value}	微信小程序、百度小程序、QQ 小程序
@keyboardheight-change	EventHandle	—	当键盘高度发生变化时触发，event.detail = {height: height, duration: duration}	微信小程序 2.7.0

在 pages 文件夹下创建 textarea/index.vue 文件，该文件中的代码如下：

```
<template>
    <view>
```

```html
        <view class="uni-title uni-common-pl">输入区域高度自适应，不会出现滚动条
        </view>
        <view class="uni-textarea">
            <textarea @blur="bindTextAreaBlur" auto-height />
        </view>
        <view class="uni-title uni-common-pl">占位符字体是红色的textarea </view>
        <view class="uni-textarea">
            <textarea placeholder-style="color:#F76260" placeholder="占位符字
            体是红色的"/>
        </view>
    </view>
</template>

<script lang="ts">
    import { defineComponent } from 'vue';
    export default defineComponent({
        name:'uni-textarea',
        setup(){
            //视图中textarea组件@blur事件的回调函数
            let bindTextAreaBlur:Function =(e:any)=> {
                //获取textarea的值
                console.log(e.detail.value)
            }
            return{
             bindTextAreaBlur
            }
        }
    })
</script>
<style scoped>
//CSS样式省略
</style>
```

> **注意:**
>
> 　　在微信小程序、百度小程序及字节跳动小程序中，textarea是原生组件，层级高于前端组件。请勿在 scroll-view、swiper、picker-view、movable-view组件中使用 textarea 组件，覆盖textarea需要使用cover-view组件。

9.11.2 textarea 中的换行问题

在实际开发中，textarea组件中的换行符为\r\n，并不是HTML的
标签。因此，在使用rich-text组件输出时并不能显示换行，需要将\r\n转换成
标签。在pages文件夹下创建textarea/br.vue，该文件中的代码如下：

```
<template>
    <view>
        <textarea class="content" v-model="content" placeholder-style=
"color:#F76260" :auto-height="true" placeholder="请输入内容"></textarea>
        <button type="button" @click="submit">提交</button>
    </view>
</template>

<script lang="ts">
    import { defineComponent,ref} from 'vue';
    export default defineComponent({
        name:'textarea-br',
        setup(){
            let content=ref("");
            let submit:Function=()=>{
                let tmpContent=content.value.replace(/\n/g,"<br/>");
                tmpContent=tmpContent.replace(/\r\n/g,"<br/>")
                console.log(tmpContent);
            }
            return{
             content,
             submit
            }
        }
    })
</script>
```

使用replace()方法将\n和\r\n替换成
标签即可，\n代表UNIX操作系统中的换行，\r\n代表Windows操作系统中的换行，为了相互兼容，须将两者中的换行都进行替换。

9.12 web-view

web-view（Web浏览器）组件是用来承载网页的容器，其默认自动铺满整个页面，如果使用nvue开发，则需要手动指定宽和高。

在使用真机测试时，web-view加载的URL需要在后台配置域名白名单，包括内

扫一扫，看视频

部再次使用iframe内嵌的其他URL。通过微信官方网站登录微信小程序后台，单击左侧导航栏的"开发"按钮，进入开发页面；单击"开发设置"按钮，找到业务域名选项；单击"开始配置"按钮，弹出"配置业务域名"对话框，如图9-12所示。

图 9-12　"配置业务域名"对话框

首先下载校验文件，将文件上传到域名根目录下；然后填写域名，必须是HTTPS的域名；最后单击"保存"按钮，完成配置。

如果在微信开发者工具中进行测试，则不需要配置业务域名，只需勾选"不校验合法域名、web-view（业务域名）、TLS版本以及HTTPS证书"复选框即可，如图9-3所示。web-view的相关属性说明见表9-35~表9-37。

表 9-35　web-view 的属性说明

属　　性	类　　型	说　　明	平台差异说明
src	String	web-view 指向网页的链接	—
allow	String	用于为 iframe 指定其特征策略	H5
sandbox	String	该属性对呈现在 iframe 框架中的内容启用一些额外的限制条件	H5
webview-styles	Object	web-view 的样式	app-vue
@message	EventHandler	网页向应用 postMessage（发布消息）时，会在特定时机（后退、组件销毁、分享）触发并收到消息	H5 暂不支持（可以直接使用 window.postMessage）
@onPostMessage	EventHandler	网页向应用实时 postMessage	app-nvue

表 9-36　webview-styles 的属性说明

属性	类　　型	说　　明
progress	Object/Boolean	进度条样式。仅在加载网络 HTML 时生效，设置为 false 时禁用进度条

表 9-37　progress 的属性说明

属　性	类　型	默认值	说　明
color	String	#00FF00	进度条颜色

在pages文件夹下创建webview/index.vue文件，该文件中的代码如下：

```ts
<template>
    <view>
        <web-view :webview-styles="webviewStyles" src="https://diancan.
lucklnk.com/"></web-view>
    </view>
</template>
<script lang="ts">
    import { defineComponent,reactive } from 'vue';
    export default defineComponent({
        name:'webview',
        setup(){
            let webviewStyles=reactive(
                {
                    //进度条样式
                    progress: {
                        color: '#FF3333'
                    }
                }
            );
            return{
             webviewStyles
            }
        }
    })
</script>
```

web-view在H5中会转成iframe标签，小程序仅支持加载网络网页，不支持本地HTML，小程序端web-view组件一定有原生导航栏，下面一定是全屏的 web-view 组件，navigationStyle: custom对web-view 组件无效，App平台同时支持网络网页和本地网页，但本地网页及相关资源（js、css等文件）必须放在 uni-app 项目根目录/hybrid/html 文件夹下。

9.13　image

image（图片）组件在H5 中会转换为img标签，其功能非常强大，支持图片懒加载、缩放和裁剪。

扫一扫，看视频

image组件的属性说明见表9-38。

表 9-38   image 组件的属性说明

属　　性	类　　型	默认值	说　　明	平台差异说明
src	String	—	图片资源地址	—
mode	String	'scaleToFill'	图片裁剪、缩放的模式	—
lazy-load	Boolean	false	图片懒加载。只对 page 与 scroll- view 下的 image 有效	微信小程序、App、百度小程序、字节跳动小程序
fade-show	Boolean	true	图片显示动画效果	仅 app-nvue 2.3.4+ Android 有效
webp	Boolean	false	默认不解析 webp 格式，只支持网络资源	微信小程序 2.9.0
show-menu-by-longpress	Boolean	false	—	—
@error	HandleEvent	—	当错误发生时，发布到 AppService 的事件名，事件对象 event.detail = {errMsg: 'something wrong'}	—
@load	HandleEvent	—	当图片载入完毕时，发布到 AppService 的事件名，事件对象 event.detail = {height:' 图片高度 px', width:' 图片宽度 px'}	—

mode有 14 种模式，其中 5 种是缩放模式，9 种是裁剪模式，属性有效值说明见表9-39。

表 9-39   image 组件的 mode 属性有效值说明

模　式	值	说　　明
缩放	scaleToFill	不保持纵横比缩放图片，使图片的宽、高完全拉伸至填满 image 元素
缩放	aspectFit	保持纵横比缩放图片，使图片的长边能完全显示出来，也就是说，可以完整地将图片显示出来
缩放	aspectFill	保持纵横比缩放图片，只保证图片的短边能完全显示出来，也就是说，图片通常只在水平或垂直方向是完整的，另一个方向将会发生截取
缩放	widthFix	宽度不变，高度自动变化，保持原图宽高比不变
缩放	heightFix	高度不变，宽度自动变化，保持原图宽高比不变。App 和 H5 平台 HBuilder X 2.9.3+ 支持、微信小程序需要基础库 2.10.3
裁剪	top	不缩放图片，只显示图片的顶部区域
裁剪	bottom	不缩放图片，只显示图片的底部区域

续表

模　式	值	说　明
裁剪	center	不缩放图片，只显示图片的中间区域
裁剪	left	不缩放图片，只显示图片的左边区域
裁剪	right	不缩放图片，只显示图片的右边区域
裁剪	top left	不缩放图片，只显示图片的左上边区域
裁剪	top right	不缩放图片，只显示图片的右上边区域
裁剪	bottom left	不缩放图片，只显示图片的左下边区域
裁剪	bottom right	不缩放图片，只显示图片的右下边区域

在pages文件夹下创建image/index.vue文件，该文件中的代码如下：

```ts
<template>
    <view class="page">
        <view class="image-list">
                <view class="image-item" v-for="(item,index) in
array" :key="index">
                <view class="image-content">
                    <image style="width: 200px; height: 200px; background-
color: #eeeeee;" :mode="item.mode" :src="src" @error="imageError"
:lazy-load="true"></image>
                </view>
                <view class="image-title">{{item.text}}</view>
            </view>
        </view>
    </view>
</template>
<script lang="ts">
    import { defineComponent,reactive,ref} from 'vue';
    export default defineComponent({
        name:'image',
        setup(){
            let array=reactive(
                [{
                    mode: 'scaleToFill',
                    text: 'scaleToFill:不保持纵横比缩放图片，使图片完全适应'
                }, {
                    mode: 'aspectFit',
                    text: 'aspectFit:保持纵横比缩放图片，使图片的长边能完全显示出来'
                }, {
```

```
                    mode: 'aspectFill',
                    text: 'aspectFill: 保持纵横比缩放图片，只保证图片的短边能完全显示
                          出来'
            }, {
                    mode: 'top',
                    text: 'top: 不缩放图片，只显示图片的顶部区域'
            }, {
                    mode: 'bottom',
                    text: 'bottom: 不缩放图片，只显示图片的底部区域'
            }, {
                    mode: 'center',
                    text: 'center: 不缩放图片，只显示图片的中间区域'
            }, {
                    mode: 'left',
                    text: 'left: 不缩放图片，只显示图片的左边区域'
            }, {
                    mode: 'right',
                    text: 'right: 不缩放图片，只显示图片的右边区域'
            }, {
                    mode: 'top left',
                    text: 'top left: 不缩放图片，只显示图片的左上边区域'
            }, {
                    mode: 'top right',
                    text: 'top right: 不缩放图片，只显示图片的右上边区域'
            }, {
                    mode: 'bottom left',
                    text: 'bottom left: 不缩放图片，只显示图片的左下边区域'
            }, {
                    mode: 'bottom right',
                    text: 'bottom right: 不缩放图片，只显示图片的右下边区域'
            }]
        );
        let src=ref("https://bjetxgzv.cdn.bspapp.com/VKCEYUGU-uni-app-
doc/6acec660-4f31-11eb-a16f-5b3e54966275.jpg");
        let imageError:Function=(e:any)=>{
            console.error('image发生error事件，携带值为' + e.detail.errMsg)
        }
    return{
    array,
    src,
    imageError
    }
```

```
        }
    })
</script>
```

image组件默认的宽度为300px、高度为225px，src属性值支持相对路径、绝对路径，支持Base64码。当页面结构比较复杂时，使用image可能导致样式生效较慢，出现"闪一下"的情况。此时设置 image{will-change: transform}可优化此问题，will-change会告知浏览器该元素会有哪些变化，这样浏览器可以在元素属性真正发生变化之前做好对应的优化准备工作。

在自定义组件中使用image组件时，若src使用相对路径，可能会出现路径查找失败的情况，因此建议使用绝对路径。

9.14 switch

switch（开关选择器）组件在实际开发中经常使用，如是否显示密码、是否打包、是否通知、是否使用余额等场景。

switch组件的属性说明见表9-40。

扫一扫，看视频

表 9-40 switch 组件的属性说明

属　性	类　型	默认值	说　明	平台差异说明
checked	Boolean	false	是否选中	—
disabled	Boolean	false	是否禁用	字节跳动小程序不支持
type	String	switch	样式，有效值为 switch、checkbox	—
@change	EventHandle	—	checked 改变时触发 change 事件，event.detail={ value:checked}	—
color	Color	—	switch 的颜色，同 CSS 的 color	—

在pages文件夹下创建switch/index.vue文件，该文件中的代码如下：

```
<template>
    <view class="form-main">
        密码:<input type="text" :password=" isShowPwd" placeholder="请输入密码"/>
 <switch type="switch" @change="showPwd" color="#FF0000" style= "transform:
scale(0.7)" />
    </view>
</template>
<script lang="ts">
    import { defineComponent,ref} from 'vue';
    export default defineComponent({
        name:'switch',
        setup(){
            let isShowPwd=ref(true);
```

```
                  //视图中switch组件@change事件的回调方法
              let showPwd:Function= (e:any)=> {
                  //获取switch的checked属性，值为true代表选中
                  isShowPwd.value=!e.target.value;
              }
          return{
          isShowPwd,
          showPwd
          }
      }
  })
</script>
<style scoped>
    .form-main{display:flex;}
</style>
```

在不同平台中，switch组件的默认颜色不同，如在微信小程序中为绿色，在字节跳动小程序中为红色，在其他平台为蓝色。更改颜色需要使用color属性。如果需要调节switch组件的大小，可使用CSS的scale()方法，如缩小到70%，则可以设置style="transform:scale(0.7)"。

9.15　audio

audio（音频）组件的使用方法与传统H5的audio标签的使用方法类似，如果需要添加UI样式，也可以自己制作。

9.15.1　audio 的使用

audio组件支持的平台有App、H5、微信小程序、百度小程序，不支持的平台有支付宝小程序、字节跳动小程序、QQ小程序。

audio组件的属性说明见表9-41。

表 9-41　audio 组件的属性说明

属　性	类　型	默认值	说　明
id	String	—	audio 组件的唯一标识符
src	String	—	要播放音频的资源地址
loop	Boolean	false	是否循环播放
controls	Boolean	false	是否显示默认控件
poster	String	—	默认控件上的音频封面的图片资源地址。如果 controls 属性值为 false，则设置 poster 无效
name	String	未知音频	默认控件上的音频名字。如果 controls 属性值为 false，则设置 name 无效

属 性	类 型	默认值	说 明
author	String	未知作者	默认控件上的作者名字。如果 controls 属性值为 false，则设置 author 无效
@error	EventHandle	—	当发生错误时触发 error 事件，detail = {errMsg: MediaError. code}
@play	EventHandle	—	当开始 / 继续播放时触发 play 事件
@pause	EventHandle	—	当暂停播放时触发 pause 事件
@timeupdate	EventHandle	—	当播放进度改变时触发 timeupdate 事件，detail = {currentTime, duration}
@ended	EventHandle	—	当播放到末尾时触发 ended 事件

在pages文件夹下创建audio/index.vue文件，该文件中的代码如下：

```ts
<template>
    <view>
        <view class="page-body">
            <view class="page-section page-section-gap" style="text-align:
center;">
                <audio style="text-align: left" :src="current.src"
:poster="current.poster" :name="current.name" :author="current.author"
controls></audio>
            </view>
        </view>
    </view>
</template>
<script lang="ts">
    import { defineComponent,reactive } from 'vue';
    export default defineComponent({
        name:'audio-component',
        setup(){
            let current=reactive(
                {
                    poster: 'http://www.lucklnk.com/music/jiehun/1.png',//封面
                    name: '生日快乐',          //音频名字
                    author: '卓依婷',          //作者名字
                    src: 'http://www.lucklnk.com/music/jiehun/1.mp3',//音频地址
                }
            )
            return{
```

```
            current
        }
    }
})
</script>
```

> **注意:**
>   微信小程序平台自基础库 1.6.0 版本开始不再维护audio组件, 推荐使用API方式而不是组件方式来播放音频, 可以使用uni.createInnerAudioContext代替audio组件。

9.15.2   uni.createInnerAudioContext 代替 audio

扫一扫, 看视频

uni.createInnerAudioContext能够创建并返回内部audio上下文innerAudioContext对象, 从而代替audio组件。innerAudioContext对象的属性列表见表9-42, 方法列表见表9-43, errCode说明见表9-44, 支持的音频格式见表9-45。

表 9–42   innerAudioContext 对象的属性列表

属　　性	类　　型	说　　明	只　　读	平台差异说明
src	String	音频的数据链接, 用于直接播放	否	—
startTime	Number	开始播放的位置(单位为 s), 默认 0	否	—
autoplay	Boolean	是否自动开始播放, 默认为 false	—	—
loop	Boolean	是否循环播放, 默认为 false	—	—
obeyMuteSwitch	Boolean	是否遵循系统静音开关, 当此参数为 false 时, 即使用户打开了静音开关, 也能继续发出声音, 默认为 true	否	微信小程序、百度小程序、字节跳动小程序
duration	Number	当前音频的长度(单位为 s), 只有当前有合法的 src 时才会返回	是	—
currentTime	Number	当前音频的播放位置(单位为 s), 只有当前有合法的 src 时才会返回, 时间不取整, 保留小数点后 6 位	是	—
paused	Boolean	当前是否为暂停或停止状态, true 表示暂停或停止, false 表示正在播放	是	—
buffered	Number	音频缓冲的时间点, 仅保证当前播放时间点到此时间点的内容已缓冲	是	—
volume	Number	音量。范围为 0~1	否	—

表 9-43 innerAudioContext 对象的方法列表

方　法	参　数	说　明
play	—	播放（H5 端部分浏览器需要在用户交互时进行）
pause	—	暂停
stop	—	停止
seek	position	跳转到指定位置，单位为 s
destroy	—	销毁当前实例
onCanplay	callback	音频进入可以播放状态，但不保证后面可以流畅播放
onPlay	callback	音频播放事件
onPause	callback	音频暂停事件
onStop	callback	音频停止事件
onEnded	callback	音频自然播放结束事件
onTimeUpdate	callback	音频播放进度更新事件
onError	callback	音频播放错误事件
onWaiting	callback	音频加载中事件，当音频因为数据不足，需要停下来加载时会触发
onSeeking	callback	音频进行 seek 操作事件
onSeeked	callback	音频完成 seek 操作事件
offCanplay	callback	取消监听 onCanplay 事件
offPlay	callback	取消监听 onPlay 事件
offPause	callback	取消监听 onPause 事件
offStop	callback	取消监听 onStop 事件
offEnded	callback	取消监听 onEnded 事件
offTimeUpdate	callback	取消监听 onTimeUpdate 事件
offError	callback	取消监听 onError 事件
offWaiting	callback	取消监听 onWaiting 事件
offSeeking	callback	取消监听 onSeeking 事件
offSeeked	callback	取消监听 onSeeked 事件

表 9-44 errCode 说明

errCode	说　明
10001	系统错误
10002	网络错误
10003	文件错误
10004	格式错误
−1	未知错误

表 9-45   innerAudioContext 支持的音频格式

格　式	iOS	Android
flac	×	√
m4a	√	√
ogg	×	√
ape	×	√
amr	×	√
wma	×	√
wav	√	√
mp3	√	√
mp4	×	√
aac	√	√
aiff	√	×
caf	√	×

注：× 表示不支持；√表示支持。其余表中与此相同。

为了兼容性和音质，推荐使用mp3 格式。

在pages文件夹下创建audio/audio.vue文件，该文件中的代码如下：

```ts
<template>
    <view>
        <view class="page-body">
            <view class="page-section page-section-gap" style="text-align:
            center;">
                <button type="default" @click="doPlay()">播放</button>
                <button type="default" @click="doPause()">暂停</button>
                当前播放时间:{{currentTime}}/{{duration}}
            </view>
        </view>
    </view>
</template>
<script lang="ts">
    import { defineComponent,ref } from 'vue';
    let timer:any=null;
    //接收createInnerAudioContext实例
```

```
let innerAudioContext:any = null;
export default defineComponent({
    name:'createInnerAudioContext',
    //离开页面
    onUnload(){
        //清除当前音频播放时间的定时器
        clearInterval(timer);
        //销毁innerAudioContext实例
        innerAudioContext.destroy();
    },
    setup(){
        let currentTime=ref("00:00");      //当前音频的播放时间
        let duration=ref("00:00");         //音频总时长
        //创建innerAudioContext实例
        innerAudioContext = uni.createInnerAudioContext();
        //监听音频进入可以播放状态的事件
        innerAudioContext.onCanplay(()=>{
            //必需，可以当作初始化总时长
            innerAudioContext.duration;
            //必需，延迟300ms以上才能获取音频总时长
            setTimeout(()=>{
                    duration.value=formatSeconds(innerAudioContext.
duration);//获取音频总时长
            },300)
        });
        //监听音频播放
        innerAudioContext.onPlay(()=>{
            //获取当前音频的播放时间
            timer=setInterval(()=>{
                    currentTime.value=formatSeconds(innerAudioContext.
currentTime);
            },1000);
        })
        //将秒转换成03:30的格式
        function formatSeconds(value:number|string):string|number{
            let minute:number|string=parseInt(value/60);//分钟
            let second:number|string=parseInt(value%60);//秒
            if(minute<10){//如果小于10，补0
                minute="0"+minute;
            }
            if(second<10){
                second="0"+second;
```

```
            }
            return minute+":"+second;
        }
        //播放
        function doPlay():void{
                innerAudioContext.src="http://www.lucklnk.com/music/
jiehun/1.mp3";//音频地址
            innerAudioContext.play();//播放音频
        }
        //暂停
        function doPause():void {
            innerAudioContext.pause();//暂停播放
            //清除获取音频播放时间的定时器
            clearInterval(timer);
        }
        return{
        currentTime,
        duration,
        doPlay,
        doPause
        }
    }
   })
</script>
```

　　以上代码注释很清晰，请读者仔细阅读。使用uni.createInnerAudioContext创建audio是没有UI的，UI可以自己定义，也可以去插件市场下载自己喜欢的audio播放器。需要注意，获取音频总时长不能直接使用innerAudioContext.duration，而是需要进行以下操作：

　　（1）定义onCanplay回调方法。

　　（2）在onCanplay回调方法中使用innerAudioContext.duration初始化总时长。

　　（3）在setTimeout回调函数中使用innerAudioContext.duration获取总时长。

9.16　video

扫一扫，看视频

　　video（视频）组件在H5平台支持mp4、webm和ogg格式的视频。如果在H5平台自行开发播放器或使用第三方视频播放器插件，可以自动判断环境兼容性，以决定是使用传统H5的video还是uni-app的video。App平台支持本地视频（mp4/flv）、网络视频（mp4/flv/m3u8）及流媒体（rtmp/hls/rtsp）。

　　uni-app的video组件功能非常强大，其属性说明见表9-46，direction属性的合法值见表9-47。

表 9-46　video 组件的属性说明

属　性	类　型	默认值	说　明	平台差异说明
src	String	—	要播放视频的资源地址	—
autoplay	Boolean	false	是否自动播放	—
loop	Boolean	false	是否循环播放	—
muted	Boolean	false	是否静音播放	字节跳动小程序不支持
initial-time	Number	—	指定视频初始播放位置，单位为 s	字节跳动小程序不支持
duration	Number	—	指定视频时长，单位为 s	字节跳动小程序不支持
controls	Boolean	true	是否显示默认播放控件（播放 / 暂停按钮、播放进度、时间）	—
danmu-list	Object Array	—	弹幕列表	字节跳动小程序不支持
danmu-btn	Boolean	false	是否显示弹幕按钮，只在初始化时有效，不能动态变更	字节跳动小程序不支持
enable-danmu	Boolean	false	是否展示弹幕，只在初始化时有效，不能动态变更	字节跳动小程序不支持
page-gesture	Boolean	false	—	—
direction	Number	—	设置全屏时视频的方向，不指定则根据宽高比自动判断。有效值为 0（正常竖向）、90（屏幕逆时针 90°）、–90（屏幕顺时针 90°）	H5 和字节跳动小程序不支持
show-progress	Boolean	true	是否显示进度条，若不设置，宽度大于 240 时才会显示	字节跳动小程序不支持
show-fullscreen-btn	Boolean	true	是否显示全屏按钮	—
show-play-btn	Boolean	true	是否显示视频底部控制栏的播放按钮	—
show-center-play-btn	Boolean	true	是否显示视频中间的播放按钮	字节跳动小程序不支持
show-loading	Boolean	true	是否显示 loading 控件	仅 app 2.8.12+
enable-progress-gesture	Boolean	true	是否开启控制进度的手势	字节跳动小程序不支持
object-fit	String	contain	当视频大小与 video 容器大小不一致时视频的表现形式。可选值有 contain（包含）、fill（填充）、cover（覆盖）	微信小程序、字节跳动小程序、H5

属　性	类　型	默认值	说　明	平台差异说明
poster	String	—	视频封面的图片网络资源地址。如果 controls 属性值为 false，则设置 poster 无效	—
show-mute-btn	Boolean	false	是否显示静音按钮	微信小程序
title	String	—	视频的标题，全屏时在顶部展示	微信小程序
play-btn-position	String	bottom	播放按钮的位置。可选值有 bottom（在 controls bar 上）、center（视频中间）	微信小程序、字节跳动小程序
enable-play-gesture	Boolean	false	是否开启播放手势，即双击切换播放 / 暂停	微信小程序
auto-pause-if-navigate	Boolean	true	当跳转到其他小程序页面时，是否自动暂停本页面的视频	微信小程序
auto-pause-if-open-native	Boolean	true	当跳转到其他微信原生页面时，是否自动暂停本页面的视频	微信小程序
vslide-gesture	Boolean	false	在非全屏模式下，是否开启亮度与音量调节手势（同 page-gesture）	微信小程序
vslide-gesture-in-fullscreen	Boolean	true	在全屏模式下，是否开启亮度与音量调节手势	微信小程序
ad-unit-id	String	—	视频前贴广告单元 ID	微信小程序
poster-for-crawler	String	—	用于在搜索等场景作为视频封面展示，建议使用无播放图标的视频封面图，只支持网络地址	微信小程序
@play	EventHandle	—	当开始 / 继续播放时触发 play 事件	字节跳动小程序不支持
@pause	EventHandle	—	当暂停播放时触发 pause 事件	字节跳动小程序不支持
@ended	EventHandle	—	当播放到末尾时触发 ended 事件	字节跳动小程序不支持
@timeupdate	EventHandle	—	当播放进度变化时触发，触发频率为 250ms 一次。event.detail = {currentTime, duration}	字节跳动小程序不支持
@fullscreenchange	EventHandle	—	当视频进入和退出全屏时触发。event.detail = {fullScreen, direction}，direction 取值为 vertical 或 horizontal	字节跳动小程序不支持
@waiting	EventHandle	—	视频出现缓冲时触发	字节跳动小程序不支持

属　性	类　型	默认值	说　明	平台差异说明
@error	EventHandle	—	视频播放出错时触发	字节跳动小程序不支持
@progress	EventHandle	—	加载进度变化时触发，只支持一段加载。event.detail = {buffered}	微信小程序、H5
@loadedmetadata	EventHandle	—	视频元数据加载完成时触发。event.detail = {width, height, duration}	微信小程序、H5
@fullscreenclick	EventHandle	—	全屏播放视频时的点击事件。event.detail = { screenX:"Number 类型，点击点相对于屏幕左侧边缘的 X 轴坐标 ", screenY:"Number 类型，点击点相对于屏幕顶部边缘的 Y 轴坐标 ", screenWidth:"Number 类型，屏幕总宽度 ", screenHeight:"Number 类型，屏幕总高度 "}	App 2.6.3+
@controlstoggle	EventHandle	—	切换 controls 的显示 / 隐藏时触发。event.detail = {show}	微信小程序 2.9.5

表 9–47　direction 属性的合法值

值	说　明
0	正常竖向
90	屏幕逆时针 90°
–90	屏幕顺时针 90°

在pages文件夹下创建video/index.vue文件，该文件中的代码如下：

```ts
<template>
    <view>
        <video :src="videoUrl" controls></video>
    </view>
</template>

<script lang="ts">
    import { defineComponent,ref} from 'vue';
    export default defineComponent({
        name:'video-component',
        setup(){
            let videoUrl=ref("http://www.lucklnk.com/video/4.mp4")
            return{
```

```
                videoUrl
            }
        }
    })
</script>
<style scoped>
    video{width:100%;height:500rpx;}
</style>
```

uni-app的video组件的使用方法与传统H5的video标签的使用方法类似，各小程序平台支持程度不同，详见各小程序video组件文档。

9.17　小结

本章主要讲解了uni-app的常用组件，包括view组件、scroll-view组件、swiper组件、movable-area和movable-view组件、text组件、rich-text组件、button组件、checkbox组件、radio组件、input组件、picker组件（普通选择器、多列选择器、时间选择器、日期选择器、省市区选择器、simpleAddress三级省市区联动）、textarea组件、web-view组件、image组件、switch组件、audio组件、video组件等。为了平台的兼容性，不要随意使用HTML标签，开发时一定要使用uni-app官方文档中的组件或是本章所讲解的组件。以上这些组件的使用频率很高，读者应多加练习并记住这些组件的用法。

9.18　练习题

1. 判断题

（1）在uni-app中如果使用div，编译时会被转换为view。　　　　　　　　　（　　）
（2）scroll-view只支持纵向滚动，不支持横向滚动。　　　　　　　　　　　（　　）
（3）rich-text（富文本）nodes属性值为String类型时会自动转换为Array类型。（　　）
（4）button组件获取手机号功能需要在真机调试下进行测试。　　　　　　　（　　）
（5）将switch组件缩小成50%，则可以设置style="transform:scale(0.5)"。　　（　　）

2. 填空题

（1）_____组件可以实现左右滑动或上下滑动的功能。
（2）scroll-view组件的属性scroll-y的值设置为_____时可以实现纵向滚动。
（3）button组件的属性open-type的值设置为_____时可以获取手机号。
（4）picker（选择器）组件的属性mode的值为multiSelector时，是_____选择器。
（5）textarea组件实现自动增高功能时需要将属性值设置为_____。

第 10 章

常用 API

uni-app的JS API由标准ECMAScript的JS API 和 uni 扩展 API 两部分组成，标准ECMAScript的JS API非常多，扩展API的命名方式与小程序相同。在H5端，uni-app的JS代码运行于浏览器中；在非H5端，Android平台运行在V8引擎中，iOS平台运行在iOS自带的JScore引擎中。在开发时不要把浏览器里的JS等价于标准JS，ECMAScript由ECMA国际管理，是基础JS语法。浏览器基于标准JS扩充了window、document等JS API，Node.js基于标准JS扩充了fs等模块，小程序也基于标准JS扩展了各种wx.×××、my.×××、swan.×××的API。因此，uni-app的非H5端同样支持标准JS，支持if、for等语法，支持字符串、数组、时间等变量及各种处理方法，但不支持浏览器专用对象。

10.1　request 发起请求

uni.request发起网络请求相当于ajax在实际开发中获取服务端接口数据，其使用方式类似于jQuery的ajax，简单实用。

10.1.1　request 的使用

扫一扫，看视频

如果在真机测试下调试，服务端接口地址域名必须是HTTPS，并且需要配置域名白名单。可以根据本书前言中所述资源获取方法获取服务端接口文档下载地址并进行下载。

配置域名白名单操作：进入微信小程序官网，输入用户名和密码进入管理平台，单击左侧导航栏中的"开发"按钮，进入开发页面；然后单击"开发设置"按钮，进入开发设置页面，找到"服务器域名"选项，配置"request合法域名"。

如果是在微信开发者工具中进行测试，服务端接口地址域名可以是HTTP或HTTPS，无须配置域名白名单，但必须勾选"不校验合法域名、web-view（业务域名）、TLS版本以及HTTPS证书"复选框，如图9-3所示。

request的参数说明见表10-1。

表 10-1　request 的参数说明

参　数	类　型	是否必填	默认值	说　明	平台差异说明
url	String	是	—	开发者服务器接口地址	—
data	Object String ArrayBuffer	否	—	请求的参数	App（自定义组件编译模式）不支持 ArrayBuffer 类型
header	Object	否	—	设置请求的 header，header 中不能设置 referer	H5 端会自动带上 cookie，不可手动覆盖
method	String	否	GET	—	—
timeout	Number	否	60000	超时时间，单位为 ms	微信小程序（2.10.0）、支付宝小程序
dataType	String	否	json	如果设为 json，会尝试对返回的数据做一次 JSON. parse	—
responseType	String	否	text	设置响应的数据类型。其合法值为 text、arraybuffer	App 和支付宝小程序不支持
sslVerify	Boolean	否	true	验证 SSL 证书	仅 App 安卓端支持（HBuilder X 2.3.3+）

续表

参　数	类　型	是否必填	默认值	说　明	平台差异说明
withCredentials	Boolean	否	false	跨域请求时是否携带凭证（cookies）	仅 H5 支持（HBuilder X 2.6.15+）
firstIpv4	Boolean	否	false	DNS 解析时优先使用 IPv4	仅 App-Android 支持（HBuilder X 2.8.0+）
success	Function	否	—	收到开发者服务器成功返回的回调函数	—
fail	Function	否	—	接口调用失败的回调函数	—
complete	Function	否	—	接口调用结束的回调函数（调用成功、失败都会执行）	—

　　data数据说明：最终发送给服务器的数据是 String 类型，如果传入的 data 不是 String 类型，会被转换为String。其转换规则如下：

　　（1）GET 方法会将数据转换为 query string。例如，{name: 'name', age: 18}转换后的结果是 name=name&age=18。

　　（2）对于采用POST 方法且 header['content-type'] 为 application/json 的数据，会进行 JSON 序列化。

　　（3）对于采用POST 方法且 header['content-type'] 为 application/x-www-form-urlencoded 的数据，会将数据转换为 query string。

　　method属性有效值说明见表10-2。

表 10–2　method 属性有效值说明

有效值	App	H5	微信小程序	支付宝小程序	百度小程序	字节跳动小程序
GET	√	√	√	√	√	√
POST	√	√	√	√	√	√
PUT	√	√	√	×	√	×
DELETE	√	√	√	×	√	×
CONNECT	√	√	√	×	×	×
HEAD	√	√	√	×	√	×
OPTIONS	√	√	√	×	√	×
TRACE	√	√	√	×	×	×

　　最常用的且兼容性最好的method属性有效值为GET、POST，method属性有效值在服务端接口文档中获取，并不是自己随意编写的。

注意：

　　有效值必须大写。

success返回参数说明见表10-3。

表 10-3　success 返回参数说明

参　数	类　型	说　明
data	Object/String/ArrayBuffer	开发者服务器返回的数据
statusCode	Number	开发者服务器返回的 HTTP 状态码
header	Object	开发者服务器返回的 HTTP Response Header
cookies	Array.<string>	开发者服务器返回的 cookies，格式为字符串数组

在pages文件夹下创建request/get.vue文件，该文件中的代码如下（GET请求）：

```ts
<template>
    <view>
        <view>LOGO:<image :src="logo"></image></view>
        <view>店铺名称:{{shopName}}</view>
        <view>公告:{{notice}}</view>
    </view>
</template>
<script lang="ts">
    import { defineComponent,ref } from 'vue';
    export default defineComponent({
        name:'',
        setup(){
            let logo=ref("");
            let shopName=ref("");
            let notice=ref("");
            //GET请求数据
            uni.request({
                    url:"https://diancan.glbuys.com/api/v1/business/
info?branch_shop_id=900874159",
                method:"GET",
                success:(res)=>{
                    //如果服务端返回的数据正确
                    if(res.data.code==200){
                        logo.value=res.data.data.logo;              //店铺Logo
                        shopName.value=res.data.data.shop_name; //店铺名称
                        notice.value=res.data.data.notice;         //公告
                    }
                }
            });
            return{
            logo,
```

```
            shopName,
            notice
          }
        }
      })
</script>
<style scoped>
    image{width:200rpx;height:200rpx;}
</style>
```

使用GET请求，服务端接口参数不必写在data选项中，直接拼接在接口地址"?"的后面即可。该接口的参数属性为branch_shop_id，该属性的值为900874159。

如果将服务端接口的参数写在data选项中，可以将以上代码改写成如下形式：

```
uni.request({
    url:"https://diancan.glbuys.com/api/v1/business/info",
    method:"GET",
    data:{
        branch_shop_id:"900874159"
    },
    success:(res)=>{
        //如果服务端返回的数据正确
        if(res.data.code==200){
            logo.value=res.data.data.logo;              //店铺Logo
            shopName.value=res.data.data.shop_name;     //店铺名称
            notice.value=res.data.data.notice;          //公告
        }
    }
});
```

以上加粗代码为修改部分。

在pages文件夹下创建request/post.vue文件，该文件中的代码如下（POST请求）：

```
<template>
    <view>
        <view v-for="(item,index) in classifys" :key="index">{{item.
title}}</view>
    </view>
</template>
<script lang="ts">
    import { defineComponent,ref } from 'vue';
    export default defineComponent({
        name:'request-post',
        setup(){
```

```
        let classifys=ref([]);
        //POST请求数据
        uni.request({
            url:"https://diancan.glbuys.com/api/v1/goods/classify",
            method:"POST",
            data:{
                branch_shop_id:"333071944"
            },
            header:{
                "content-type":"application/x-www-form-urlencoded"
            },
            success:(res:any)=>{
                if(res.data.code==200){
                    classifys.value=res.data.data;
                }
            }
        });
        return{
            classifys
        }
    }
})
</script>
```

使用POST请求必须配置header选项，在header选项中添加content-type属性，其值为application/x-www-form-urlencoded。content-type属性值取决于后端接口的content-type类型，示例中的接口content-type类型为x-www-form-urlencoded。在实际工作中，服务端接口的content-type类型也可能是application/json。

如果想要中断请求，则代码示例如下：

```
let requestTask = uni.request({
    url: 'https://www.example.com/request', //仅为示例，并非真实接口地址
    complete: ()=> {}
});
requestTask.abort();//中断请求
```

使用abort()方法可以中断请求。

10.1.2　Promise 方式请求数据

扫一扫，看视频

在开发Vue.js项目时使用axios请求数据采用的方式是 Promise与async/await配合使用，这样可以解决回调地狱的问题，使用起来非常方便。uni-app内部对request进行了Promise封装，返回数据的第一个参数是错误对象，第二个参数是返回数据。

接下来看一下代码示例。在pages文件夹下创建request/promise.vue文件，该文件中的代码如下：

```html
<template>
    <view>
        <view>LOGO:<image :src="logo"></image></view>
        <view>店铺名称:{{shopName}}</view>
        <view>公告:{{notice}}</view>
    </view>
</template>
<script lang="ts">
    import { defineComponent,ref } from 'vue';
    export default defineComponent({
        name:'',
        setup(){
            let logo=ref("");
            let shopName=ref("");
            let notice=ref("");
            //GET请求数据
            uni.request({
                url:"https://diancan.glbuys.com/api/v1/business/info",
                method:"GET",
                data:{
                    branch_shop_id:"900874159"
                }
            }).then((res:any)=>{
                if(res.data.code==200){
                    logo.value=res.data.data.logo;          //店铺LOGO
                    shopName.value=res.data.data.shop_name;  //店铺名称
                    notice.value=res.data.data.notice;       //公告
                }
            })
            return{
            logo,
            shopName,
            notice
            }
        }
    })
</script>
<style scoped>
    image{width:200rpx;height:200rpx;}
</style>
```

注意上述加粗代码，在then()方法中，回调函数的res参数返回的是一个对象，该对象里的data属性可以获取到服务端接口返回的数据。

10.2 uploadFile 文件上传

uploadFile API可以将本地资源上传到服务器，客户端发起一个POST请求，其中content-type为multipart/form-data。

10.2.1 uploadFile 的使用

扫一扫，看视频

如果是在真机上进行测试，上传文件和request一样需要配置域名白名单；如果是在微信开发者工具中上传文件，只需勾选"不校验合法域名、web-view（业务域名）、TLS版本以及HTTPS证书"复选框即可使用接口。

uni.uploadFile的参数说明见表10-4。

表 10–4　uni.uploadFile 的参数说明

参　数	类　型	是否必填	说　明	平台差异说明
url	String	是	开发者服务器 URL	—
files	Array	否	需要上传的文件列表。使用 files 时，filePath 和 name 不生效	App、H5（2.6.15+）
fileType	String	—	文件类型，有效值为 image、video、audio	仅支付宝小程序，且必填
file	File	否	要上传的文件对象	仅 H5（2.6.15+）支持
filePath	String	是	要上传文件资源的路径	—
name	String	是	文件对应的 key，开发者在服务端通过该 key 可以获取到文件二进制内容	—
header	Object	否	HTTP 请求 header，header 中不能设置 referer	—
formData	Object	否	HTTP 请求中其他额外的 formData	—
success	Function	否	接口调用成功的回调函数	—
fail	Function	否	接口调用失败的回调函数	—
complete	Function	否	接口调用结束的回调函数（调用成功、失败都会执行）	—

files参数是一个 file 对象的数组，其说明见表10-5。

表 10-5　files 参数说明

参　数	类　型	是否必填	说　明
name	String	否	提交 multipart 时表单的项目名，默认为 file
file	File	否	要上传的文件对象，仅 H5（2.6.15+）支持
uri	String	是	文件的本地地址

注意：

　　如果不填name或填的值相同，可能导致服务端读取文件时只能读取到一个文件。

success返回参数说明见表10-6。

表 10-6　success 返回参数说明

参　数	类　型	说　明
data	String	开发者服务器返回的数据
statusCode	Number	开发者服务器返回的 HTTP 状态码

在pages文件夹下创建uploadfile/index.vue文件，该文件中的代码如下：

```ts
<template>
    <view>
        图片预览:<image :src="showImage"></image>
        <button type="default" @click="uploadImage">上传图片</button>
        <button type="default" @click="doAbort">终止上传</button>
    </view>
</template>
<script lang="ts">
    import { defineComponent,ref } from 'vue';
    export default defineComponent({
        name:'uploadfile',
        setup(){
            let showImage=ref("");
            let uploadTask:any=null;//uploadFile实例
            //上传图片方法
            function uploadImage():void{
                //选择图片
                uni.chooseImage({
                    success: (chooseImageRes:any) => {
                        //图片的本地文件路径列表
                        const tempFilePaths = chooseImageRes.tempFilePaths;
                        //上传图片
```

```
                              uploadTask=uni.uploadFile({
                                  url: 'http://vueshop.glbuys.com/api/user/myinfo/
    formdatahead?token=1ec949a15fb709370f', //仅为示例，非真实的接口地址
                                  filePath: tempFilePaths[0],//图片的本地文件
                                  name: 'headfile',//上传图片接口参数的属性名称为headfile
                                  success: (uploadFileRes:any) => {
                                      //上传成功后返回的数据为String类型，转换成对象类型
                                      let data=JSON.parse(uploadFileRes.data);
                                          showImage.value="http://vueshop.glbuys.com/
    userfiles/head/"+data.data.msbox;//图片网络地址
                                  }
                              });
                          }
                      });
                  }
                  //终止上传
                  function doAbort():void{
                      uploadTask.abort();
                  }
                  return{
                   showImage,
                   uploadImage,
                   doAbort
                  }
              }
          })
    </script>
    <style scoped>
        image{width:200rpx;height:200rpx;}
    </style>
```

先使用uni.chooseImage API从本地相册中选择图片或使用相机拍照，选择上传的图片后，再使用uni.uploadFile上传图片。使用abort()方法可以终止上传。

10.2.2　多文件上传

扫一扫，看视频

在实际开发中有很多场景需要批量上传文件，微信小程序只支持单文件上传，多文件上传需要反复调用uni.uploadFile API。接下来看一下代码示例。在pages文件夹下创建uploadfile/multiple.vue文件，该文件中的代码如下：

```
<template>
    <view>
        图片预览:
```

```
            <view v-for="(item,index) in showImages" :key="index"><image :
src="item"></image></view>
        <button type="default" @click="uploadImage">上传图片</button>
    </view>
</template>
<script lang="ts">
    import { defineComponent,reactive} from 'vue';
    export default defineComponent({
        name:'uploadfile',
        setup(){
            let showImages=reactive([]);//文件图片路径
            function uploadImage():void{
                //选择图片
                uni.chooseImage({
                    success: (chooseImageRes:any) => {
                        //图片的本地文件路径列表
                        const tempFilePaths = chooseImageRes.tempFilePaths;
                        //如果选择多张图片
                        if(tempFilePaths.length>0){
                            for(let i=0;i<tempFilePaths.length;i++){
                                //上传图片
                                uni.uploadFile({
                                    url: 'http://vueshop.glbuys.com/api/user/
myinfo/formdatahead?token=1ec949a15fb709370f', //仅为示例，非真实的接口地址
                                    filePath: tempFilePaths[i],//图片的本地文件
                                    name: 'headfile',//上传图片接口参数的属性名称
                                                        //为headfile
                                    success: (uploadFileRes:any) => {
                                    //上传成功后返回的数据为String类型，转换成
                                    //对象类型
                                    let data=JSON.parse(uploadFileRes.data);
                                    //将返回的图片网络地址添加到showImages数组中，
                                    //并在视图中显示上传的图片
                                    showImages.push("http://vueshop.glbuys.
com/userfiles/head/"+data.data.msbox);
                                    }
                                });
                            }
                        }
                    }

                }
```

```
            });
        }
        return{
          showImages,
          uploadImage
        }
      }
    })
</script>
<style scoped>
    image{width:200rpx;height:200rpx;}
</style>
```

使用uni.chooseImage API选择多张图片，循环调用uni.uploadFile API即可实现批量上传功能。

10.3　数据缓存

扫一扫，看视频

数据缓存可以将数据存储在本地缓存中，实现长期保存数据的功能，在uni-app中分为两种存储方式：异步存储和同步存储，在实际开发中经常用于保存会员登录状态信息、购物车、历史记录等场景。

10.3.1　setStorage

setStorage可以将数据异步存储到本地缓存中。setStorage的参数说明见表10-7。

表 10–7　setStorage 的参数说明

参　　数	类　　型	是否必填	说　　明
key	String	是	本地缓存中指定的 key
data	Any	是	需要存储的内容，支持原生类型及能够通过 JSON.stringify 序列化的对象
success	Function	否	接口调用成功的回调函数
fail	Function	否	接口调用失败的回调函数
complete	Function	否	接口调用结束的回调函数（调用成功、失败都会执行）

代码示例如下：

```
uni.setStorage({
    key: 'name',
    data: '张三',
    success: ()=> {
```

```
        console.log('success');
    }
});
```

上述代码中，key为属性，data为存储的数据。接下来即可使用getStorage读取本地缓存中的数据。

10.3.2 getStorage

getStorage可以从本地缓存中异步获取指定 key 对应的内容。getStorage的参数说明见表10-8。

表 10–8　getStorage 的参数说明

参　数	类　型	是否必填	说　明
key	String	是	本地缓存中指定的 key
success	Function	是	接口调用成功的回调函数，res = {data: key 对应的内容 }
fail	Function	否	接口调用失败的回调函数
complete	Function	否	接口调用结束的回调函数（调用成功、失败都会执行）

success返回参数说明见表10-9。

表 10–9　success 返回参数说明

参　数	类　型	说　明
data	Any	key 对应的内容

代码示例如下：

```
uni.getStorage({
    key:"name",
    success:(res)=>{
        console.log(res.data);//结果：张三
    }
})
```

10.3.3 setStorageSync

setStorageSync可以将数据同步存储到本地缓存中。setStorageSync的参数说明见表10-10。

表 10–10　setStorageSync 的参数说明

参　数	类　型	是否必填	说　明
key	String	是	本地缓存中指定的 key
data	Any	是	需要存储的内容，支持原生类型及能够通过 JSON.stringify 序列化的对象

代码示例如下：

```
uni.setStorageSync('name', '张三');
```

setStorageSync和H5中的localstorage.setItem()方法的使用方式类似，第一个参数为key，第二个参数为值。接下来即可使用getStorageSync()方法读取本地缓存的数据。

10.3.4   getStorageSync

getStorageSync可以从本地缓存中同步获取指定 key对应的内容。getStorageSync的参数说明见表10-11。

表 10-11   getStorageSync 的参数说明

参　　数	类　　型	是否必填	说　　明
key	String	是	本地缓存中指定的 key

代码示例如下：

```
let name=uni.getStorageSync('name');
console.log(name);//结果: 张三
```

getStorageSync和H5中的localstorage.getItem()方法的使用方式类似，传入key可以同步获取key对应的内容。

10.3.5   removeStorage

removeStorage可以从本地缓存中异步移除指定的key。removeStorage的参数说明见表10-12。

表 10-12   removeStorage 的参数说明

参　　数	类　　型	是否必填	说　　明
key	String	是	本地缓存中指定的 key
success	Function	是	接口调用成功的回调函数
fail	Function	否	接口调用失败的回调函数
complete	Function	否	接口调用结束的回调函数（调用成功、失败都会执行）

代码示例如下：

```
uni.removeStorage({
    key: 'name',
    success: function (res) {
        console.log('success');
    }
});
```

10.3.6 removeStorageSync

removeStorageSync可以从本地缓存中同步移除指定的key。removeStorageSync的参数说明见表10-13。

表 10-13 removeStorageSync 的参数说明

参　　数	类　　型	是否必填	说　　明
key	String	是	本地缓存中指定的 key

代码示例如下：

```
uni.removeStorageSync('name');
```

removeStorageSync和H5中的localstorage.removeItem()方法的使用方式类似，可以删除指定的key。

10.3.7 clearStorage

clearStorage可以异步清除本地所有的数据缓存。代码示例如下：

```
uni.clearStorage();
```

10.3.8 clearStorageSync

clearStorageSync可以同步清除本地所有的数据缓存。代码示例如下：

```
uni.clearStorageSync();
```

clearStorageSync和H5中的localstorage.clear()方法的使用方式类似，可以清除所有的本地缓存数据。

10.4 获取位置

获取当前位置，可以实现查找附近的人、查找附近的商铺、地图定位、查看详细地址、查询所在城市等功能。

10.4.1 getLocation

getLocation可以获取当前的地理位置。注意，在微信小程序中，当用户离开应用后，此接口无法调用，除非申请后台持续定位权限。

getLocation的参数说明见表10-14。

扫一扫，看视频

表 10-14　getLocation 的参数说明

参　数	类　型	是否必填	说　明	平台差异说明
type	String	否	默认为 wgs84 返回 GPS 坐标，gcj02 返回国家测绘局坐标，可用于 uni.openLocation 的坐标，App 平台高德 SDK 仅支持返回 gcj02	—
altitude	Boolean	否	传入 true 会返回高度信息，由于获取高度需要较高的精确度，会减慢接口返回速度	App 和字节跳动小程序不支持
geocode	Boolean	否	是否解析地址信息，默认为 false	仅 App 平台支持
success	Function	是	接口调用成功的回调函数，返回内容详见返回参数说明	—
fail	Function	否	接口调用失败的回调函数	—
complete	Function	否	接口调用结束的回调函数（调用成功、失败都会执行）	—

success返回参数说明见表10-15。

表 10-15　success 返回参数说明

参　数	说　明
latitude	纬度，浮点数，范围为 –90~90，负数表示南纬
longitude	经度，浮点数，范围为 –180~180，负数表示西经
speed	速度，浮点数，单位为 m/s
accuracy	位置的精确度
altitude	高度，单位为 m
verticalAccuracy	垂直精度，单位为 m（Android 无法获取，返回 0）
horizontalAccuracy	水平精度，单位为 m
address	地址信息（仅 App 端支持，需要配置 geocode 为 true）

address地址信息说明见表10-16。

表 10-16　address 地址信息说明

属　性	类　型	描　述	说　明
country	String	国家名称	如"中国"，如果无法获取此信息则返回 undefined
province	String	省（自治区、直辖市）名称	如"北京市"，如果无法获取此信息则返回 undefined
city	String	城市名称	如"北京市"，如果无法获取此信息则返回 undefined
district	String	区（县）名称	如"朝阳区"，如果无法获取此信息则返回 undefined
street	String	街道信息	如"酒仙桥路"，如果无法获取此信息则返回 undefined
streetNum	String	获取街道门牌号信息	如"3 号"，如果无法获取此信息则返回 undefined

续表

属 性	类 型	描 述	说 明
poiName	String	POI 信息	如"电子城国际电子总部",如果无法获取此信息则返回 undefined
postalCode	String	邮政编码	如"100016",如果无法获取此信息则返回 undefined
cityCode	String	城市代码	如"010",如果无法获取此信息则返回 undefined

address地址信息仅支持App端,其他平台获取地址信息请参阅10.4.3小节。在pages文件夹下创建map/location.vue文件,该文件中的代码如下:

```
<script>
    export default {
        name: "location",
        onLoad(){
            uni.getLocation({
                type: 'gcj02',
                success: function (res) {
                    console.log('当前位置的经度:' + res.longitude);
                    console.log('当前位置的纬度:' + res.latitude);
                }
            });
        }
    }
</script>
```

uni.getLocation的参数type属性值gcj02为国测局坐标(GCJ-02),定位更加准确,不推荐使用WGS-84(GPS坐标),因为其误差比较大。但是,H5 端不支持GCJ-02,需要在manifest.json 文件中配置腾讯地图申请的key,才能在H5 端使用GCJ-02 获取坐标。

进入腾讯地图开发平台,注册并登录,单击网站右上角的"控制台"按钮,进入控制台页面。单击顶部导航栏中的"开发文档"选项下的"微信小程序JavaScript SDK",进入图 10-1 所示的页面。在图 10-1 中单击"添加Key"按钮,打开如图 10-2 所示的页面。

图 10-1 微信小程序 JavaScript SDK 页面

图 10-2　腾讯地图申请 key

在图10-2所示的页面中填写"Key名称""描述"和"授权APP ID",单击"添加"按钮完成key的申请。接下来在manifest.json文件中配置腾讯地图key,在manifest.json文件中添加如下代码:

```
"h5" : {
    ...
    "sdkConfigs" : {
        "maps" : {
            "qqmap" : {
                "key" : "你的key"
            }
        }
    },
    ...
}
```

配置完成后保存文件,这样即可在H5端使用GCJ-02获取所在位置的经度和纬度。

> **注意:**
> 　　获取位置测试请在真机环境中进行,否则定位不准确。H5端获取定位信息要求部署在HTTPS 服务上,本地预览(localhost)仍然可以使用 HTTP。
> 　　H5端国产安卓手机上若无法定位,检查手机是否开通了位置服务、GPS功能,ROM是否给予该浏览器位置权限以及浏览器是否对网页弹出请求给予定位的询问框。

安卓手机在原生App内嵌入H5时无法定位，需要原生App处理webview。

移动端浏览器普遍仅支持GPS定位，在GPS信号弱的地方可能定位失败。

PC设备使用Chrome浏览器时，位置信息是连接谷歌服务器获取的，国内用户可能会获取位置信息失败。

10.4.2　配合 map 组件定位"我的位置"并显示到地图上

扫一扫，看视频

getLocation配合map组件，可以将"我的位置"显示在地图上。

注意：自2022年7月14日起，在微信小程序中使用uni.getLocation获取地理位置必须先在manifest.json文件中进行配置，配置代码如下：

```
/* 小程序特有相关 */
"mp-weixin" : {
    ...
    "requiredPrivateInfos": [
            "getLocation",
            "chooseAddress",
            "onLocationChange",
            "chooseLocation",
            "startLocationUpdateBackground"
    ],
    "permission": {
            "scope.userLocation": {
                    "desc": "获取'我的位置'方便查看附近店铺"
            }
    }
}
```

requiredPrivateInfos属性值说明如下。

- getFuzzyLocation：获取模糊地理位置。
- getLocation：获取精确地理位置。
- onLocationChange：监听实时地理位置变化事件。
- startLocationUpdate：接收位置消息（前台）。
- startLocationUpdateBackground：接收位置消息（前后台）。
- chooseLocation：打开地图选择位置。
- choosePoi：打开 POI 列表选择位置。
- chooseAddress：获取用户地址信息。

permission字段下面的scope.userLocation内部的desc为小程序获取权限时展示的接口用途说明，最长 30 个字符。配置完成后，使用HBuilder X重启项目即可使用uni.getLocation。

在pages文件夹下创建map/map.vue文件，该文件中的代码如下：

```ts
<template>
    <view>
            <map class="map" :latitude="latitude" :longitude="longitude"
    :markers="markers"></map>
    </view>
</template>

<script lang="ts">
    import { defineComponent,ref,reactive } from 'vue';
    export default defineComponent({
        name:'location',
        setup(){
            let latitude=ref("");//纬度
            let longitude=ref("");//经度
            let markers=reactive([//标记点用于在地图上显示标记的位置
                    {
                        id:1,
                        latitude:"",//纬度
                        longitude:"",//经度
                        iconPath:"../../static/images/map/my.png",//图标路径
                        width:"30",//图标的宽
                        height:"30"//图标的高
                    }
                ]
            );
            uni.getLocation({
                type: 'gcj02',
                success: (res:any)=> {
                    console.log('当前位置的经度:' + res.longitude);
                    console.log('当前位置的纬度:' + res.latitude);
                    latitude.value=res.latitude;
                    longitude.value=res.longitude;
                    //将获取的longitude和latitude赋值给markers中的longitude、latitude
                    markers[0].longitude=longitude.value;
                    markers[0].latitude=latitude.value;
                }
            });
            return{
            latitude,
```

```
            longitude,
            markers
            }
        }
    })
</script>
<style scoped>
    .map{width:100%;height:500rpx;}
</style>
```

map组件的属性latitude代表纬度，longitude代表经度，markers代表标记点，用于在地图上显示标记的位置，值为数组类型，可以有多个标记。要了解map组件的更多属性，可以查看官网文档。

在微信开发者工具中渲染的效果如图10-3所示。

图10-3 在map组件中显示"我的位置"

10.4.3 微信小程序获取地址详情

如果想在微信小程序中通过getLocation获取位置，显示地址详情（如省份、城市、街道等信息），必须调用腾讯地图开放平台中的微信小程序JavaScript SDK地图版本。

请按以下步骤完成此SDK的调用，建议大家观看视频完成此操作。

使用SDK前需要先配置以下信息：

（1）申请开发者密钥（key）。

扫一扫，看视频

（2）开通webservice API服务：控制台→key管理→设置（使用该功能的key）→勾选webservice API→保存（小程序SDK需要用到webservice API的部分服务，所以使用该功能的key需要具备相应的权限）。

（3）下载微信小程序JavaScript SDK。

（4）设置安全域名。进入微信小程序管理平台，在"开发"→"开发设置"→"request合法域名"中添加https://apis.map.qq.com。

将下载好的微信小程序JavaScript SDK文件进行解压，找到qqmap-wx-jssdk1.2文件夹，将其重命名为qqmap-wx-jssdk，复制到static/js/utils文件夹下。接下来看一下代码示例，pages/map/location.vue文件中的代码如下：

```ts
<template>
    <view class="page">
            <map style="width: 100%; height: 300px;" :latitude="lat"
    :longitude="lng" :markers="markers">
        </map>
        <view>省:{{city}}</view>
        <view>城市:{{province}}</view>
        <view>区(县):{{district}}</view>
        <view>街道:{{street}}</view>
        <view>门牌号:{{streetNum}}</view>
        <view>城市代码:{{cityCode}}</view>
        <view>地址详情:{{address}}</view>
    </view>
</template>
 <script lang="ts">
    import { defineComponent,ref,reactive } from 'vue';
        //导入微信小程序JaraScript SDK
        let QQMapWX=require("../../static/js/utils/qqmap-wx-jssdk/qqmap-wx-
jssdk.js");
    export default defineComponent({
        name:'location',
        setup(){
            let lng=ref("");//经度
            let lat=ref("");//纬度
            let markers=reactive([
                    {
                        id:1,
                        latitude: 0,
                        longitude: 0,
                        iconPath: '../../static/images/map/location.png',
```

```
                width:40,
                height:40,
                callout:{//自定义标记点上方的气泡窗口
                    content:"",//文本内容
                    display:"ALWAYS",//常显示气泡
                    padding:5,//文本边缘留白
                    borderRadius:8,//callout边框圆角
                    fontSize:14//文字大小
                }
            }
        ]
    );
    let city=ref("");//城市
    let province=ref("");//省(自治区、直辖市)
    let district=ref("");//区(县)名称
    let street=ref("");//街道信息
    let streetNum=ref(""); //街道门牌号信息
    let cityCode=ref(""); //城市代码
    let address=ref(""); //地址详情
    //实例化微信小程序JaraScript SDK的API核心类
    let qqmapsdk = new QQMapWX({
        key: 'OG4BZ-DEPHF-36FJE-NLIJP-H3JV3-2EFWR' //腾讯地图的key
    });
    uni.getLocation({
        type: 'gcj02',
        success: (res:any)=> {
            console.log('当前位置的经度:' + res.longitude);
            console.log('当前位置的纬度:' + res.latitude);
            lng.value=res.longitude;
            lat.value=res.latitude;
            markers[0].latitude=lat.value;
            markers[0].longitude=lng.value;
            //获取地理位置信息和附近POI列表
            qqmapsdk.reverseGeocoder({
                location: {
                    latitude: lat.value,
                    longitude:lng.value
                },
                //返回成功
                success:(res:any)=>{
```

```
                              console.log(res);
                              city.value=res.result.ad_info.city;
                              province.value=res.result.ad_info.province;
                              district.value=res.result.ad_info.district;
                              street.value=res.result.address_component.street;
                              streetNum.value=res.result.address_component.
                                      street_number;
                              cityCode.value=res.result.ad_info.city_code;
                              address.value=res.result.address;
                              //将获取的城市赋值到气泡content中，在map组件中显示
                              markers[0].callout.content=city.value;
                          },
                          //返回失败
                          fail:(res:any)=>{
                              console.log(res);
                          }
                      })
                  }
              });
          return{
            lng,
            lat,
            markers,
            city,
            province,
            district,
            street,
            streetNum,
            cityCode,
            address
          }
        }
      })
  </script>
  <style scoped>
      .page{width:100%;}
  </style>
```

上述代码注释很清晰，请读者仔细阅读。reverseGeocoder为微信小程序JavaScript SDK的接口，可以获取地理位置信息和附近POI列表。

在微信开发者工具中渲染的效果如图10-4所示。

图 10-4 获取地理位置信息

10.5 获取系统信息

获取系统信息便于用户查看手机品牌、手机型号、屏幕宽度、屏幕高度、操作系统版本、允许微信通知的开关、地理位置的系统开关等信息。在实际开发中，可以根据不同的手机型号解决兼容性问题，如自定义导航时iPhone X "刘海"挡住导航栏的问题。

扫一扫，看视频

10.5.1 getSystemInfo 的使用

获取系统信息分为uni.getSystemInfo（异步获取）和uni.getSystemInfoSync（同步获取）。getSystemInfo和getSystemInfoSync的参数说明见表10-17。

表 10-17 getSystemInfo 和 get SystemInfoSync 的参数说明

参 数	类 型	是否必填	说 明
success	Function	是	接口调用成功的回调函数
fail	Function	否	接口调用失败的回调函数
complete	Function	否	接口调用结束的回调函数（调用成功、失败都会执行）

success返回参数说明见表10-18。

表 10-18   success 返回参数说明

参 数	说 明	平台差异说明
brand	手机品牌	App、微信小程序、百度小程序、字节跳动小程序、QQ 小程序
model	手机型号	—
pixelRatio	设备像素比	—
screenWidth	屏幕宽度	—
screenHeight	屏幕高度	—
windowWidth	可使用窗口宽度	—
windowHeight	可使用窗口高度	—
windowTop	可使用窗口的顶部位置	App、H5
windowBottom	可使用窗口的底部位置	App、H5
statusBarHeight	状态栏高度	字节跳动小程序不支持
navigationBarHeight	导航栏高度	百度小程序
titleBarHeight	标题栏高度	支付宝小程序
language	应用设置的语言	字节跳动小程序不支持
version	引擎版本号	H5 不支持
storage	设备磁盘容量	支付宝小程序
currentBattery	当前电量百分比	支付宝小程序
appName	宿主 App 名称	字节跳动小程序
appPlatform	App 平台	QQ 小程序
host	宿主平台	百度小程序
app	当前运行的客户端	支付宝小程序
cacheLocation	上一次缓存的位置信息	百度小程序
system	操作系统版本	—
platform	客户端平台，值域为 ios、android	—
fontSizeSetting	用户字体大小设置。以"我→设置→通用→字体大小"中的设置为准，单位为 px	微信小程序、支付宝小程序、百度小程序、QQ 小程序
SDKVersion	客户端基础库版本	支付宝小程序和 H5 不支持
swanNativeVersion	宿主平台版本号	百度小程序
albumAuthorized	允许微信使用相册的开关（仅 iOS 有效）	微信小程序

续表

参 数	说 明	平台差异说明
cameraAuthorized	允许微信使用摄像头的开关	微信小程序
locationAuthorized	允许微信使用定位的开关	微信小程序
microphoneAuthorized	允许微信使用麦克风的开关	微信小程序
notificationAuthorized	允许微信通知的开关	微信小程序
notificationAlertAuthorized	允许微信通知带有提醒的开关（仅iOS 有效）	微信小程序
notificationBadgeAuthorized	允许微信通知带有标记的开关（仅iOS 有效）	微信小程序
notificationSoundAuthorized	允许微信通知带有声音的开关（仅iOS 有效）	微信小程序
bluetoothEnabled	蓝牙的系统开关	微信小程序
locationEnabled	地理位置的系统开关	微信小程序
wifiEnabled	Wi-Fi 的系统开关	微信小程序
safeArea	在竖屏正方向下的安全区域	App、H5、微信小程序
safeAreaInsets	在竖屏正方向下的安全区域插入位置（2.5.3+）	App、H5、微信小程序

提示：
屏幕高度＝原生NavigationBar高度（含状态栏高度）+可使用窗口高度+原生TabBar高度。
windowHeight不包含NavigationBar（导航栏）和TabBar的高度。
H5端，windowTop等于NavigationBar高度，windowBottom等于TabBar高度。
App端，windowTop等于透明状态的NavigationBar高度，windowBottom等于透明状态的TabBar高度。

safeArea参数说明见表10-19。

表 10-19 safeArea 参数说明

参 数	类 型	说 明
left	Number	安全区域左上角横坐标
right	Number	安全区域右下角横坐标
top	Number	安全区域左上角纵坐标
bottom	Number	安全区域右下角纵坐标
width	Number	安全区域的宽度，单位为逻辑像素
height	Number	安全区域的高度，单位为逻辑像素

safeAreaInsets参数说明见表10-20。

表 10–20   safeAreaInsets 参数说明

参　数	类　型	说　明
left	Number	安全区域左侧插入位置
right	Number	安全区域右侧插入位置
top	Number	安全区域顶部插入位置
bottom	Number	安全区域底部插入位置

使用uni.getSystemInfo异步获取系统信息的代码示例如下：

```
uni.getSystemInfo({
    success: (res)=> {
            console.log(res.model); //手机型号
            console.log(res.pixelRatio); //设备像素比
            console.log(res.windowWidth); //可使用窗口宽度
            console.log(res.windowHeight); //可使用窗口高度
            console.log(res.language); //应用设置的语言
            console.log(res.version); //引擎版本号
            console.log(res.platform); //客户端平台,在微信开发者工具中值为devtools
    }
});
```

使用uni.getSystemInfoSync同步获取系统信息的代码示例如下：

```
let res = uni.getSystemInfoSync();
console.log(res.model);
console.log(res.pixelRatio);
console.log(res.windowWidth);
console.log(res.windowHeight);
console.log(res.language);
console.log(res.version);
console.log(res.platform);
```

10.5.2　解决 iPhone X "刘海" 兼容性问题

开发微信小程序时设置为自定义导航，在iPhone X中预览时会发现自定义导航与"刘海"之间的距离对比原生导航有些差异，用户体验不是很好，如图10-5和图10-6所示。

图10-5　自定义导航在iPhone X 中　　　图10-6　原生导航在iPhone X
　　　　　显示的效果　　　　　　　　　　　　中显示的效果

　　从图10-5中可以看到，自定义导航与iPhone X"刘海"的距离比较近。想要达到原生导航的效果，可以使用uni.getSystemInfoSync的model属性获取手机型号，判断是否在iPhone X中运行，如果是，则重新设定padding-top的值即可。

　　pages/index/index.vue文件中的代码如下：

```html
<template>
    <view class="page">
        <view class="status_bar">
            <!-- 这里是状态栏 -->
        </view>
        <view :class="{'nav-bar':true,iPX:isIpx}"></view>
        ...
    </view>
</template>
<script lang="ts">
    import { defineComponent,ref } from 'vue';
    export default defineComponent({
        name:'index',
        ...
        setup(){
            let isIpx=ref(false); //值为true表示在iPhone X中运行
            uni.getSystemInfo({
                success: (res)=> {
                    let name = 'iPhone X';
                    //如果在iPhone X中运行
                    if(res.model.indexOf(name) > -1){
                        isIpx.value=true;
                    }
                }
            });
            return{
```

```
                    isIpx
            }
        }
    })
</script>
<style scoped>
    .page{width:100%;}
    ...
    .nav-bar{width:100%;height:80rpx;background-color:#3cc51f;color:#FFFFFF;text-
align: center;line-height:80rpx;font-size:28rpx;}
    /*在iPhone X中的导航样式*/
    .iPX{padding-top:45rpx;}
    .status_bar {height: var(--status-bar-height);width: 100%;background-
color: #3cc51f;}
</style>
```

上述代码注释很清晰，请读者仔细阅读。在微信开发者工具中预览的效果如图10-7所示，可以看到基本和原生导航显示的效果一样。

图10-7　自定义导航在iPhone X中显示的效果

10.6　交互反馈

交互反馈包括消息提示框、loading提示框、模态弹窗（alert、confirm）和操作菜单，这些都是在开发中常用的功能。

扫一扫，看视频

10.6.1　消息提示框

uni.showToast可以显示消息提示框，其参数说明见表10-21。

表 10–21　showToast 的参数说明

参　数	类　型	是否必填	说　明	平台差异说明
title	String	是	提示的内容，长度与 icon 取值有关	—
icon	String	否	图标	—
image	String	否	自定义图标的本地路径	App、H5、微信小程序、百度小程序
mask	String	否	是否显示透明蒙层，防止触摸穿透，默认为 false	App、微信小程序
duration	Number	否	提示的延迟时间，单位为毫秒，默认为 1500	—
position	String	否	纯文本轻提示显示位置，填写有效值后只有 title 属性生效	App
success	Function	否	接口调用成功的回调函数	—
fail	Function	否	接口调用失败的回调函数	—
complete	Function	否	接口调用结束的回调函数（调用成功、失败都会执行）	—

icon值的说明见表10-22。

表 10–22　icon 值的说明

值	说　明	平台差异说明
success	显示成功图标，此时 title 文本最多显示 7 个汉字长度（此为默认值）	—
loading	显示加载图标，此时 title 文本最多显示 7 个汉字长度	支付宝小程序不支持
none	不显示图标，此时 title 文本在小程序中最多可以显示两行，App 仅支持单行显示	—

position值的说明（仅App生效）见表10-23。

表 10–23　position 值的说明（仅 App 生效）

值	说　明
top	居上显示
center	居中显示
bottom	居下显示

代码示例如下：

```
uni.showToast({
    title: '标题',
    duration: 2000
});
```

如果想隐藏消息提示框可以使用uni.hideToast。代码示例如下:

```
uni.hideToast();
```

可以用showToast开发一个表单验证功能,在pages文件夹下创建toast/index.vue文件,该文件中的代码如下:

```ts
<template>
    <view>
        <view>用户名:<input type="text" placeholder="请输入用户名" v-model=
"userName"></view>
        <view>密码:<input type="password" placeholder="请输入密码" v-model=
"password"></view>
        <button type="default" @click="doLogin()">登录</button>
    </view>
</template>
<script lang="ts">
    import { defineComponent,ref } from 'vue';
    export default defineComponent({
        name:'toast',
        setup(){
            let userName=ref("");//用户名
            let password=ref("");//密码
            function doLogin():void{
                if(userName.value.trim()==''){
                    uni.showToast({
                        title:"请输入用户名",
                        duration:2000,
                        icon:"none"
                    });
                    return;
                }
                if(password.value.trim()==''){
                    uni.showToast({
                        title:"请输入密码",
                        duration:2000,
                        icon:"none"
                    });
                    return;
                }
            }
            return{
            userName,
```

```
            password,
            doLogin
        }
    }
})
</script>
```

在微信开发者工具中预览的效果如图10-8所示。

图 10-8　toast 消息提示框

10.6.2　loading 提示框

uni.showLoading可以显示loading提示框，一般在请求服务端数据时使用。showLoading 的参数说明见表10-24。

表 10-24　showLoading 的参数说明

参 数	类 型	是否必填	说 明	平台差异说明
title	String	是	提示的内容	—
mask	Boolean	否	是否显示透明蒙层，防止触摸穿透，默认为 false	App、微信小程序、百度小程序
success	Function	否	接口调用成功的回调函数	—
fail	Function	否	接口调用失败的回调函数	—
complete	Function	否	接口调用结束的回调函数（调用成功、失败都会执行）	—

代码示例如下：

```
uni.showLoading({
    title: '加载中'
});
```

如果想隐藏loading提示框可以使用uni.hideLoading。代码示例如下：

```
uni.showLoading({
    title: '加载中'
});


setTimeout(function () {
    uni.hideLoading();//隐藏
}, 2000);
```

在pages文件夹下创建loading/index.vue文件，该文件中的代码如下：

```
<template>
    <view>
        <view>LOGO:<image :src="logo"></image></view>
        <view>店铺名称:{{shopName}}</view>
        <view>公告:{{notice}}</view>
    </view>
</template>
<script lang="ts">
    import { defineComponent,ref } from 'vue';
    export default defineComponent({
        name:'',
        setup(){
            let logo=ref("");//店铺logo
            let shopName=ref("");//店铺名称
            let notice=ref("");//商品公告
            //显示loading
            uni.showLoading({
                title:"加载中..."
            });
            uni.request({
                url:"https://diancan.glbuys.com/api/v1/business/info",
                method:"GET",
                data:{
                    branch_shop_id:"900874159"
                }
            //data为数组，数组第一项为错误信息，第二项为返回数据
            }).then((res:any)=>{
                //请求完成后，隐藏loading
                uni.hideLoading();
                if(res.data.code==200) {
                    logo.value=res.data.data.logo;
```

```
                    shopName.value=res.data.data.shop_name;//店铺名称
                    notice.value=res.data.data.notice;//商品公告
              }
          })
          return{
            logo,
            shopName,
            notice
          }
        }
      })
</script>
<style scoped>
    image{width:200rpx;height:200rpx;}
</style>
```

上述代码实现了请求完成数据之前显示loading，请求完成之后隐藏loading的功能。在微信开发者工具中预览的效果如图10-9所示。

图 10-9 loading 演示效果

10.6.3 模态弹窗

uni.showModal可以显示模态弹窗（alert、confirm），类似于标准HTML的消息框。showModal的参数说明见表10-25。

表 10-25 showModal 的参数说明

参 数	类 型	是否必填	说 明	平台差异说明
title	String	否	提示的标题	—
content	String	否	提示的内容	—

续表

参　数	类　型	是否必填	说　明	平台差异说明
showCancel	Boolean	否	是否显示"取消"按钮，默认为 true	—
cancelText	String	否	"取消"按钮的文字，默认为"取消"，最多 4 个字符	—
cancelColor	HexColor	否	"取消"按钮的文字颜色，默认为 "#000000"	H5、微信小程序、百度小程序
confirmText	String	否	"确定"按钮的文字，默认为"确定"，最多 4 个字符	—
confirmColor	HexColor	否	"确定"按钮的文字颜色，H5 平台默认为 "#007aff"，微信小程序平台默认为 "#3CC51F"，百度小程序平台默认为 "#3c76ff"	H5、微信小程序、百度小程序
success	Function	否	接口调用成功的回调函数	—
fail	Function	否	接口调用失败的回调函数	—
complete	Function	否	接口调用结束的回调函数（调用成功、失败都会执行）	—

> **注意：**
> 钉钉小程序真机与模拟器在表现上有差异，真机title和content参数均为必填项。

success返回参数说明见表10-26。

表 10-26　success 返回参数说明

参　数	类　型	说　明
confirm	Boolean	为 true 时，表示用户点击了"确定"按钮
cancel	Boolean	为 true 时，表示用户点击了"取消"按钮（用于 Android 系统区分是点击蒙层关闭还是点击"取消"按钮关闭）

1. 实现 alert 效果的代码示例

在pages文件夹下创建modal/alert.vue文件，该文件中的代码如下：

```ts
<template>
    <view>
        <button @click="showAlert()">显示alert模态框</button>
    </view>
</template>
<script lang="ts">
    import { defineComponent } from 'vue';
    export default defineComponent({
        name:'alert',
```

```
    setup(){
        function showAlert():void{
            uni.showModal({
                title: 'alert模态框',
                content: '我是alert模态框的内容',
                showCancel:false,//隐藏"取消"按钮，实现alert效果
                success: function (res:any) {
                    if (res.confirm) {
                        console.log('用户点击确定');
                    }
                }
            });
        }
        return{
         showAlert
        }
    }
})
</script>
```

将showCancel属性值设置为false，隐藏"取消"按钮，可以实现alert效果。在微信开发者
工具中预览的效果如图10-10所示。

图10-10 alert 模态窗

2. 实现 confirm 效果的代码示例

在pages文件夹下创建modal/confirm.vue文件，该文件中的代码如下：

```
<template>
    <view>
        <button @click="del()">删除</button>
```

```
        </view>
    </template>
    <script lang="ts">
        import { defineComponent } from 'vue';
        export default defineComponent({
            name:'confirm',
            setup(){
                function del():void{
                    uni.showModal({
                        content: '确认要删除吗？',
                        success: function (res:any) {
                            if (res.confirm) {
                                console.log('确定');
                            }else if (res.cancel) {
                                console.log('取消');
                            }
                        }
                    });
                }
                return{
                 del
                }
            }
        })
    </script>
```

将showCancel属性值设置为true或不添加showCancel属性，可以实现confirm效果，常用于在执行删除操作时进行提示。在微信开发者工具中预览的效果如图10-11所示。

图 10-11 confirm 效果

扫一扫，看视频

10.6.4 操作菜单

uni.showActionSheet可以显示操作菜单，经常用于选择性别、选择相册中的图片还是拍照等功能。showActionSheet的参数说明见表10-27。

表 10-27 showActionSheet 的参数说明

参 数	类 型	是否必填	说 明	平台差异说明
itemList	Array<String>	是	按钮的文字数组	微信、百度、字节跳动小程序数组长度最大为 6
itemColor	HexColor	否	按钮的文字颜色，字符串格式，默认为 "#000000"	App-iOS、字节跳动小程序不支持
popover	Object	否	大屏设备弹出原生选择按钮框的指示区域，默认居中显示	App-iPad（2.6.6+）、H5（2.9.2）
success	Function	否	接口调用成功的回调函数，详见返回参数说明（表 10-29）	—
fail	Function	否	接口调用失败的回调函数	—
complete	Function	否	接口调用结束的回调函数（调用成功、失败都会执行）	—

popover值的说明（仅App生效）见表10-28。

表 10-28 popover 值的说明（仅 App 生效）

值	类 型	说 明
top	Number	指示区域坐标，使用原生 navigationBar 时一般需要加上 navigationBar 的高度
left	Number	指示区域坐标
width	Number	指示区域宽度
height	Number	指示区域高度

success返回参数说明见表10-29。

表 10-29 success 返回参数说明

参 数	类 型	说 明
tapIndex	Number	用户点击的按钮，从 0 开始（顺序为由上至下）

在pages/modal文件夹下创建actionsheet.vue文件，该文件中的代码如下：

```
<template>
    <view>
        <view class="row">
```

```html
        <view class="col-1">性别:</view>
            <view class="col-2" @click="selectGender()">{{gender==1?'男
':(gender==2?'女':"请选择")}}</view>
    </view>
    <button @click="submit()">提交</button>
    </view>
</template>
<script lang="ts">
    import { defineComponent,ref } from 'vue';
    export default defineComponent({
        name:'actionsheet',
        setup(){
            let genders:string []=["男","女"];
            let gender=ref("");
            function selectGender():void{
                uni.showActionSheet({
                    itemList: genders,
                    success: (res:any)=> {
                        console.log('选中了第' + (res.tapIndex + 1) + '个按钮');
                        gender.value=res.tapIndex + 1;
                    }
                });
            }
            function submit():void{
                console.log(gender.value);//值:1为男，2为女
            }
        return{
        genders,
        gender,
        selectGender,
        submit
        }
        }
    })
</script>
<style scoped>
    .row{width:100%;display: flex;font-size:28rpx;}
    .row.col-2{padding:0px 20rpx;}
</style>
```

res.tapIndex为选择的数据索引，利用索引可以自由地获取值。在微信开发者工具中预览的效果如图10-12所示。

图 10-12 操作菜单预览效果

10.7 动态设置导航条

扫一扫，看视频

动态设置导航条可以设置当前页面的标题、页面导航条颜色、显示/隐藏导航条加载动画、隐藏返回首页按钮等。

10.7.1 动态设置标题

uni.setNavigationBarTitle可以动态设置当前页面的标题，其参数说明见表10-30。

表 10-30 setNavigationBarTitle 的参数说明

参　数	类　型	是否必填	说　明
title	String	是	页面标题
success	Function	否	接口调用成功的回调函数
fail	Function	否	接口调用失败的回调函数
complete	Function	否	接口调用结束的回调函数（调用成功、失败都会执行）

代码示例如下：

```
onReady(){
    uni.setNavigationBarTitle({
        title: 'uni-app基础'
    });
}
```

> **注意:**
>   如果需要在进入页面时设置标题,推荐在onReady内执行,以避免被框架内的修改所覆盖;如果必须在onShow内执行,则可以使用setTimeout延迟一小段时间。

10.7.2   设置导航条颜色

uni.setNavigationBarColor可以设置页面导航条颜色。如果需要一进入页面就设置颜色,则应延迟执行,防止被框架内设置的颜色逻辑覆盖。setNavigationBarColor的参数说明见表10-31。

表 10-31   setNavigationBarColor 的参数说明

参　　数	类　　型	是否必填	说　　明	平台差异说明
frontColor	String	是	前景颜色值,包括按钮、标题、状态栏的颜色,仅支持 #ffffff 和 #000000	App、H5、微信小程序、百度小程序
backgroundColor	String	是	背景颜色值,有效值为十六进制颜色	—
animation	Object	否	动画效果,{duration,timingFunc}	微信小程序、百度小程序
success	Function	否	接口调用成功的回调函数	—
fail	Function	否	接口调用失败的回调函数	—
complete	Function	否	接口调用结束的回调函数(调用成功、失败都会执行)	—

animation属性说明见表10-32。

表 10-32   animation 属性说明

属　　性	类　　型	默认值	是否必填	说　　明
duration	Number	0	否	动画变化时间,单位为 ms
timingFunc	String	'linear'	否	动画变化方式

timingFunc有效值说明见表10-33。

表 10-33   timingFunc 有效值说明

值	说　　明
linear	动画从头到尾的播放速度是相同的
easeIn	动画以低速开始播放
easeOut	动画以低速结束播放
easeInOut	动画以低速开始和结束播放

success返回参数说明见表10-34。

表 10-34　success 返回参数说明

参数名	类　型	说　明
errMsg	String	调用结果

代码示例如下：

```
onReady(){
    uni.setNavigationBarColor({
        frontColor: '#ffffff',
        backgroundColor: '#ff0000',
        animation: {
            duration: 400,
            timingFunc: 'easeIn'
        }
    })
}
```

注意：
　　Android上的backgroundColor参数有限制，黑色大于rgb(30,30,30)，白色小于rgb(235,235,235)。

10.7.3　显示/隐藏导航条加载动画

uni.showNavigationBarLoading可以显示导航条加载动画，uni.hideNavigationBarLoading可以隐藏导航条加载动画，通常用于在从服务端请求数据之前显示导航条加载动画，请求完成之后隐藏导航条加载动画。其支持的平台有H5、微信小程序、支付宝小程序、百度小程序、QQ小程序，不支持的平台有App、字节跳动小程序。

showNavigationBarLoading和hideNavigationBarLoading参数说明见表10-35。

表 10-35　showNavigationBarLoading 和 hideNavigationBarLoading 参数说明

参　数	类　型	是否必填	说　明
success	Function	否	接口调用成功的回调函数
fail	Function	否	接口调用失败的回调函数
complete	Function	否	接口调用结束的回调函数（调用成功、失败都会执行）

在pages文件夹下创建setnav/index.vue文件，该文件中的代码如下：

```
<template>
    <view>
        <view>LOGO:<image :src="logo"></image></view>
        <view>店铺名称:{{shopName}}</view>
```

```ts
            <view>公告:{{notice}}</view>
        </view>
    </template>
    <script lang="ts">
        import { defineComponent,ref } from 'vue';
        export default defineComponent({
            name:'setnav',
            setup(){
                let logo=ref("");//店铺logo
                let shopName=ref("");//店铺名称
                let notice=ref("");//商品公告
                //显示导航条加载动画
                uni.showNavigationBarLoading();
                uni.request({
                    url:"https://diancan.glbuys.com/api/v1/business/info",
                    method:"GET",
                    data:{
                        branch_shop_id:"900874159"
                    }
                }).then((res:any)=>{//data为数组，数组第一项为错误信息，第二项为返回数据
                    //请求完成后，隐藏导航条加载动画
                    uni.hideNavigationBarLoading();

                    if(res.data.code==200) {
                        logo.value=res.data.data.logo;
                        shopName.value=res.data.data.shop_name;//店铺名称
                        notice.value=res.data.data.notice;//商品公告
                    }
                })
                return{
                 logo,
                 shopName,
                 notice
                }
            }
        })
    </script>
    <style scoped>
        image{width:200rpx;height:200rpx;}
    </style>
```

在微信开发者工具中预览的效果如图10-13所示。

图 10-13 导航条加载动画

10.7.4 隐藏返回首页按钮

uni.hideHomeButton可以隐藏返回首页按钮，支持的平台有微信小程序、字节跳动小程序 1.48.0+、QQ小程序 1.10.0+，不支持的平台有App、H5、支付宝小程序、百度小程序。

hideHomeButton的参数说明见表10-36。

表 10-36 hideHomeButton 的参数说明

参 数	类 型	是否必填	说 明
success	Function	否	接口调用成功的回调函数
fail	Function	否	接口调用失败的回调函数
complete	Function	否	接口调用结束的回调函数（调用成功、失败都会执行）

在pages/setnav/index.vue文件中新增的代码如下：

```
onLoad(){
    //隐藏返回首页按钮
    uni.hideHomeButton();
    ...
}
```

在微信开发者工具中预览的效果如图10-14所示。

图 10-14 隐藏返回首页按钮

10.8   动态设置 tabBar

我们可以动态设置tabBar某一项的内容、整体样式、隐藏/显示tabBar，为某一项的右上角添加/删除文本、显示/隐藏某一项右上角的红点等功能。

扫一扫，看视频

10.8.1   动态设置 tabBar 某一项的内容

使用uni.setTabBarItem可以动态设置tabBar某一项的内容，支持的平台有App、H5、微信小程序、支付宝小程序、百度小程序、QQ小程序，不支持的平台有钉钉小程序、字节跳动小程序。

setTabBarItem的参数说明见表10-37。

表 10-37   setTabBarItem 的参数说明

属 性	类 型	是否必填	说 明	平台差异
index	Number	是	tabBar 的哪一项，从左边算起	—
text	String	否	tabBar 上的按钮文字	—
iconPath	String	否	图片路径，icon 大小限制为 40KB，建议尺寸为 81px × 81px。当 postion 为 top 时，此参数无效，不支持网络图片	—
selectedIconPath	String	否	选中时的图片路径，icon 大小限制为 40KB，建议尺寸为 81px × 81px。当 postion 为 top 时，此参数无效	—
pagePath	String	否	页面绝对路径，必须在 pages 中先定义，被替换掉的 pagePath 不会变成普通页面（仍然需要使用 uni.switchTab 进行跳转）	App（2.8.4+）、H5（2.8.4+）
success	Funtion	否	接口调用成功的回调函数	—
fail	Funtion	否	接口调用失败的回调函数	—
complete	Funtion	否	接口调用结束的回调函数（调用成功、失败都会执行）	—

pages/my/index.vue文件中的代码如下：

```
<template>
    <view>
        <button @click="setTabBar()">更改tabBar</button>
    </view>
</template>
<script lang="ts">
    import { defineComponent,ref } from 'vue';
```

```
export default defineComponent({
    name:'my',
    ...
    setup(){
        function setTabBar():void{
            uni.setTabBarItem({
                index: 0,
                text: 'Home'
            })
        }
        return{
         setTabBar
        }
    }
})
</script>
```

点击"更改tabBar"按钮，会将tabBar第一项的按钮文字更改为Home。

10.8.2 动态设置 tabBar 的整体样式

使用uni.setTabBarStyle可以动态设置 tabBar 的整体样式，支持的平台有App、H5、微信小程序、支付宝小程序、百度小程序、QQ小程序，不支持的平台有字节跳动小程序。

setTabBarStyle的参数说明见表10-38。

表 10–38 setTabBarStyle 的参数说明

属 性	类 型	是否必填	说 明
color	String	否	tabBar 上的文字的默认颜色
selectedColor	String	否	tabBar 上的文字处于选中状态时的颜色
backgroundColor	String	否	tabBar 的背景色
backgroundImage	String	否	图片背景。支持设置本地图片或创建线性渐变，优先级高于 backgroundColor。仅 App 2.7.1+ 支持
backgroundRepeat	String	否	背景图平铺方式。repeat：背景图片在垂直方向和水平方向平铺；repeat-x：背景图片在水平方向平铺，在垂直方向拉伸；repeat-y：背景图片在垂直方向平铺，在水平方向拉伸；no-repeat：背景图片在垂直方向和水平方向都拉伸。默认使用 no-repeat。仅 App 2.7.1+ 支持
borderStyle	String	否	tabBar 上边框的颜色，仅支持 black/white
success	Funtion	否	接口调用成功的回调函数

属　性	类　型	是否必填	说　明
fail	Funtion	否	接口调用失败的回调函数
complete	Funtion	否	接口调用结束的回调函数（调用成功、失败都会执行）

backgroundImage创建线性渐变的代码示例如下：

```
backgroundImage: linear-gradient(to top, #a80077, #66ff00);
```

目前暂不支持 radial-gradient（径向渐变），同时只支持两种颜色的渐变，渐变方向如下：

（1）to right：从左向右渐变。

（2）to left：从右向左渐变。

（3）to bottom：从上到下渐变。

（4）to top：从下到上渐变。

（5）to bottom right：从左上角到右下角渐变。

（6）to top left：从右下角到左上角渐变。

接下来看一下代码示例，在pages/my/index.vue文件中新增的代码如下：

```
<template>
    <view>
        ...
        <button @click="setTabBarStyle()">更改tabBar整体样式</button>
    </view>
</template>

<script lang="ts">
    import { defineComponent,ref } from 'vue';
    export default defineComponent({
        name:'my',
        setup(){
            function setTabBarStyle():void{
                uni.setTabBarStyle({
                    color: '#FF0000',
                    selectedColor: '#00FF00',
                    backgroundColor: '#0000FF',
                    borderStyle: 'white'
                });
            }
            return{
                setTabBarStyle
            }
        }
```

```
        })
    </script>
```

单击"更改tabBar整体样式"按钮，在自定义setTabBarStyle方法中调用uni.setTabBar-Style，可以更新tabBar的整体样式。

10.8.3 隐藏 / 显示 tabBar

使用uni.hideTabBar可以隐藏tabBar，使用uni.showTabBar可以显示tabBar。其支持的平台有App、H5、微信小程序、支付宝小程序、百度小程序、QQ小程序，不支持的平台有字节跳动小程序。

showTabBar和hideTabBar的参数说明见表10-39。

表 10-39　showTabBar 和 hideTabBar 的参数说明

属　性	类　型	默认值	是否必填	说　明
animation	Boolean	false	否	是否需要动画效果，仅微信小程序和百度小程序支持
success	Funtion	—	否	接口调用成功的回调函数
fail	Funtion	—	否	接口调用失败的回调函数
complete	Funtion	—	否	接口调用结束的回调函数（调用成功、失败都会执行）

在pages/my/index.vue文件中新增的代码如下：

```
<template>
    <view>
        ...
        <button @click="hideTabBar()">隐藏tabBar</button>
        <button @click="showTabBar()">显示tabBar</button>
    </view>
</template>
<script lang="ts">
    import { defineComponent,ref } from 'vue';
    export default defineComponent({
        name:'my',
        setup(){
            //隐藏tabBar
            function hideTabBar():void{
                uni.hideTabBar({
                    animation:true
                })
            }
            //显示tabBar
            function showTabBar():void{
```

```
                        uni.showTabBar({
                            animation:true
                        })
                    }
                return{
                    hideTabBar,
                    showTabBar
                    }
                }
            })
        </script>
```

10.8.4　为 tabBar 某一项的右上角添加 / 删除文本

使用uni.setTabBarBadge可以为tabBar某一项的右上角添加文本，使用uni.removeTabBar-Badge可以删除tabBar某一项右上角的文本。其支持的平台有App、H5、微信小程序、支付宝小程序、百度小程序、QQ小程序，不支持的平台有字节跳动小程序。

setTabBarBadge和removeTabBarBadge的参数说明见表10-40。

表 10-40　setTabBarBadge 和 removeTabBarBadge 的参数说明

参　数	类　型	是否必填	说　明
index	Number	是	tabBar 的哪一项，从左边算起
success	Function	否	接口调用成功的回调函数
fail	Function	否	接口调用失败的回调函数
complete	Function	否	接口调用结束的回调函数（调用成功、失败都会执行）

在pages/my/index.vue文件中新增的代码如下：

```
<template>
    <view>
        ...
        <button @click="setTabBarBadge()">右上角添加文本</button>
        <button @click="removeTabBarBadge()">删除右上角文本</button>
    </view>
</template>
<script lang="ts">
    import { defineComponent,ref } from 'vue';
    export default defineComponent({
        name:'my',
        setup(){
            //在右上角添加文本
```

```
function setTabBarBadge():void{
    uni.setTabBarBadge({
        index: 1,
        text: '10'
    })
}
//删除右上角的文本
function removeTabBarBadge():void{
    uni.removeTabBarBadge({
        index:1
    })
}
return{
setTabBarBadge,
removeTabBarBadge
}
    }
})
</script>
```

点击"右上角添加文本"按钮，在tabBar第二项的右上角添加文本。在微信开发者工具中预览的效果如图10-15所示。

图 10-15　在 tabBar 第二项的右上角添加文本

10.8.5 显示 / 隐藏 tabBar 某一项右上角的红点

使用uni.showTabBarRedDot可以显示tabBar某一项右上角的红点，使用uni.hideTabBar-RedDot可以隐藏tabBar某一项右上角的红点。其支持的平台有App、H5、微信小程序、支付宝小程序、百度小程序、QQ小程序，不支持的平台有字节跳动小程序。

showTabBarRedDot和hideTabBarRedDot的参数说明见表10-41。

表 10-41　showTabBarRedDot 和 hideTabBarRedDot 的参数说明

参　数	类　型	是否必填	说　明
index	Number	是	tabBar 的哪一项，从左边算起
success	Function	否	接口调用成功的回调函数
fail	Function	否	接口调用失败的回调函数
complete	Function	否	接口调用结束的回调函数（调用成功、失败都会执行）

在pages/my/index.vue文件中新增的代码如下：

```ts
<template>
    <view>
        ...
        <button @click="showTabBarRedDot()">显示右上角的红点</button>
        <button @click="hideTabBarRedDot()">隐藏右上角的红点</button>
    </view>
</template>
<script lang="ts">
    import { defineComponent,ref } from 'vue';
    export default defineComponent({
        name:'my',
        setup(){
            //显示右上角的红点
            function showTabBarRedDot():void{
                uni.showTabBarRedDot({
                    index:2
                })
            }
            //隐藏右上角的红点
            function hideTabBarRedDot():void{
                uni.hideTabBarRedDot({
                    index:2
                })
            }
            return{
```

```
            showTabBarRedDot,
            hideTabBarRedDot
        }
    }
})
</script>
```

点击"显示右上角的红点"按钮,在tabBar第三项的右上角显示红点。在微信开发者工具中预览的效果如图10-16所示。

图 10-16　在 tabBar 第三项的右上角显示红点

10.9　录音管理

录音通常用于开发聊天系统的发送语音功能,也可以利用录音配合人工智能API实现语音识别功能。

uni.getRecorderManager用于获取全局唯一的录音管理器,支持的平台有App、微信小程序、百度小程序、字节跳动小程序、QQ小程序;不支持的平台有H5、支付宝小程序。

扫一扫,看视频

getRecorderManager的方法说明见表10-42。

表 10-42　getRecorderManager 的方法说明

方　　法	参　　数	说　　明	平台差异说明
start	options	开始录音	—
pause	—	暂停录音	App 暂不支持
resume	—	继续录音	App 暂不支持
stop	—	停止录音	—
onStart	callback	录音开始事件	—
onPause	callback	录音暂停事件	—
onStop	callback	录音停止事件，会回调文件地址	—
onFrameRecorded	callback	已录制完指定帧大小的文件，会回调录音分片结果数据。如果设置了 frameSize，则会回调此事件	App 暂不支持
onError	callback	录音错误事件，会回调错误信息	—

start(options)属性说明见表10-43。

表 10-43　start(options) 属性说明

属　　性	类　　型	是否必填	说　　明
duration	Number	否	指定录音的时长，单位为 ms，如果传入了合法的 duration，在到达指定的 duration 后会自动停止录音，最大值为 600000（10 分钟），默认值为 60000（1 分钟）
sampleRate	Number	否	采样率，有效值为 8000、16000、44100
numberOfChannels	Number	否	录音通道数，有效值为 1、2
encodeBitRate	Number	否	编码码率，有效值见表 10-44
format	String	否	音频格式，有效值为 aac、mp3、wav、PCM
frameSize	String	否	指定帧大小，单位为 KB。传入 frameSize 后，每录制指定帧大小的内容后，会回调录制的文件内容，不指定则不会回调。暂仅支持 mp3 格式

encodeBitRate有效值说明（对采样率和编码码率有一定要求）见表10-44。

表 10-44　encodeBitRate 有效值说明

采样率	编码码率
8000	16000 ~ 48000
11025	16000 ~ 48000
12000	24000 ~ 64000
16000	24000 ~ 96000
22050	32000 ~ 128000
24000	32000 ~ 128000

采样率	编码码率
32000	48000 ~ 192000
44100	64000 ~ 320000
48000	64000 ~ 320000

onStop(callback)回调结果说明见表10-45。

表 10-45 onStop(callback) 回调结果说明

属 性	类 型	说 明
tempFilePath	String	录音文件的临时路径

onFrameRecorded(callback)回调结果说明见表10-46。

表 10-46 onFrameRecorded(callback) 回调结果说明

属 性	类 型	说 明
frameBuffer	ArrayBuffer	录音分片结果数据
isLastFrame	Boolean	当前帧是否为正常录音结束前的最后一帧

onError(callback) 回调结果说明见表10-47。

表 10-47 onError(callback) 回调结果说明

属 性	类 型	说 明
errMsg	String	错误信息

接下来看一下代码示例。在pages文件夹下创建record/index.vue文件,该文件中的代码如下:

```ts
<template>
    <view>
        <button @click="startRecord">开始录音</button>
        <button @click="endRecord">停止录音</button>
        <button @click="playVoice">播放录音</button>
    </view>
</template>
<script lang="ts">
    import { defineComponent} from 'vue';
    export default defineComponent({
        name:'record',
        setup(){
            let voicePath:any;//录音文件的临时路径
            //创建音频控制组件
            let innerAudioContext:any = uni.createInnerAudioContext();
            //录音管理实例
```

```
        let recorderManager:any = uni.getRecorderManager();
        //监听录音停止事件
        recorderManager.onStop( (res)=> {
            console.log('recorder stop' + JSON.stringify(res));
            //录音文件的临时路径
            voicePath = res.tempFilePath;
        });
        let startRecord=()=>{
            console.log('开始录音');
            recorderManager.start();
        }
        let endRecord=()=>{
            console.log('录音结束');
            recorderManager.stop();
        }
        let playVoice=()=> {
            console.log('播放录音');
            if (voicePath) {
                innerAudioContext.src = voicePath;
                innerAudioContext.play();
            }
        }
    return{
     startRecord,
     endRecord,
     playVoice
     }
    }
   })
</script>
```

最终录音的音频类型为aac格式，如果需要，可以通过res.tempFilePath字段将录音文件上传到服务器。

10.10　视频组件控制

视频组件控制可以控制video组件，使用js实现播放、暂停、全屏显示、发送弹幕等功能。

10.10.1　自由控制视频的播放

使用uni.createVideoContext创建并返回video上下文videoContext对象，可以操作组件内的video组件，从而自由控制视频的播放。

uni.createVideoContext的方法说明见表10-48。

扫一扫，看视频

表 10-48　createVideoContext 的方法说明

方　法	参　数	说　明	平台差异说明
play	—	播放	—
pause	—	暂停	—
seek	position	跳转到指定位置，单位为 s	—
stop	—	停止播放视频	微信小程序
sendDanmu	danmu	发送弹幕，danmu 包含两个属性：text 和 color	—
playbackRate	rate	设置倍速播放，支持的倍速有 0.5、0.8、1.0、1.25、1.5。微信基础库 2.6.3 起支持 2.0 倍速	—
requestFullScreen	—	进入全屏，可传入 {direction} 参数，有效值为 0（正常竖向）、90（屏幕逆时针旋转90°）、-90（屏幕顺时针旋转 90°）	—
exitFullScreen	—	退出全屏	—
showStatusBar	—	显示状态栏，仅在 iOS 全屏下有效	微信小程序、百度小程序、QQ 小程序
hideStatusBar	—	隐藏状态栏，仅在 iOS 全屏下有效	微信小程序、百度小程序、QQ 小程序

pages/video/index.vue 文件中的代码如下：

```ts
<template>
    <view>
        <video id="my-video" ref="my-video" :src="videoUrl" :controls="false"
@timeupdate="getTime"></video>
        当前播放时间:{{formatSeconds(currentTime)}}/{{formatSeconds(duration)}}
        <button @click="play()">播放</button>
        <button @click="pause()">暂停</button>
        <button @click="goTime()">前进15秒</button>
        <button @click="backTime()">后退15秒</button>
    </view>
</template>
<script lang="ts">
    import { defineComponent,ref} from 'vue';
    export default defineComponent({
        name:'video-component',
        setup(){
            //视频存放路径
            let videoUrl=ref("http://www.lucklnk.com/video/4.mp4");
            let currentTime=ref("00:00");//当前视频的播放时间
            let duration=ref("00:00");//视频总时长
```

```
let videoContext:any=uni.createVideoContext('my-video');
//播放视频
let play=()=>{
    videoContext.play();
}
//暂停视频
let pause=()=>{
    videoContext.pause();
}
//前进15秒
let goTime=()=>{
    videoContext.seek(currentTime.value+15);
}
//后退15秒
let backTime=()=>{
    videoContext.seek(currentTime.value-15);
}
//通过视图中video组件的@timeupdate事件，获取视频当前播放时长与总时长
let getTime=(e)=>{
    currentTime.value=e.target.currentTime;//视频当前播放时长
    duration.value=e.target.duration;//视频总时长
}
//将秒转换成03:30格式
let formatSeconds=(value:number)=>{
        let minute=parseInt(value/60)?parseInt(value/60):'0';//分钟
        let second=parseInt(value%60)?parseInt(value%60):'0';//秒
        if(minute<10){//如果小于10，补0
            minute="0"+minute;
        }
        if(second<10){
            second="0"+second;
        }
        return minute+":"+second;
    }
return{
 videoUrl,
 currentTime,
 duration,
 play,
 pause,
 goTime,
 backTime,
```

```
            getTime,
            formatSeconds
        }
    }
})
</script>
<style scoped>
video{width:100%;height:500rpx;}
</style>
```

以上代码注释很清晰，请仔细阅读，这里不再赘述。注意：为了平台的兼容性，推荐同时设置video组件属性的id和ref，由于Vue.js 3取消了filters（过滤器）功能，可以在双括号表达式中直接使用方法，间接地实现过滤器功能，请看上述代码加粗的地方。

10.10.2 发送弹幕

uni-app的video组件配合uni.createVideoContext API的sendDanmu()方法可以轻松实现发送弹幕功能，接下来看一下代码示例。在pages/video/index.vue文件中新增的代码如下：

```
<template>
    <view>
        <video id="my-video" ref="my-video" :src="videoUrl"
:controls="false" @timeupdate="getTime" :enable-danmu="true" :danmu-
btn="true" :danmu-list="danmuList"></video>
        <input type="text" placeholder="弹幕内容" v-model="danmuValue" />
<button type="primary" class="danmu-btn" @click="sendDanmu()">发送弹幕</button>
    </view>
</template>
<script lang="ts">
    import { defineComponent,ref,reactive} from 'vue';
    export default defineComponent({
        name:'video-component',
        setup(){
            //视频存放路径
            let videoUrl=ref("http://www.lucklnk.com/video/4.mp4");
            let videoContext:any=uni.createVideoContext('my-video');
            let danmuValue=ref("");
            let danmuList=reactive([
                {
                    text: '第1s出现的弹幕',
                    color: '#ff0000',
                    time: 1
                },
```

```
                    {
                        text: '第3s出现的弹幕',
                        color: '#ff00ff',
                        time: 3
                    }
                ])
                //发送弹幕
                let sendDanmu=()=>{
                    videoContext.sendDanmu({
                        text: danmuValue.value,
                        color: getRandomColor()
                    })
                }
                //弹幕文字随机颜色
                let getRandomColor=()=> {
                    const rgb:string [] = []
                    for (let i = 0; i < 3; ++i) {
                        let color:string = Math.floor(Math.random() * 256).
                                        toString(16)
                        color = color.length == 1 ? '0' + color : color
                        rgb.push(color)
                    }
                    return '#' + rgb.join('')
                }
            return{
                videoUrl,
                sendDanmu,
                danmuValue,
                danmuList
            }
        }
    })
</script>
<style scoped>
//样式代码请看源码包
</style>
```

要发送弹幕，需要在video组件中设置enable-danmu属性值为true。在实际开发中，弹幕内容应让所有观看视频的用户看到，需要通过WebSocket实现。首先搭建服务端的socket环境，然后通过客户端的WebSocket连接通信。由于本书内容不涉及服务端的socket环境，因此不再演示。企业中一般会搭建socket服务器供用户使用。

10.11 网络状态

在实际开发中，通过获取网络状态可以实现观看视频时检测当前网络环境的功能。如果用户使用的不是Wi-Fi网络，则可以提示用户使用Wi-Fi网络观看视频，以提升用户的观看体验。

扫一扫，看视频

10.11.1 获取网络类型

使用uni.getNetworkType可以获取网络类型，其参数说明见表10-49。

表 10-49 getNetworkType 的参数说明

参 数	类 型	是否必填	说 明
success	Function	是	接口调用成功，返回网络类型 networkType
fail	Function	否	接口调用失败的回调函数
complete	Function	否	接口调用结束的回调函数（调用成功、失败都会执行）

success返回参数说明见表10-50。

表 10-50 success 返回参数说明

参 数	说 明
networkType	网络类型

networkType有效值说明见表10-51。

表 10-51 networkType 有效值说明

值	说 明	平台差异说明
wifi	Wi-Fi 网络	—
2g	2G 网络	—
3g	3G 网络	—
4g	4G 网络	—
5g	5G 网络	—
ethernet	有线网络	App
unknown	Android 下不常见的网络类型	—
none	无网络	—

代码示例如下：

```
uni.getNetworkType({
    success: function (res) {
        console.log(res.networkType);
    }
});
```

上述代码很简单。接下来开发一个当用户在非Wi-Fi网络下观看视频时提示当前网络环境并暂停播放的功能。

在pages文件夹下创建network/video.vue文件，该文件中的代码如下：

```html
<template>
    <view>
        <view class="view-wrap">
            <video id="my-video" ref="my-video" :src="videoUrl" :controls="true" :autoplay="true"></video>
            <view class="tip" v-show="isTip">当前网络环境为<text>{{networkType}}</text>"</view>
            <view class="play-btn" @click="play()" v-show="isTip">继续播放</view>
        </view>
    </view>
</template>
<script lang="ts">
    import { defineComponent,ref } from 'vue';
    export default defineComponent({
        name:'network',
        setup(){
            let videoUrl:string="http://www.lucklnk.com/video/4.mp4";
            let networkType:any=ref("");//网络类型
            let isTip:any=ref(false)//是否显示网络类型提示
            let videoContext:any = uni.createVideoContext('my-video');
            uni.getNetworkType({
                success: (res)=> {
                    networkType.value=res.networkType;
                    //如果非Wi-Fi网络
                    if(networkType.value!='wifi'){
                        //暂停播放
                        videoContext.pause();
                        isTip.value=true;//显示网络类型提示
                    }
                }
            });
            //播放视频
            let play=()=>{
                videoContext.play();
                isTip.value=false;//隐藏网络类型提示
            }
```

```
            return{
              networkType,
              isTip,
              play,
              videoUrl
            }
          }
       })
</script>
<style scoped>
//样式代码请查看源码包
</style>
```

上述代码注释很清晰，这里不再赘述。可以在微信开发者工具中切换网络环境进行测试，如图10-17所示。

在微信开发者工具中预览的效果如图10-18所示。

图 10-17 在微信开发者工具中切换网络环境　　图 10-18 提示网络环境的预览效果

10.11.2 监听网络状态变化

使用uni.onNetworkStatusChange可以监听网络状态变化，其参数说明见表10-52。

表 10-52 onNetworkStatusChange 的参数说明

参　数	类　型	说　明	平台差异说明
isConnected	Boolean	当前是否有网络连接	字节跳动小程序不支持
networkType	String	网络类型	—

代码示例如下：

```
onReady(){
    uni.onNetworkStatusChange(function (res) {
        console.log(res.isConnected);
```

```
            console.log(res.networkType);
        });
    }
```

扫一扫,看视频

10.12 剪贴板

我们可以自己设置剪贴板的内容并获取剪贴板内容,从而实现复制口令的功能。

10.12.1 设置系统剪贴板的内容

使用uni.setClipboardData可以设置系统剪贴板的内容。除了H5平台不支持外,其他平台
都支持此功能。setClipboardData的参数说明见表10-53。

表 10-53 setClipboardData 的参数说明

参　　数	类　　型	是否必填	说　　明
data	String	是	需要设置的内容
success	Function	否	接口调用成功的回调函数
fail	Function	否	接口调用失败的回调函数
complete	Function	否	接口调用结束的回调函数(调用成功、失败都会执行)

在pages文件夹下创建clipboard/index.vue文件,该文件中的代码如下:

```
<template>
    <view>
        <button @click="setClipBoard()">复制口令</button>
    </view>
</template>
<script lang="ts">
    import { defineComponent } from 'vue';
    export default defineComponent({
        name:'clipboard',
        setup(){
            let setClipBoard:Function=()=>{
                uni.setClipboardData({
                    data:"复制口令",
                    success:()=>{
                        console.log("内容已复制");
```

```
              }
          })
        }
      return{
        setClipBoard
      }
    }
  })
</script>
```

在微信开发者工具中预览的效果如图10-19所示。

图 10-19　设置系统剪贴板的内容

10.12.2　获取系统剪贴板的内容

使用uni.getClipboardData可以获取系统剪贴板的内容，其参数说明见表10-54。

表 10-54　getClipboardData 的参数说明

参　　数	类　　型	是否必填	说　　明
success	Function	否	接口调用成功的回调函数
fail	Function	否	接口调用失败的回调函数
complete	Function	否	接口调用结束的回调函数（调用成功、失败都会执行）

success返回参数说明见表10-55。

表 10-55　success 返回参数说明

参　　数	类　　型	说　　明
data	String	剪贴板的内容

接下来看一下代码示例，在pages/clipboard/index.vue文件中新增的代码如下：

```
<template>
```

```
    <view>
        ...
        <button @click="getClipBoard()">获取口令</button>
        <view>口令:{{content}}</view>
    </view>
</template>
<script lang="ts">
    import { defineComponent,ref } from 'vue';
    export default defineComponent({
        name:'clipboard',
        setup(){
          ...
            //剪贴板内容数据
            let content=ref("");
            //获取剪贴板内容函数
            let getClipBoard:Function=()=>{
                uni.getClipboardData({
                    success:(res)=>{
                        console.log(res.data);
                        content.value=res.data;
                    }
                })
            }
            return{
             content,
             getClipBoard
            }
        }
    })
</script>
```

10.13　拨打电话

拨打电话功能兼容所有平台，应用比较广泛，支持手机、座机等设备。

使用uni.makePhoneCall可以实现拨打电话的功能，其参数说明见表10-56。

表 10-56　makePhoneCall 的参数说明

参　　数	类　　型	是否必填	说　　明
phoneNumber	String	是	需要拨打的电话号码
success	Function	否	接口调用成功的回调函数
fail	Function	否	接口调用失败的回调函数
complete	Function	否	接口调用结束的回调函数（调用成功、失败都会执行）

代码示例如下：

```
uni.makePhoneCall({
    phoneNumber: '114' //仅为示例
});
```

10.14 扫码

扫码功能支持使用手机中的相机直接扫码和从相册中选择图片扫码，也支持条码扫描。

使用uni.scanCode可以调出客户端扫码界面，扫码成功后返回对应的结果。除了H5平台不支持外，其他平台都支持此功能。scanCode的参数说明见表10-57。

表 10–57　scanCode 的参数说明

参数名	类　型	是否必填	说　明	平台差异说明
onlyFromCamera	Boolean	否	是否只能通过手机中的相机扫码，不允许从相册中选择图片	不支持字节跳动小程序
scanType	Array	否	扫码类型，参数类型为数组，二维码是'qrCode'，一维码(条形码)是'barCode'，DataMatrix 是 'datamatrix'，pdf417 是 'pdf417'	—
success	Function	否	接口调用成功的回调函数，返回内容见表10-58	—
fail	Function	否	接口调用失败的回调函数(在识别失败、用户取消等情况下触发)	—
complete	Function	否	接口调用结束的回调函数（调用成功、失败都会执行）	—

success返回参数说明见表10-58。

表 10–58　success 返回参数说明

参　数	说　明	平台差异说明
result	所扫码的内容	—
scanType	所扫码的类型	App、微信小程序、百度小程序、QQ 小程序
charSet	所扫码的字符集	App、微信小程序、百度小程序、QQ 小程序
path	当所扫的码为当前应用的合法二维码时，会返回此字段，内容为二维码携带的 path	App、微信小程序、百度小程序、QQ 小程序

在pages文件夹下创建scancode/index.vue文件，该文件中的代码如下：

```
<template>
    <view>
        <button @click="scanCode1()">通过手机中的相机和从相册中选择图片扫码</button>
```

```html
        <button @click="scanCode2()">只允许通过手机中的相机扫码</button>
        <button @click="scanCode3()">条码扫描</button>
        <view>条码类型:{{scanType}}</view>
        <view>条码内容:{{result}}</view>
    </view>
</template>
<script lang="ts">
    import { defineComponent,ref } from 'vue';
    export default defineComponent({
        name:'scancode',
        setup(){
            let scanType=ref("");//条码类型
            let result=ref("");//条码内容
            //允许通过手机中的相机和从相册中选择图片扫码
            let scanCode1:Function=()=>{
                uni.scanCode({
                    success:  (res)=> {
                        console.log('条码类型:' + res.scanType);
                        console.log('条码内容:' + res.result);
                        scanType.value=res.scanType;
                        result.value=res.result;
                    }
                });
            }
            //只能通过手机中的相机扫码
            let scanCode2:Function=()=>{
                uni.scanCode({
                    onlyFromCamera: true,//只能通过手机中的相机扫码
                    success:  (res)=> {
                        console.log('条码类型:' + res.scanType);
                        console.log('条码内容:' + res.result);
                        scanType.value=res.scanType;
                        result.value=res.result;
                    }
                });
            }
            //调起条码扫描
            let scanCode3:Function=()=>{
                uni.scanCode({
                    scanType: ['barCode'],
                    success:  (res)=> {
                        console.log('条码类型:' + res.scanType);
                        console.log('条码内容:' + res.result);
```

```
                          scanType.value=res.scanType;
                          result.value=res.result;
                      }
                  });
              }
          return{
            scanType,
            result,
            scanCode1,
            scanCode2,
            scanCode3
          }
      }
  })
</script>
```

该功能请在真机调试下进行测试，在微信开发者工具中单击"真机调试"按钮，生成二维码后使用微信扫一扫即可进行测试，如图10-20所示。

图 10-20　微信开发者工具真机调试

扫一扫，看视频

10.15　动画

uni-app的动画API可以实现复杂的动画效果，性能高于CSS动画，动画队列可以轻松完成一组动画效果，方便而灵活。

使用uni.createAnimation创建一个动画实例 animation，然后通过调用实例的方法来描述动画，最后通过动画实例的export方法导出动画数据并传递给组件的animation属性。

createAnimation的参数说明见表10-59。

表 10–59　createAnimation 的参数说明

参　数	类　型	是否必填	默认值	说　明
duration	Integer	否	400	动画持续时间，单位为 ms
timingFunction	String	否	"linear"	定义动画的效果
delay	Integer	否	0	动画延迟时间，单位为 ms
transformOrigin	String	否	"50% 50% 0"	设置 transform-origin

timingFunction有效值说明见表10-60。

表 10–60　timingFunction 有效值

值	说　明
linear	动画从头到尾的播放速度是相同的
ease	动画以低速开始播放，然后加快，在结束前变慢
ease-in	动画以低速开始播放
ease-in-out	动画以低速开始和结束播放
ease-out	动画以低速结束播放
step-start	动画第一帧就跳至结束状态，直到结束
step-end	动画一直保持开始状态，最后一帧跳到结束状态

创建动画实例animation的代码示例如下：

```
let animation = uni.createAnimation({
    transformOrigin: "50% 50%",
    duration: 1000,
    timingFunction: "ease",
    delay: 0
})
```

animation动画实例可以调用表10-61~表10-66中的方法来描述动画，调用结束后会返回自身，支持链式调用的写法。

表 10–61　animation 对象的方法列表的样式

方　法	参　数	说　明
opacity	value	透明度，参数范围为 0 ~ 1
backgroundColor	color	颜色值
width	length	长度值，如果传入 Number，则默认使用 px。可传入其他自定义单位的长度值

续表

方　法	参　数	说　明
height	length	长度值，如果传入 Number，则默认使用 px。可传入其他自定义单位的长度值
top	length	长度值，如果传入 Number，则默认使用 px。可传入其他自定义单位的长度值
left	length	长度值，如果传入 Number，则默认使用 px。可传入其他自定义单位的长度值
bottom	length	长度值，如果传入 Number，则默认使用 px。可传入其他自定义单位的长度值
right	length	长度值，如果传入 Number，则默认使用 px。可传入其他自定义单位的长度值

表 10-62　旋转样式方法列表

方　法	参　数	说　明
rotate	deg	deg 的范围为 –180~180，从原点顺时针旋转 deg 度
rotateX	deg	deg 的范围为 –180~180，在 X 轴旋转 deg 度
rotateY	deg	deg 的范围为 –180~180，在 Y 轴旋转 deg 度
rotateZ	deg	deg 的范围为 –180~180，在 Z 轴旋转 deg 度
rotate3d	(x,y,z,deg)	deg 的范围为 –180~180，沿自定义轴旋转 deg 度

表 10-63　缩放样式方法列表

方　法	参　数	说　明
scale	sx,[sy]	当只有一个参数时，表示在 X 轴、Y 轴同时缩放 sx 倍数；当有两个参数时，表示在 X 轴缩放 sx 倍数，在 Y 轴缩放 sy 倍数
scaleX	sx	在 X 轴缩放 sx 倍数
scaleY	sy	在 Y 轴缩放 sy 倍数
scaleZ	sz	在 Z 轴缩放 sz 倍数
scale3d	(sx,sy,sz)	在 X 轴缩放 sx 倍数，在 Y 轴缩放 sy 倍数，在 Z 轴缩放 sz 倍数

表 10-64　偏移样式方法列表

方　法	参　数	说　明
translate	tx,[ty]	当只有一个参数时，表示在 X 轴偏移 tx，单位为 px；当有两个参数时，表示在 X 轴偏移 tx，在 Y 轴偏移 ty，单位为 px
translateX	tx	在 X 轴偏移 tx，单位为 px

续表

方　　法	参　　数	说　　明
translateY	ty	在 Y 轴偏移 ty，单位为 px
translateZ	tz	在 Z 轴偏移 tz，单位为 px
translate3d	(tx,ty,tz)	在 X 轴偏移 tx，在 Y 轴偏移 ty，在 Z 轴偏移 tz，单位为 px

表 10-65　倾斜样式方法列表

方　　法	参　　数	说　　明
skew	ax,[ay]	参数范围为 –180~180；当只有一个参数时，Y 轴坐标不变，X 轴坐标沿顺时针倾斜 ax 度；当有两个参数时，分别在 X 轴倾斜 ax 度，在 Y 轴倾斜 ay 度
skewX	ax	参数范围为 –180~180；Y 轴坐标不变，X 轴坐标沿顺时针倾斜 ax 度
skewY	ay	参数范围为 –180~180；X 轴坐标不变，Y 轴坐标沿顺时针倾斜 ay 度

表 10-66　矩阵变形样式方法列表

方　　法	参　　数	说　　明
matrix	(a,b,c,d,tx,ty)	同 CSS 样式的 transform-function matrix
matrix3d	—	同 CSS 样式的 transform-function matrix3d

在pages文件夹下创建animation/index.vue文件，该文件中的代码如下：

```ts
<template>
    <view>
        <view class="box" :animation="animationData"></view>
        <button @click="rotateAndScale">旋转同时放大</button>
        <button @click="rotateThenScale">先旋转后放大</button>
        <button @click="rotateAndScaleThenTranslate">先旋转同时放大，然后平移
        </button>
    </view>
</template>
<script lang="ts">
    import { defineComponent,ref } from 'vue';
    export default defineComponent({
        name:'animation',
        setup(){
            //存储动画相关数据
            let animationData:any=ref({});
            //创建animation实例
            let animation:any = uni.createAnimation({
                duration: 2000,//动画持续时间
                timingFunction: 'ease',//动画效果
            });
```

```
                   //链式调用实现动画队列，调用step()表示一组动画完成
                   animation.scale(2,2).rotate(45).step();
                   animation.scale(1,1).rotate(0).step({duration:1000});
                   //使用export()方法导出动画数据并传递animationData对象
                   animationData.value=animation.export();
                    //旋转同时放大
                    let rotateAndScale:Function=()=>{
                        animation.rotate(45).scale(2, 2).step();
                        animationData.value = animation.export();
                   }
                   //先旋转后放大
                   let rotateThenScale:Function=()=> {
                        animation.rotate(45).step();
                        animation.scale(2, 2).step();
                        animationData.value = animation.export();
                   }
                   //先旋转同时放大，然后平移
                   let rotateAndScaleThenTranslate:Function=()=> {
                        animation.rotate(45).scale(2, 2).step();
                        animation.translate(100, 100).step({ duration: 1000 });
                        animationData.value = animation.export();
                   }
               return{
                animationData,
                rotateAndScale,
                rotateThenScale,
                rotateAndScaleThenTranslate
               }
           }
       })
   </script>
   <style scoped>
       .box{width:200rpx;height:200rpx;background-color:#FF0000}
   </style>
```

    注意上述加粗代码，在view组件中添加animation属性，值为动画实例的export()方法导出的动画数据，即animation.export()。调用动画操作方法后要调用step()方法来表示一组动画完成。可以在一组动画中调用任意多个动画方法，一组动画中的所有动画会同时开始，一组动画完成后才会进行下一组动画。step()中可以传入一个与uni.createAnimation() 一样的配置参数，用于指定当前组动画的配置。

10.16　下拉刷新

扫一扫,看视频

下拉刷新的功能在实际开发中经常用到,通常应用于首页、栏目页、订单页的数据刷新。

在js中定义onPullDownRefresh处理函数(与onLoad等生命周期函数同级),监听该页面的用户下拉刷新事件。

使用onPullDownRefresh函数前,需要在pages.json文件里找到当前页面的pages节点,并在style选项中开启enablePullDownRefresh,才能支持下拉刷新功能。

当处理完数据刷新后,使用uni.stopPullDownRefresh可以停止当前页面的下拉刷新。

首先在pages.json文件中开启支持下拉刷新的功能,新增代码如下:

```
{
  "pages": [
    ...
    {
      "path": "pages/downrefresh/index",
      "style": {
        "navigationBarTitleText": "下拉刷新",
        "enablePullDownRefresh": true //开启下拉刷新
      }
    }
  ],
  ...
}
```

接下来,在pages文件夹下创建downrefresh/index.vue文件,该文件中的代码如下:

```
<template>
    <view>
        <view class="shop-wrap">
            <view class="shop-list" v-for="item in shops" :key="item.branch_
shop_id">{{item.branch_shop_name}}</view>
        </view>
    </view>
</template>
<script lang="ts">
    import { defineComponent,ref } from 'vue';
    let getShopData:Function;//全局定义获取服务端数据的函数
    export default defineComponent({
        name:'downrefresh',
        onLoad(){
            //开始下拉刷新
```

```
                uni.startPullDownRefresh({
                    success:()=>{
                        console.log("开始下拉刷新");
                        getShopData();
                    }
                });
            },
            //监听下拉刷新事件
            onPullDownRefresh() {
                //下拉刷新后，重新获取商铺数据列表
                getShopData(()=>{
                    //数据加载完成后，停止下拉刷新
                    console.log("停止下拉刷新");
                    uni.stopPullDownRefresh();
                });
            },
            setup(){
                let shops:any=ref([]);//商铺数据
                //获取商铺数据列表
                getShopData=(complete:Function)=>{
                    uni.request({
                        url:"https://diancan.glbuys.com/api/v1/business/shop?pag
e=1&lng=113.123762&lat=39.836312"
                    }).then(data=>{
                        let res=data;
                        if(res.data.code==200){
                            shops.value=res.data.data;
                        }else{
                            shops.value=[];
                        }
                        //如果参数为函数，则调用函数
                        if(complete){
                            complete();
                        }
                    });
                }
                return{
                    shops
                }
            }
    })
</script>
<style scoped>
```

```
.shop-wrap{width:100%;}
.shop-wrap .shop-list{width:100%;height:80rpx;border:1px solid #EFEFEF;}
</style>
```

在onLoad()钩子函数中使用uni.startPullDownRefresh可以实现在第一次访问页面时就进行下拉刷新，效果与用户手动进行下拉刷新一致。在onPullDownRefresh中调用getShopData函数重新获取服务端数据，数据获取完成后，在该方法的回调函数中调用uni.stopPullDownRefresh停止当前页面的下拉刷新，最终实现下拉刷新功能。

10.17 授权登录

扫一扫，看视频

授权登录可以实现多平台一站式登录，如获取微信小程序用户信息以及openID，将openID存储到数据库中即可实现一站式登录。

10.17.1 login 登录

使用uni.login可以实现授权登录，如QQ登录、微博登录、微信登录等第三方平台的登录。除了H5平台不支持外，其他平台都支持该功能。login的参数说明见表10-67。

表 10-67 login 的参数说明

参 数	类 型	是否必填	说 明	平台差异说明
provider	String	否	登录服务提供商	—
scopes	String/Array	否	授权类型，默认为 auth_base。支持 auth_base（静默授权）、auth_user（主动授权）和 auth_zhima（芝麻信用）	支付宝小程序
timeout	Number	否	超时时间，单位为 ms	微信小程序、百度小程序
success	Function	否	接口调用成功的回调函数	—
fail	Function	否	接口调用失败的回调函数	—
complete	Function	否	接口调用结束的回调函数（调用成功、失败都会执行）	—

provider有效值说明见表10-68。

表 10-68 provider 有效值说明

值	说 明	备 注
weixin	微信登录	—
qq	QQ 登录	—
sinaweibo	新浪微博登录	—
xiaomi	小米登录	—
apple	Apple 登录	仅 iOS 13、HBuilder X 2.4.7+ 支持

success返回参数说明见表10-69。

表 10-69   success 返回参数说明

参　　数	说　　明
authResult	登录服务商提供的登录信息，服务商不同返回的结果不完全相同
code	用户登录凭证，小程序专有。开发者需要在开发者服务器后台使用 code 获取 openID 和 session_key 等信息
errMsg	描述信息

在pages文件夹下创建login/index.vue文件，该文件中的代码如下：

```ts
<template>
    <view>
        <button type="default" @click="doLogin()">微信登录</button>
    </view>
</template>
<script lang="ts">
    import { defineComponent } from 'vue';
    export default defineComponent({
        name:'login',
        setup(){
            //授权登录
            let doLogin:Function=()=>{
                uni.login({
                    provider: 'weixin',
                    success:  (loginRes:any)=> {
                        let code=loginRes.code;//用户登录凭证
                        //接下来使用code获取openID，openID是微信用户的唯一标识
                        let appId="wx1a2ccf9b9d1bb416";//微信小程序的AppID
                        //微信小程序的AppSecret
                        let secret="8c1d726ecd003fa55208809a67021b0f";
                        uni.request({
                            url:"https://api.weixin.qq.com/sns/
jscode2session?appid="+appId+"&secret="+secret+"&js_code="+code+"
&grant_type=authorization_code"
                        }).then(data=>{
                            let res=data;
                            let openId=res.data.openid;
                            let sessionKey=res.data.session_key;
                            console.log(openId,sessionKey);
                        });
                }
```

```
            });
        }
        return{
         doLogin
        }
    }
  })
</script>
```

点击"微信登录"按钮，调用自定义方法doLogin()，在该方法内部调用uni.login API，provider参数的值为weixin。从success回调函数的参数中获取code，将code传入微信服务端API 登录接口，该接口的地址为https://api.weixin.qq.com/sns/jscode2session?appid=APPID&secret=SECRET&js_code=JSCODE&grant_type=authorization_code。

使用uni.request API参数时，URL的值为服务端API登录接口地址，最终获取到的是openID和session_key。其实uni.login的最终目的就是获取openID和session_key。openID是用户的唯一标识，将openID保存到数据库可以实现一站式登录，在项目实战开发章节中会详细讲解如何将其保存到数据库中以实现一站式登录。session_key是会话密钥，用于获取手机号，解密时需要使用session_key，如果忘记如何获取手机号可以复习9.6.2小节的内容。

服务端API登录接口的请求参数的属性说明见表10-70。

表 10-70   登录接口的请求参数的属性说明

属　　性	类　　型	说　　明
appid	String	小程序 AppID
secret	String	小程序 AppSecret
js_code	String	uni.login 获取的 code
grant_type	String	授权类型，此处只需填写 authorization_code

服务端API登录接口的返回值是一个JSON数据包，其属性说明见表10-71。

表 10-71   登录接口的属性说明

属　　性	类　　型	说　　明
openid	String	用户的唯一标识
session_key	String	会话密钥
unionid	String	用户在开放平台的唯一标识符，在满足 UnionID 下发条件的情况下会返回
errcode	Number	错误码
errmsg	String	错误信息

errcode的合法值说明见表10-72。

表 10-72　errcode 的合法值

值	说　明
-1	系统繁忙，此时请开发者稍后再试
0	请求成功
40029	code 无效
45011	频率限制，每个用户每分钟 100 次

需要注意的是，使用"微信服务端API登录接口"时必须在微信开发者工具中勾选"不校验合法域名、web-view（全业务域名）、TLS版本以及HTTPS证书"复选框，否则无法使用此接口。在真机测试中无法直接使用此接口，必须使用服务端程序（如PHP、Java、Node.js等语言）调用此接口。如果读者对服务端语言不太熟悉，可以使用本书的接口文档进行真机测试。根据本书前言中所述的相关资源获取方式即可获取接口文档下载地址。

获取微信小程序的AppID和AppSecret的流程：登录微信小程序管理平台，登录后单击左侧导航栏中的"开发"按钮，进入开发页面，单击"开发设置"选项，找到"开发者ID"选项，即可获取微信小程序的AppID和AppSecret，如图10-21所示。

图 10-21　获取微信小程序的 AppID 和 AppSecret

10.17.2　获取用户资料

使用uni.getUserProfile接口可以获取用户资料。在微信小程序端，uni.getUserProfile代替了uni.getUserInfo接口，微信小程序官方发布公告：考虑到近期开发者对小程序登录、用户信息相关接口调整的相关反馈，为优化开发者调整接口的体验，回收wx.getUserInfo接口可获取用户授权的个人信息能力的截止时间由2021年4月13日调整至2021年4月28日24时。

2021年4月28日之后微信小程序端获取用户信息请使用wx.getUserProfile接口，在uni-app里可使用uni.getUserProfile获取用户信息。

> **注意:**
>
> getUserProfile接口只支持微信小程序平台(基础库2.10.4)。

getUserProfile的参数说明见表10-73。

表 10-73 getUserProfile 的参数说明

参 数	类 型	是否必填	说 明
desc	String	是	声明获取用户个人信息后的用途,不超过30个字符
lang	String	否	指定返回用户信息的语言,有效值为 zh_CN(简体中文)、zh_TW(繁体中文)、en(英文),默认为 en
success	Function	否	接口调用成功的回调函数
fail	Function	否	接口调用失败的回调函数
complete	Function	否	接口调用结束的回调函数(调用成功、失败都会执行)

success返回参数说明见表10-74。

表 10-74 success 返回参数说明

参 数	类 型	说 明
userInfo	Object	用户信息对象
rawData	String	不包括详细信息的原始数据字符串,用于计算签名
signature	String	使用 sha1(rawData + sessionkey)得到字符串,用于校验用户信息
encryptedData	String	包括所有信息在内的完整用户信息的加密数据
iv	String	加密算法的初始向量
cloudID	String	所有信息对应的云 ID,开通云开发的小程序才会返回,可通过云调用直接获取开放数据
errMsg	String	描述信息

userInfo参数说明见表10-75。

表 10-75 userInfo参数说明

参 数	类 型	说 明
nickName	String	用户昵称
avatarUrl	String	用户头像
gender	Number	用户性别。有效值为 0(未知)、1(男性)、2(女性)
country	String	用户所在国家
province	String	用户所在省份
city	String	用户所在城市
language	String	显示 country、province、city 所用的语言

接下来实现一个微信授权登录并获取用户信息的功能。在pages文件夹下创建getUserProfile/index.vue文件，该文件中的代码如下：

```ts
<template>
    <view>
        <button type="default" @click="getUserProfile">获取用户信息并登录
        </button>
    </view>
</template>
<script lang="ts">
    import { defineComponent } from 'vue';
    export default defineComponent({
        name:'getUserProfile',
        setup(){
            //获取用户信息
            let getUserProfile:Function=(e:any)=>{
                uni.getUserProfile({
                    desc: '用于完善会员资料',
                    lang:'zh_CN',
                    success: (infoRes:any)=> {
                        console.log("用户信息全部资料",infoRes);
                        console.log(infoRes.userInfo.nickName)//用户昵称
                        console.log(infoRes.userInfo.avatarUrl)//用户头像
                        console.log(infoRes.userInfo.country)//国家
                        console.log(infoRes.userInfo.province)//省份
                        console.log(infoRes.userInfo.city)//城市
                        //性别，值为0代表未知，值为1代表男性，值为2代表女性
                        console.log(infoRes.userInfo.gender)
                        //授权登录
                        uni.login({
                            provider: 'weixin',
                            success:  (loginRes:any)=> {
                                let code=loginRes.code;//用户登录凭证
                                //使用code获取openID, openID是微信用户的唯一标识
                                let appId="wx1a2ccf9b9d1bb416";//微信小程序的AppID
                                //微信小程序的AppSecret
                                let secret="8c1d726ecd003fa55208809a67021b0f";
                                uni.request({
                                    url:"https://api.weixin.
qq.com/sns/jscode2session?appid="+appId+"&secret="+secret+"&
js_code="+code+"&grant_type=authorization_code"
```

```
            }).then(data=>{
                let res=data;
                let openId=res.data.openid;//openId
                //session_key
                let sessionKey=res.data.session_key;
                console.log("openID="+openId,"sessionKey="
                        +sessionKey);
            });
        }
    });
    }
    });
    }
    return{
     getUserProfile
    }
    }
    })
</script>
```

以上加粗代码为新增代码，在成功获取用户信息后，可以在getUserProfile接口的success回调函数内部调用uni.login接口获取用户的唯一标识openID。

> **注意:**
> 　　如果没有弹出授权窗口，需要在微信开发者工具中将调试基础库设置为2.21.4。如果不会设置，请扫码观看视频教程。

10.18　微信支付

扫一扫，看视频

　　uni-app的在线支付功能非常强大，支持各平台的客户端支付API，如支付宝、微信、百度收银台、苹果等支付平台。
　　本章知识点建议结合视频学习。

10.18.1　支付流程及思路

　　在开发微信支付功能之前，首先介绍支付流程。微信支付功能需要服务端和前端配合完成，在微信支付官网申请并开通微信支付。只有企业可以申请微信支付，个人无法申请。完成微信支付申请流程后，根据提示进行操作即可。

　　本书已经申请好了微信支付，并且提供了服务端微信支付API接口，根据本书前言中所述的相关资源获取方式即可获取接口文档下载地址。

微信支付开发流程如下：

（1）在微信小程序内调用登录接口，获取用户的openID。

（2）在微信小程序内使用uni.request，调用服务端"统一下单"API接口。

（3）在微信小程序内使用uni.requestPayment，完成微信支付。

服务端开发者需要了解"统一下单"API接口，可阅读其官方文档。

目前微信官网提供的代码示例支持的服务端开发语言为Java、C#、PHP。

10.18.2 完成微信支付

uni.requestPayment是一个统一各平台的客户端支付API，支持各平台小程序和App，不支持H5平台。

requestPayment的参数说明见表10-76。

表 10–76 requestPayment 的参数说明

参 数	类 型	是否必填	说 明	平台差异说明
provider	String	是	服务提供商	—
orderInfo	String/Object	微信小程序不用填	订单数据	App、支付宝小程序、百度小程序、字节跳动小程序
timeStamp	String	微信小程序必填	时间戳为从 1970 年 1 月 1 日至今的秒数，即当前的时间	微信小程序
nonceStr	String	微信小程序必填	随机字符串，长度为 32 个字符以下	微信小程序
package	String	微信小程序必填	统一下单接口返回的 prepay_id 参数值，提交格式如 prepay_id=xx	微信小程序
signType	String	微信小程序必填	签名算法，暂支持 MD5	微信小程序
paySign	String	微信小程序必填	签名	微信小程序
bannedChannels	Array<String>	否	需要隐藏的支付方式	百度小程序
service	Number	字节跳动小程序必填	固定值 =1（调用小程序收银台）：开发者如果不希望使用字节跳动小程序收银台，将 service 设置为 3 或 4 时，可以直接调用微信或支付宝进行支付。service=3：微信 API 支付，不调用小程序收银台；service=4：支付宝 API 支付，不调用小程序收银台。其中 service=3 或 4 时，仅 1.35.0.1+ 基础库（头条 743+）支持	字节跳动小程序

续表

参　数	类　型	是否必填	说　明	平台差异说明
_debug	Number	否	仅限调试用，上线前去掉该参数。当 _debug=1 时，微信支付期间可以看到中间报错信息，方便调试	字节跳动小程序
getOrderStatus	Function	字节跳动小程序必填	商户前端实现的查询支付订单状态方法（该方法需要返回一个 Promise 对象）。 service=3 或 4 时不需要传	字节跳动小程序
success	Function	否	接口调用成功的回调函数	—
fail	Function	否	接口调用失败的回调函数	—
complete	Function	否	接口调用结束的回调函数（调用成功、失败都会执行）	—

provider有效值说明见表10-77。

表 10-77　provider 有效值说明

值	说　明	备　注
alipay	支付宝支付	—
wxpay	微信支付	—
baidu	百度收银台	—
appleiap	苹果应用内支付	iOS 应用打包后可获取

使用orderInfo参数的注意事项如下：

（1）百度小程序的 orderInfo 为 Object 类型，详细的数据结构可参考百度收银台支付官方文档。

（2）支付宝小程序的 orderInfo（支付宝的规范为 tradeNO）为 String 类型，表示支付宝交易号。

（3）字节跳动小程序的orderInfo为Object类型，该支付接口已更新，可以使用tt.pay判断是否支持新版本接口。

（4）App端，支付宝支付 orderInfo 为 String 类型。

（5）App端，微信支付 orderInfo 为 Object 类型。

（6）App端，苹果应用内支付 orderInfo 为Object 类型。

在开发微信支付功能之前，必须先在微信支付管理后台授权微信小程序的AppID。这里给读者提供一个已授权的微信支付AppID：wx1a2ccf9b9d1bb416，打开mainifest.json文件，修改AppID为此AppID即可。

在pages文件夹下创建pay/wx.vue文件，该文件中的代码如下：

```
<template>
```

```
    <view>
        金 额:<input type="text" placeholder="请 输 入 金 额" class="price"
v-model="price" /> 元
        <button type="primary" class="pay-btn" @click="goPay()">支付
        </button>
    </view>
</template>
<script lang="ts">
    import { defineComponent,ref } from 'vue';
    export default defineComponent({
        name:'wxpay',
        setup(){
            //付款金额
            let price=ref("");
            //去支付
            let goPay:Function=()=>{
                if(price.value.trim()==''){
                    uni.showToast({
                        title:"请输入支付金额",
                        duration: 2000,
                        icon:"none"
                    })
                    return;
                }
                //1.授权登录获取openID
                uni.login({
                    provider: 'weixin',
                    success:  (loginRes:any)=> {
                        let code=loginRes.code;//用户登录凭证
                        //使用code获取openID，openID是微信用户的唯一标识
                        let url="https://diancan.glbuys.com/api/v1/
wechat_openid";
                        uni.request({
                            url:url,
                            method:"POST",
                            header:{
                                "content-type":"application/x-www-form-
                                urlencoded"
                            },
                            data:{code:code}
                        }).then((data:any)=>{
                            let res=data;
```

```
let openId=res.data.data.openid;//获取openID

//微信支付
//2.调用服务端"统一下单"接口
let orderUrl="https://diancan.glbuys.com/api/v1/
            wxpay/wechat_unifiedorder";
uni.request({
    url:orderUrl,
    method: "POST",
    header:{
            "content-type":"application/x-www-
            form-urlencoded"
    },
    data:{
        open_id:openId,//用户登录的openID
        ordernum:getOrderNum(),//订单编号
        price:price.value,//金额
        //此回调地址为测试地址，不具有任何实际意义
        notify_url:"https://diancan.glbuys.com",
        body:"测试支付"//商品描述
    }
}).then((data:any)=>{
    let res=data;
    //通过"统一下单"接口获取以下值
    let orderRes=res.data.data;
    let timeStamp=orderRes.timeStamp;//时间戳
    let nonceStr=orderRes.nonceStr;//随机字符串
    //统一下单接口返回的prepay_id参数值
    let packages=orderRes.package;
    let sign=orderRes.paySign;//签名
    //3.调起客户端微信支付
    uni.requestPayment({
        provider: 'wxpay',
        //将时间戳转换成字符串类型
        timeStamp: timeStamp.toString(),
        nonceStr: nonceStr,
        package: packages,
        signType: 'MD5',
        paySign: sign,
        success:(res)=>{
            console.log(res,"支付成功");
        }
```

```
                    })
                });

            });
        }
    });
}
//生成订单编号
let getOrderNum:Function=()=>{
    return new Date().getTime();
}
return{
 price,
 goPay
}
    }
})
</script>
<style scoped>
    .price{width:250rpx;height:50rpx;}
    .pay-btn{width:150rpx;height:70rpx;border-radius: 5px;font-size:28rpx;}
    .pay-btn:after{border:0 none;}
</style>
```

上述代码为完整支付代码，注释很清晰，请读者仔细阅读，在开发时AppID必须为wx1a2ccf9b9d1bb416，因为此AppID是经过微信支付授权过的，此支付为真实支付，请谨慎填写支付金额，建议填写0.01元。

10.19 节点信息

在实际开发中需要获取节点信息来得到元素的宽、高以及布局的位置。在传统Vue.js中可以使用refs获取DOM得到节点信息；在uni-app中为了兼容各种平台，采用小程序获取节点的方式来获取节点信息。

扫一扫，看视频

10.19.1 获取单个节点

使用uni.createSelectorQuery返回一个 SelectorQuery 对象实例。可以在该实例上使用select()方法获取单个节点信息。

在pages文件夹下创建selectquery/index.vue文件，该文件中的代码如下：

```
<template>
    <view>
```

```
                <view id="box" class="box">box1</view>
        </view>
    </template>
    <script lang="ts">
        import { defineComponent } from 'vue';
        export default defineComponent({
                name:'selectquery',
            setup(){
                let selectQuery:any = uni.createSelectorQuery();
                selectQuery.select("#box").boundingClientRect((data:any)=>{
                    console.log("得到布局位置信息:" + JSON.stringify(data));
                    console.log("节点的上边界坐标:" + data.top);
                    console.log("节点的下边界坐标:" + data.bottom);
                    console.log("节点的左边界坐标:" + data.left);
                    console.log("节点的右边界坐标:" + data.right);
                    console.log("节点的宽:" + data.width);
                    console.log("节点的高:" + data.height);
                }).exec();
                return{}
            }
        })
    </script>
    <style scoped>
    //样式代码请查看源码包
    </style>
```

注意上述加粗代码，select()方法表示在当前页面下选择第一个匹配选择器selector的节点，返回一个NodesRef对象实例，用于获取节点信息。selector类似于CSS的选择器，但仅支持下列语法。

（1）ID选择器：#the-id。

（2）class选择器（可以连续指定多个）：.a-class.another-class。

（3）子元素选择器：.the-parent > .the-child。

（4）后代选择器：.the-ancestor .the-descendant。

（5）跨自定义组件的后代选择器：.the-ancestor >>> .the-descendant。

（6）多选择器的并集：#a-node, .some-other-nodes。

boundingClientRect(callback)方法表示节点布局位置的查询请求，相对于显示区域，以px为单位，其功能类似于DOM的getBoundingClientRect。callback返回参数的属性说明见表10-78。

表 10-78　callback 返回参数的属性说明

属　　性	类　　型	说　　明
id	String	节点的 ID
dataset	Object	节点的 dataset

属　　性	类　　型	说　　明
left	Number	节点的左边界坐标
right	Number	节点的右边界坐标
top	Number	节点的上边界坐标
bottom	Number	节点的下边界坐标
width	Number	节点的宽度
height	Number	节点的高度

代码中的exec()方法表示执行所有请求。

10.19.2　获取多个节点

在实际开发中经常会遇到一次获取多个节点信息的情况，可以使用selectAll()方法获取匹配选择器selector的所有节点，返回一个NodesRef对象实例，用于获取节点信息。

在pages/selectquery文件夹下创建selectall.vue文件，该文件中的代码如下：

```ts
<template>
    <view>
        <view id="box1" class="box">box1</view>
        <view id="box2" class="box">box2</view>
        <view id="box3" class="box">box3</view>
    </view>
</template>
<script lang="ts">
    import { defineComponent } from 'vue';
    export default defineComponent({
        name:'selectquery',
        setup(){
            let selectQuery:any = uni.createSelectorQuery();
            selectQuery.selectAll(".box").boundingClientRect((data:any)=>{
                console.log(data);//返回的是一个数组
                //循环输出
                for(let i=0;i<data.length;i++){
                    console.log("id:" + data[i].id);
                    console.log("节点的上边界坐标:" + data[i].top);
                    console.log("节点的下边界坐标:" + data[i].bottom);
                    console.log("节点的左边界坐标:" + data[i].left);
                    console.log("节点的右边界坐标:" + data[i].right);
                    console.log("节点的宽:" + data[i].width);
```

```
                console.log("节点的高:" + data[i].height);
            }
        }).exec();
        return{}
    }
})
</script>
<style scoped>
//样式代码请查看源码包
</style>
```

selectAll()方法和selector选择器的使用方式基本相同，唯一不同的是boundingClientRect的回调方法返回的参数是一个数组。上述代码中，exec()方法表示执行所有请求。

10.19.3   在组件内获取节点信息

使用selectorQuery.in(component)将选择器的选取范围更改为在自定义组件 component 内，返回一个 SelectorQuery 对象实例。

在components文件夹下创建selectquery/index.vue文件，该文件中的代码如下：

```
<template>
    <view>
        <view class="box"></view>
    </view>
</template>
<script lang="ts">
    import { defineComponent } from 'vue';
    export default defineComponent({
        name:'selectquery',
        onReady(){
            let selectQuery = uni.createSelectorQuery().in(this);
            selectQuery.select(".box").boundingClientRect((data:any)=>{
                console.log("组件内的布局位置信息:" + JSON.stringify(data));
                console.log("组件内节点的上边界坐标:" + data.top);
                console.log("组件内节点的下边界坐标:" + data.bottom);
                console.log("组件内节点的左边界坐标:" + data.left);
                console.log("组件内节点的右边界坐标:" + data.right);
                console.log("组件内节点的宽:" + data.width);
                console.log("组件内节点的高:" + data.height);
            }).exec();
        },
        setup(){
            return{}
```

```
    }
  })
</script>
<style scoped>
  .box{width:100rpx;height:100rpx;background-color:#007aff;}
</style>
```

注意，在组件内获取节点信息时，必须在onReady()函数内部获取，不能在setup()函数内部获取。

10.20　调试

在实际开发中，调试非常重要。调试的环境分为两种：开发（测试）环境和生产（正式）环境，开发环境可以在微信开发者工具中进行调试，也可以使用真机调试，都可以使用console.log()在控制台输出内容。

使用uni.setEnableDebug设置是否打开调试开关，此开关支持正式版和测试版两个版本。其支持的平台有微信小程序、百度小程序、QQ小程序，不支持的平台有App、H5、支付宝小程序、字节跳动小程序。

扫一扫，看视频

setEnableDebug的参数说明见表10-79。

表 10-79　setEnableDebug 的参数说明

属　性	类　型	是否必填	说　明	平台差异说明
enableDebug	Boolean	是	是否打开调试	—
success	Function	否	接口调用成功的回调函数	微信小程序
fail	Function	否	接口调用失败的回调函数	微信小程序
complete	Function	否	接口调用结束的回调函数（调用成功、失败都会执行）	微信小程序

此代码需要写在App.vue文件中的onLaunch()生命周期钩子函数中，代码如下：

```
onLaunch: function() {
    //设置调试
    uni.setEnableDebug({
        enableDebug: true   //值为true表示打开调试，值为false表示关闭调试
    })
},
```

这样无论是在开发环境还是在生产环境，用手机打开小程序都会显示console控制台，以便于调试。

10.21　小结

本章主要讲解了常用API，包括request发起请求、uploadFile文件上传、数据缓存、获取位置、获取系统信息、交互反馈、动态设置导航条、动态设置tabBar、录音管理、视频组件控制、网络状态、剪贴板、拨打电话、扫码、动画、下拉刷新、授权登录、微信支付、节点信息、调试等。其中，最常用且必会的API有request、获取位置、获取系统信息、交互反馈、动态设置导航条、动态设置tabBar、下拉刷新、授权登录、节点信息、微信支付等。本章内容比较多，建议配合视频学习，多加练习，记住它们的用法。

10.22　练习题

判断以下说法是否正确。

（1）rich-text（富文本）组件nodes属性的值推荐使用String类型。　　　　　　（　　）

（2）request发起请求可以获取服务端接口数据。　　　　　　　　　　　　　　（　　）

（3）rich-text（富文本）组件nodes属性的值为String类型时会自动转换为Array类型。（　　）

（4）自2021年4月28日后，微信小程序获取用户资料使用getUserProfile代替了getUserInfo接口。　　　　　　　　　　　　　　　　　　　　　　　　　　　　　　　　（　　）

（5）开发微信支付必须是企业账号。　　　　　　　　　　　　　　　　　　　（　　）

第 11 章

点餐小程序客户端开发

本章将进入项目实战阶段，会用到之前学过的知识点。项目实战会提高我们的各种能力，包括解决问题能力、逻辑思维能力和学习能力，同时也会帮助我们深度理解组件封装、Vuex异步数据流、在线支付、授权登录、获取手机号、获取位置查找附近商铺、前后端数据交互、获取节点信息等实用功能。

由于本项目难度比较高，因此建议各位读者结合视频进行学习。

11.1　扫描二维码欣赏完整项目

扫描图 11-1 所示的二维码，欣赏实战项目演示效果。

图 11-1　点餐小程序案例欣赏

此项目为真实运营项目，数据信息均真实有效，支持堂食、自提、配送点餐功能。小程序为客户端，H5 公众号版为商家端，还有一个后台管理为平台运营商，本章实战项目为点餐小程序客户端。为了让读者体验开发项目的真实性，我们会搭建一个用于测试的服务器及数据库供读者使用，但其安全性可能会有所下降，请读者见谅。对于接口文档、项目所需素材（如图片和项目源码），可以关注"html5 程序思维"公众号，然后发送"uniapp"获取下载地址。

此项目的UI参考地址为https://diancan.lucklnk.com。该地址是H5公众号版本的点餐系统，与点餐小程序功能一样，需要用微信开发者工具的"公众号网页调试"命令进行访问，如图11-2所示。

图 11-2　选择"公众号网页调试"命令

此项目的后台管理地址为https://diancan.glbuys.com/hadmin.php，用户名为demo，密码为123456，在开发中为了方便数据测试，可以自己进入后台修改或添加数据。请不要添加不良信息，不要随意删除数据或进行非法手段攻击。

11.2　首页

首页是小程序启动访问的第一个页面，首页的主要功能是获取位置并显示附近的商家。
首页的接口在"接口文档"文件夹下的"商家.docx"文件中。

11.2.1　首页布局

首先，使用HBuilder X创建一个新的项目，项目名称为ordering-vue3，在pages文件夹下创建main/main.vue文件，创建完成后配置路由。pages.json的代码如下：

```
{
    "pages": [
        {
            "path": "pages/main/main",
            "style": {
            "navigationBarTitleText": ".点餐系统",
            "navigationStyle": "custom",
            "enablePullDownRefresh": true
            }
        }
    ],
    "globalStyle": {
            "navigationBarTextStyle": "white",
            "navigationBarBackgroundColor": "#E30019",
            "backgroundColor": "#FFFFFF",
            "onReachBottomDistance": 50
    }
}
```

navigationStyle属性值为custom，设置成自定义导航；enablePullDownRefresh属性值为true，表示支持下拉刷新；onReachBottomDistance属性值为50，表示上拉触底事件触发时距页面底部的距离，单位为px。

其次，在App.vue文件中增加全局公共样式，实现各平台的兼容性，代码如下：

```
<script>
    export default {
            onLaunch: function() {

            },
            onShow: function() {

            },
            onHide: function() {

            }
    }
</script>
<style>
```

```css
/* 每个页面的公共CSS*/
page {
    width:100%;
    min-height: 100%;
    font-size: 16px;
    display: flex;
}

/* #ifdef MP-BAIDU */
page {
    width: 100%;
    height: 100%;
    display: block;
}

swan-template {
    width: 100%;
    min-height: 100%;
    display: flex;
}

/* 原生组件模式下需要注意组件外部样式 */
custom-component {
    width: 100%;
    min-height: 100%;
    display: flex;
}

/* #endif */

/* #ifdef MP-ALIPAY */
page {
    min-height: 100vh;
}

/* #endif */

/* 原生组件模式下需要注意组件外部样式 */
m-input {
    width: 100%;
    /* min-height: 100%; */
    display: flex;
    flex: 1;
```

```
    }

    input,button{border:0 none;outline: none;border-radius: 0px;}
    button:after{border:0 none;outline: none;border-radius: 0px;}
    .status_bar {
        height: var(--status-bar-height);
        width: 100%;
    }
    .no-data{width:100%;text-align:center;font-size:32rpx;position:
absolute;left:50%;top:30%;z-index:3;transform: translate(-50%,-80%)}
</style>
```

最后，开发首页布局，pages/main/main.vue文件中的代码如下：

```
<template>
    <view class="page">
        <view class="status_bar bg-color"></view>
        <view class="header">
            <view :class="{'search-header':true,'ipx':false}" >
                <view class="search-wrap">
                    <view class="icon"></view>
                    <view class="search">输入商家名或菜品</view>
                </view>
            </view>
        </view>
        <view :class="{'shop-main':true,ipx:false}">
            <view class="shop-list">
                <view class="shop-wrap">
                    <view class="image"><image src="https://diancan.lucklnk.
com/businessfiles/logo/1600743948.jpg" :lazy-load="true"></image></view>
                    <view class="shop-info">
                        <view class="shop-name">××鸭脖</view>
                        <view class="distance">0.5km</view>
                        <view class="address">山西怀仁商业步行街北口对面</view>
                        <view class="pack-btn">自提</view>
                    </view>
                </view>
            </view>
            <view class="shop-list">
                <view class="shop-wrap">
                    <view class="image"><image src="https://diancan.lucklnk.
com/businessfiles/logo/1600743948.jpg" :lazy-load="true"></image></view>
                    <view class="shop-info">
```

```
                            <view class="shop-name">××鸭脖</view>
                            <view class="distance">0.5km</view>
                            <view class="address">山西怀仁商业步行街北口对面</view>
                            <view class="pack-btn">自提</view>
                        </view>
                    </view>
                </view>
                <view class="shop-list">
                    <view class="shop-wrap">
                        <view class="image"><image src="https://diancan.lucklnk.
com/businessfiles/logo/1600743948.jpg" :lazy-load="true"></image></view>
                        <view class="shop-info">
                            <view class="shop-name">××鸭脖</view>
                            <view class="distance">0.5km</view>
                            <view class="address">山西怀仁商业步行街北口对面</view>
                            <view class="pack-btn">自提</view>
                        </view>
                    </view>
                </view>
            </view>
        </view>
</template>

<script>
    export default {
        name: "main-component"
    }
</script>

<style scoped>
    .page{width:100%;min-height:100vh;overflow:hidden;}
    .status_bar.bg-color{background-color:#E30019;}
    .header{width:100%;background-color:#eb1625;overflow:hidden;position:
fixed;left:0;top:0;z-index:90;}
    .search-header{width:100%;height:170rpx;display: flex;justify-
content: center;align-items: flex-end;margin-top:40rpx;box-sizing:
border-box;padding-bottom:20rpx;}
    .search-header.ipx{height:210rpx;}
    .header .search-wrap{width:80%;height:52rpx;background-color:rgba(255,255,
255,0.9);border-radius: 5px;display:flex;justify-content: start;align-items:
center;}
    .header .search-wrap .icon{width:44rpx;height:44rpx;backgroun
```

```
d-image:url("~@/static/images/main/search_icon.png");background-
size:100%;background-repeat: no-repeat;background-position: center;margin:0
20rpx;}
    .header .search-wrap .search{font-size:28rpx;color:#999999;}
    .shop-main{width:100%;margin-top:220rpx;}
    .shop-main.ipx{margin-top:260rpx;}
    .shop-main .shop-list{width:100%;border-bottom: 1px solid #EFEFEF;box-
sizing: border-box;padding:20rpx 0;}
     .shop-main .shop-list .shop-wrap{width:92%;height:auto;margin:0
auto;display:flex;justify-content: start;}
    .shop-main .shop-list .shop-wrap .image{width:160rpx;height:160rpx;margi
n-right:20rpx;}
    .shop-main .shop-list .shop-wrap .image image{width:100%;height:100%;bord
er-radius: 5px;}
    .shop-main .shop-list .shop-info{width:72%;clear: both;}
    .shop-main .shop-list .shop-info .shop-name{font-size:32rpx;font-weight:
bold;width:100%;height:45rpx;white-space: nowrap;overflow:hidden;text-
overflow: ellipsis;}
    .shop-main .shop-list .shop-info .distance{font-size:28rpx;color:#666666;
margin-top: 10rpx;}
    .shop-main .shop-list .shop-info .address{font-size:28rpx;color:#666666;
margin-top:10rpx;width:100%;height:45rpx;white-space: nowrap;overflow:hidden;
text-overflow: ellipsis;}
    .shop-main .shop-list .shop-info .pack-btn{padding:10rpx 20rpx;font-size
:28rpx;color:#FFFFFF;background-color:#eb1625;width:auto;height:auto;display:table;ma
rgin-top:10rpx;border-radius: 5px;float:right;}
     .shop-main .shop-list .shop-info .pack-btn.disable{color:#666666;
background-color:#EFEFEF}
</style>
```

以上代码很简单，没有业务逻辑，只是一个首页布局。此项目为微信小程序，在微信开发者工具中预览的效果如图11-3所示。

图 11-3　点餐系统首页布局预览效果

11.2.2　异步数据流对接配合地图定位显示附近的商铺

扫一扫，看视频

首页布局完成，接下来对接服务端数据。在开发Vue.js 的实战项目时都会将服务端请求的数据存放到Vuex中，然后从Vuex中渲染数据到视图。uni-app开发也是如此，uni-app已内置Vuex，无须安装即可使用。首先配置Vuex，在项目根目录下创建store文件夹，在该文件夹内创建index.ts文件。该项目使用TypeScript编写，如果使用JavaScript编写，则扩展名为.js，即index.js。该文件中的代码如下：

```
import { createStore } from 'vuex';
export default createStore({
    modules:{}
})
```

接下来，将Vuex注册到Vue中，main.js文件中的代码如下：

```
import App from './App';
import store from './store';
// #ifndef Vue.js 3
import Vue from 'vue'
Vue.config.productionTip = false
```

```
App.mpType = 'app'
const app = new Vue({
    ...App
})
app.$mount()
// #endif

// #ifdef Vue.js 3
import { createSSRApp } from 'vue'
export function createApp() {
  const app = createSSRApp(App)
  app.use(store);//必须在这里使用use方法将vuex注册到Vue.js中
  return {
    app
  }
}
// #endif
```

以上加粗代码为新增代码，这样Vuex就配置完成了。

下面封装request()方法，目的是更简便地请求服务端数据。在static文件夹下创建ts/utils/request.ts文件，该文件中的代码如下：

```
function request(url:string,method:string="get",data:Object={}){
    return new Promise(((resolve, reject) => {
        uni.request({
            url: url,
            data: data,
            method:method.toLocaleUpperCase(),
            header: {
                'content-type': 'application/x-www-form-urlencoded'
            },
            success: (res:any) => {
                resolve(res.data)
            },
            fail:(res:any)=>{
                reject(res)
            }
        });
    }))
}
export {
    request
}
```

上述代码使用Promise()方法封装了uni-app的uni.request API，自己封装的request使用起来会更方便、更灵活。上述封装代码比较简单，不再赘述。

接下来配置公共的参数，其中存放接口地址。在ts文件夹下创建conf/config.ts文件，该文件中的代码如下：

```
let baseApi:string="https://diancan.glbuys.com/api";
export default {
    baseApi
}
```

变量baseApi的值为服务端接口请求地址，接下来请求服务端数据。在项目根目录下创建api文件夹，在该文件夹下创建business/index.ts文件，该文件中的代码如下：

```
import config from "../../static/js/conf/config";
import {request} from "../../static/js/utils/request";
//显示首页商铺
export function getShopData(data){
    return request(config.baseApi+"/v1/business/shop","get",data);
}
```

getShopData()函数可以从服务端接口获取商铺信息，接下来与Vuex进行对接。在store文件夹下创建business/index.ts文件，该文件中的代码如下：

```
//导入服务端接口的请求方法
import {getShopData} from "../../api/business";
export default {
    namespaced:true,
    state:{
        shops:[]
    },
    mutations: {
        //设置商铺数据
        ["SET_SHOPS"](state:any,payload:any){
            state.shops=payload.shops;
        },
        //设置商铺分页数据
        ["SET_SHOPS_PAGE"](state:any,payload:any){
            state.shops.push(...payload.shops);
        }
    },
    actions:{
        //获取首页商铺数据
        getShop(conText:any,payload:any){
            getShopData(payload).then((res:any)=>{
```

```
                    if(res.code==200){
                        conText.commit("SET_SHOPS",{shops:res.data});
                        //请求成功回调
                        if(payload.success){
                            //res.pageinfo.pagenum总页数
                            payload.success(res.pageinfo.pagenum);
                        }
                    }else{
                        conText.commit("SET_SHOPS",{shops:[]});
                    }
                    //请求完成回调
                    if(payload.complete){
                        payload.complete();
                    }
                });
            },
            //获取首页商铺分页数据
            getShopPage(conText:any,payload:any){
                getShopData(payload).then((res:any)=>{
                    if(res.code==200){
                        conText.commit("SET_SHOPS_PAGE",{shops:res.data});
                    }
                });
            }
        }
    }
```

　　由于我们的首页是自定义导航，需要先解决iPhone X "刘海"的兼容性问题，才能将Vuex的数据渲染到视图中，在10.5.2小节中已经学习了如何解决这一问题，这里不再详细讲解。由于这个项目会有多个页面需要自定义导航，因此我们需要一个全局变量去识别项目是否在iPhone X中运行，全局首选Vuex。接下来在store文件夹下创建system/index.ts文件，该文件中的代码如下：

```
export default {
    namespaced: true,
    state: {
        isIpx:false,//是否在iPhone X中运行
    },
    mutations:{
        //设置isIpx
        ["SET_IPX"](state:any,payload:{isIpx:boolean}){
            state.isIpx=payload.isIpx;
```

```
        }
      }
  }
```

注册到Vuex的模块中，在store/index.ts文件中新增的代码如下：

```
import { createStore } from 'vuex';
import business from "./business";
import system from "./system";
export default createStore({
    modules:{
        business,
        system
    }
})
```

以上加粗代码为新增代码，接下来判断是否在iPhone X中运行。在App.vue文件中新增的代码如下：

```
import { defineComponent} from 'vue';
import {useStore} from "vuex";
export default defineComponent({
    onLaunch(){
        let store=useStore();//启用Vuex
        //#ifndef H5
        uni.getSystemInfo({
            success: (res) =>{
                let name = 'iPhone X';
                //判断是否在iPhone X中运行
                if(res.model.indexOf(name) > -1){//如果在iPhone X中运行
                    //调用store/system/index.ts文件中mutations内部的SET_IPX方法，
                    //将isIpx设置为true
                    store.commit("system/SET_IPX",{isIpx:true});
                }
            }
        });
        //#endif
    },
    ...
})
```

将Vuex的数据对接到pages/main/main.vue文件中，该文件中的代码如下：

```
<template>
    <view class="page">
```

```html
        <view class="status_bar bg-color"></view>
        <view class="header">
            <view :class="{'search-header':true,ipx:isIpx}" >
                <view class="search-wrap">
                    <view class="icon"></view>
                    <view class="search">输入商家名或菜品</view>
                </view>
            </view>
        </view>
        <view :class="{'shop-main':true,ipx:isIpx}">
                <view class="shop-list" v-for="(item,index) in shops"
:key="index" @click="goPage('/pages/goods/index?branch_shop_id='+item.
branch_shop_id+'')">
                <view class="shop-wrap">
                            <view class="image"><image :src="item.logo"
:lazy-load="true"></image></view>
                    <view class="shop-info">
                        <view class="shop-name">{{item.branch_shop_name}}</view>
                        <view class="distance">{{item.distance}}</view>
                        <view class="address">{{item.address}}</view>
                        <view class="pack-btn">自提</view>
                    </view>
                </view>
            </view>
        </view>
    </view>
</template>

<script lang="ts">
    import { defineComponent,computed} from 'vue';
    import {useStore} from "vuex";
    import {onShow} from "@dcloudio/uni-app";//导入uni-app
    export default defineComponent({
        name: "main-component",
        setup(){
            let store:any=useStore();//启用Vuex
            //获取Vuex是否在iPhone X中运行
            let isIpx:any=computed(()=>store.state.system.isIpx);
            //获取Vuex的商铺数据
            let shops:any=computed(()=>store.state.business.shops);
    let maxPage:number=0;//总页数
    let curPage:number=1;//当前页码
    let lng:number=0;//经度
```

```
        let lat:number=0;//纬度

        //在setup()函数内部使用onShow方法
        onShow(()=>{
            //#ifdef MP-WEIXIN
            //如果用户关闭了地理位置定位功能
            //getSetting获取用户的当前设置
            uni.getSetting({ //①
                success:(res)=> {
                    //如果没有开启地理位置定位功能
                  if(!res.authSetting['scope.userLocation']){
                    uni.showModal({
                    title: '开启获取地理位置',
                    content: '请打开"位置信息"权限，找到附近的商铺',
                    success: (res:any)=> {
                    if (res.confirm) {
                    //openSetting调起客户端小程序设置界面，返回用户设置的操作结果
                    uni.openSetting({
                    success:(res2:any)=> {
                        //如果开启了地理位置定位功能
                      if(res2.authSetting['scope.userLocation']){
                        //获取地理位置
                        uni.getLocation({
                        type: 'gcj02',
                        complete: (res:any)=> {
                        lng=res.longitude;//经度
                        lat=res.latitude;//纬度

                        console.log("lng",lng,"lat",lat);
                        //获取商铺信息
                        //store/business/index.ts文件中actions内部的getShop方法
                        store.dispatch("business/getShop",{page:1,lng:lng?lng:0,lat:
lat?lat:0,success:(pageNum:number)=>{
                                        maxPage=pageNum;//总页码数
                                                    }});
                                            }
                                        });
                                    }
                                }
                            });
                        } else if (res.cancel) {
                            //console.log('用户点击取消');
                        }
```

```
                    }
                });
            }
        }
    })
    // #endif

    //如果用户没有关闭地理位置定位功能，直接获取位置并获取商铺
    uni.getLocation({      //②
        type: 'gcj02',
        complete: (res:any)=> {
            lng=res.longitude;//经度
            lat=res.latitude;//纬度
            //console.log("lng2",lng,"lat2",lat);
            //获取商铺信息
            //store/business/index.ts文件中actions内部的getShop方法
store.dispatch("business/getShop",{page:1,lng:lng?lng:0,lat:lat?lat:0,success
:(pageNum:number)=>{
                maxPage=pageNum;//总页码数
            }});
        }
    });

})
//跳转页面
let goPage:Function=(url:string)=>{
    uni.redirectTo({
       url: url
  });
}

return {
    isIpx,
    shops,
    goPage
}
    }
  })
</script>
<style scoped>
    //CSS样式省略
</style>
```

以上加粗代码为新增或修改的代码，代码注释很清晰，请读者仔细阅读。上述代码中的注意事项如下：

（1）使用getSetting()方法获取用户的当前设置，利用返回值res.authSetting['scope.userLocation']判断用户是否开启地理位置定位功能，如果没有开启，则使用openSetting()方法调起客户端小程序设置界面。用户开启地理位置定位功能后，使用getLocation()方法获取地理位置。注意，为了定位准确，务必使用gcj02获取坐标，最后调用getShop()方法获取商品列表数据。

（2）如果用户没有关闭地理位置功能，则可以直接获取地理位置并获取商铺列表数据。

在微信开发者工具中预览的效果如图11-4所示。

图 11-4　点餐系统首页预览效果

注意：

　　如果使用getLocation接口没有获取到坐标，可能是因为没有在manifest.json文件中配置权限，请查看10.4.2小节的内容。

11.2.3　实现下拉刷新

一般首页都会有下拉刷新功能。10.16节已经介绍了下拉刷新功能的实现，现在在实战项目中应用。在pages/main/main.vue文件中新增的代码如下：

```
<template>
    ...
```

```
</template>
<script lang="ts">
    import { defineComponent,computed} from 'vue';
    import {useStore} from "vuex";
    import {onShow,onPullDownRefresh} from "@dcloudio/uni-app";//导入uni-app
    export default defineComponent({
        name: "main-component",
        setup(){
            ...
            let maxPage:number=0;//总页数
            let curPage:number=1;//当前页码
            ...
            //下拉刷新
            onPullDownRefresh(()=>{
                curPage=1;//将当前页面设置为1
                store.dispatch("business/getShop",{page:curPage,lng:lng?lng:0
,lat:lat?lat:0,success:(pageNum:number)=>{
                    maxPage=pageNum;//总页码数
                },
                complete:()=>{
                    //服务端请求完成后，停止下拉刷新
                    uni.stopPullDownRefresh();
                }
                });
                ...
            return {
                ...
            }
        }
    })
</script>
...
```

使用onPullDownRefresh()钩子函数监听下拉刷新，在该函数内部将当前页面设置为1；调用getShop()方法，重新获取商铺数据；在complete()回调函数内使用stopPullDownRefresh()方法停止下拉刷新。

11.2.4 实现上拉加载和分享小程序

由于首页的商铺会越来越多，因此采取上拉加载分页显示数据，可以大大提高性能及用户体验。也可以将小程序分享出去以获取更多的流量。在pages/main/main.vue文件中新增的代码如下：

扫一扫，看视频

```html
<template>
    ...
</template>
<script lang="ts">
    import { defineComponent,computed} from 'vue';
    import {useStore} from "vuex";
    import {onShow,onPullDownRefresh,onReachBottom} from "@dcloudio/uni-
            app";//导入uni-app
    export default defineComponent({
        name: "main-component",
        //支持分享小程序
        onShareAppMessage(res:any){
            if (res.from === 'menu') {
                return {
                    title: '点餐系统',
                    path: '/pages/main/main'
                }
            }
        },
        setup(){
            let store:any=useStore();//启用Vuex
            ...
            let maxPage:number=0;//总页数
            let curPage:number=1;//当前页码
            let lng:number=0;//经度
            let lat:number=0;//纬度
            //上拉加载数据
            onReachBottom(()=>{
                //如果当前页码小于总页码
                if(curPage<maxPage){
                    curPage++;
                    //调用Vuex商铺分页显示数据的方法
                    store.dispatch("business/getShopPage",{page:curPage,
                            lng:lng?lng:0,lat:lat?lat:0});
                }
            })

            return {
                ...
            }
        }
    })
</script>
...
```

使用onReachBottom()函数可以监听页面是否滚动到底部，如果滚动到底部，并且当前页码小于总页码，则当前页码加1，调用Vuex内商铺分页显示数据的getShopPage()方法，并将页码传递进去实现上拉加载数据的功能。使用onShareAppMessage()函数可以实现分享小程序的功能。

> **注意：**
> onShareAppMessage()函数不能写在setup()函数内部，必须和setup()函数平级，否则不生效。

11.3　菜品搜索组件

当点击首页的搜索框时，会弹出菜品搜索窗口。为了后期维护方便，可以将搜索功能封装成一个组件，该搜索组件的功能包括搜索菜品、显示最近搜索关键词和显示热门搜索关键词。搜索组件演示效果如图11-5所示。

图 11-5　搜索组件演示效果

菜品搜索组件的接口在"接口文档"文件夹下面的"搜索.docx"文件中。

11.3.1　最近搜索

搜索组件分为最近搜索和热门搜索，最近搜索使用本地缓存实现，热门搜索的数据需要调用服务端接口获取，本小节实现最近搜索功能。在components文件夹下创建search/index.vue文件，此处省略页面布局代码，只讲解在Vuex中实现数据的逻辑。在store文件夹下创建search/index.ts文件，该文件中的代码如下：

扫一扫，看视频

```
export default {
    namespaced:true,
    state:{
        //历史搜索关键词
        historyKwords:uni.getStorageSync('historyKwords')?JSON.parse
                    (uni.getStorageSync('historyKwords')):[],
        kwords:"",//搜索的关键词
    },
    mutations:{
        //设置历史搜索关键词
        ["SET_HISTORY_KWRODS"](state:any,payload:{kwords:string}){
            if(payload.kwords){
                if(state.historyKwords.length>0){
                    for(let i=0;i<state.historyKwords.length;i++){
                        //如果历史搜索关键词中有相同的关键词
                        if(state.historyKwords[i]==payload.kwords){
                            state.historyKwords.splice(i--,1);//删除相同的关键词
                            break;
                        }
                    }
                }
                //从数组开头添加搜索关键词
                state.historyKwords.unshift(payload.kwords);
                //将关键词保存到缓存中，实现持久保存
                uni.setStorageSync("historyKwords",JSON.stringify(state.
                            historyKwords));
            }
        },
        //设置关键词
        ["SET_KWORDS"](state:any,payload:{kwords:string}){
            state.kwords=payload.kwords;
        },
        //清除历史记录
        ["CLEAR_KWORDS"](state:any,payload:any){
            state.historyKwords=[];//将历史关键词设置为空
            uni.removeStorageSync("historyKwords");//清除历史关键词缓存
        }
    }
}
```

state内部的historyKwords属性值可以获取本地缓存的历史搜索关键词，kwords属性值为保存的用户输入的搜索关键词。mutations内部的SET_HISTORY_KWRODS方法可以将搜索的

关键词保存到本地缓存中，并将搜索的关键词添加到state内部的historyKwords属性中。SET_
KWORDS方法可以设置state内部的kwords属性值，CLEAR_KWORDS方法可以清除历史搜索
关键词。

　　接下来注册到Vuex的模块中，在store/index.ts文件中新增的代码如下：

```
...
import search from './search';
export default createStore({
    modules:{
        ...
        search
    }
})
```

　　以上加粗代码为新增代码。接下来将Vuex对接到components/search/index.vue文件中，代
码如下：

```
<template>
    <view class="page" v-show="show">
        <view class="status_bar"></view>
        <view :class="{'search-title':true,wechat:true,ipx:isIpx}">
            <view class="search-close" @click="close()"></view>
            <view class="title">搜索</view>
        </view>
        <view class="search-header">
            <view class="search-wrap">
                <view class="search-input"><input type="text" confirm-type="search"
placeholder="请输入商家或菜品名称":focus="isFocus" @input="setKwords($event)" @confirm=
"goSearch($event)" :value="kwords"/></view>
                <view class="search-btn" @click="goSearch($event)"></view>
            </view>
        </view>
        <view class="search-main">
            <view class="search-area" v-if="historyKwords.length>0">
                <view class="search-name-wrap">
                    <view class="search-name">最近搜索</view>
                    <view class="bin" @click="clearHistoryKeywords()"></view>
                </view>
                <view class="search-kwords">
                        <view class="kwords" v-for="(item,index) in
historyKwords" :key="index" @click="goSearch($event,item)">{{item}}</view>
                </view>
            </view>
        </view>
```

```
                <view class="search-area">
                    <view class="search-name-wrap">
                        <view class="search-name">热门搜索</view>
                    </view>
                    <view class="search-kwords">
                        <view class="kwords">可乐</view>
                        <view class="kwords">汉堡</view>
                    </view>
                </view>
            </view>
        </view>
    </view>
</template>

<script lang="ts">
    import { defineComponent,computed,ref,watch } from 'vue';
    import {useStore} from "vuex";
    export default defineComponent({
        name:'search',
        props:{
            //是否显示搜索组件
            show:{
                type:Boolean,
                default:false
            },
            //是否在菜品搜索页面进行搜索
            isLocal:{
                type:Boolean,
                default:false
            }
        },
        setup(props:any,conText:any){
            let store:any=useStore();//启用Vuex
            //获取Vuex是否在iPhone X中运行
            let isIpx:any=computed(()=>store.state.system.isIpx);
            //获取Vuex中的搜索的关键词
            let kwords:any=computed(()=>store.state.search.kwords);
            let historyKwords:any=computed(()=>store.state.search.
historyKwords);//获取Vuex中的历史搜索关键词
            let isFocus:any=ref(false);//input是否自动获取焦点
            //隐藏搜索组件
            let close:Function=()=>{
                conText.emit("close");
            }
```

```
//监听props内部show的变化
watch(()=>props.show,(newVal:boolean,oldVal:boolean)=>{
    //延迟300ms，可以实现input组件获取焦点
    setTimeout(()=>{
        isFocus.value=newVal;
    },300);
})

//设置关键词
let setKwords:Function=(e:any)=>{
    //触发store/search/index.ts文件中mutations内部的SET_KWORDS方法
    store.commit("search/SET_KWORDS",{kwords:e.target.value});
}

//跳转到菜品搜索页面
let goSearch:Function=(event:any,kwordsVal:string)=>{
    let keyWords=kwordsVal || kwords.value;//如果有热门或历史搜索关键词，
//则获取此搜索关键词，否则为input组件输入的搜索关键词
    if(keyWords){
        close();//隐藏搜索组件
        //触发store/search/index.ts文件中mutations内部的SET_
        //HISTORY_KWRODS方法
        store.commit("search/SET_HISTORY_KWRODS",{kwords:
keyWords});//添加搜索的关键词到Vuex中
        if(props.isLocal){//如果在菜品搜索页面进行搜索
            //重定向跳转
            uni.redirectTo({
            url:'/pages/search/index?kwords='+keyWords+''
            });
        }else {//如果在其他页面进行搜索，如首页
            //打开新页面跳转
            uni.navigateTo({
                url: '/pages/search/index?kwords=' + keyWords + ''
            });
        }
    }else{
        uni.showToast({
            title:"请输入搜索词",
            icon:"none",
            duration:2000
        })
    }
}
```

```
            //清除历史搜索记录
            let clearHistoryKeywords:Function=()=>{
                uni.showModal({
                    title: '',
                    content: '确认要清除历史记录吗? ',
                    success: (res:any)=> {
                        if (res.confirm) {
                            //触发store/search/index.ts文件中mutations内部的
                            //CLEAR_KWORDS方法
                            store.commit("search/CLEAR_KWORDS");
                        } else if (res.cancel) {

                        }
                    }
                });
            }
        return{
          close,
          isIpx,
          isFocus,
          setKwords,
          kwords,
          goSearch,
          historyKwords,
          clearHistoryKeywords
          }
        }
    })
</script>

<style scoped>
//样式代码请查看源码包
</style>
```

以上代码注释很清晰，请读者仔细阅读。接下来在首页中使用该组件，在pages/main/main.vue文件中新增的代码如下：

```
<template>
    <view class="page">
        <view class="status_bar bg-color"></view>
        <view class="header">
            <view :class="{'search-header':true,'ipx':isIpx}"
            @click="isShow=true">
                <view class="search-wrap">
```

```
                    <view class="icon"></view>
                    <view class="search">输入商家名或菜品</view>
                </view>
            </view>
        </view>
        ...
        <Search :show="isShow" @close="isShow=false"></Search>
    </view>
</template>

<script lang="ts">
    ...
    import Search from "../../components/search";
    export default defineComponent({
        name: "main-component",
        ...
        //引入组件
        components:{
            Search
        },
        setup(){
            ...
            let isShow:any=ref(false);//是否显示搜索组件
            ...

            return {
                ...
                isShow
            }
        }
    })
</script>
...
```

　　以上加粗代码为新增代码，导入Search组件，在components内注册组件，并在视图中调用Search组件，添加自定义属性show和自定义事件close，这样即可实现显示与隐藏Search组件。

11.3.2　热门搜索

　　热门搜索需要请求服务端数据，在api文件夹下创建search/index.ts文件，该文件中的代码如下：

```
import config from "../../static/js/conf/config";
```

```
import {request} from "../../static/js/utils/request";
//获取热门搜索关键词
export function getHotKeywordsData(data:object){
    return request(config.baseApi+"/v1/search/hotkeywords","get",data);
}
```

getHotKeywordsData()函数可以从服务端接口获取热门搜索关键词数据。接下来对接到Vuex中，在store/search/index.ts文件中新增的代码如下：

```
import {getHotKeywordsData} from "../../api/search";
export default {
    namespaced:true,
    state:{
        ...
        hotKeywords:[]//热门搜索关键词
    },
    mutations:{
        ...
        //设置热门搜索关键词
        ["SET_HOTKEYWORDS"](state:any,payload:{hotKeywords:any []}){
            state.hotKeywords=payload.hotKeywords;
        }
    },
    actions:{
        //显示热门搜索关键词
        getHotKeywords(conText:any,payload:{}){
            getHotKeywordsData(payload).then((res:any)=>{
                if(res.code==200){
                    conText.commit("SET_HOTKEYWORDS",{hotKeywords:res.data});
                }else{
                    conText.commit("SET_HOTKEYWORDS",{hotKeywords:[]});
                }
            })
        }
    }
}
```

以上加粗代码为新增代码，state内部的hotKeywords属性值可以存储热门搜索的关键词；mutations内部的SET_HOTKEYWORDS方法可以设置state内部hotKeywords的属性值；actions内部的getHotKeywords()方法内部的getHotKeywordsData()函数可以从服务端接口获取热门搜索关键词的数据，并使用commit提交SET_HOTKEYWORDS，将数据保存到state.hotKeywords中。

接下来对接到components/search/index.vue文件中，该文件中新增的代码如下：

```
<template>
    <view class="page" v-show="show">
        ...
        <view class="search-main">
            ...
            <view class="search-area" v-if="hotKeywords.length>0">
                <view class="search-name-wrap">
                    <view class="search-name">热门搜索</view>
                </view>
                <view class="search-kwords">
                    <view class="kwords" v-for="(item,index) in hotKeywords"
:key="index" @click="goSearch($event,item.title)">{{item.title}}</view>
                </view>
            </view>
        </view>
    </view>
</template>

<script lang="ts">
    ...
    import {useStore} from "vuex";
    export default defineComponent({
        name:'search',
        ...
        setup(props:any,conText:any){
            ...
            //触发Vuex内部的getHotKeywords()方法获取服务端热门搜索关键词数据
            store.dispatch("search/getHotKeywords");
            //获取Vuex内部的热门搜索关键词数据，目的是渲染到视图中
                let hotKeywords:any=computed((()=>store.state.search.
hotKeywords);
            return{
                ...
                hotKeywords
            }
        }
    })
</script>
...
```

以上加粗代码为新增或修改的代码，Vue.js 3模式下异步获取数据可以直接写在setup()函数内部。

11.4　菜品搜索

　　11.3节开发了菜品搜索组件，在菜品搜索组件中输入要搜索的关键词，即可跳转到菜品搜索页面并显示相关菜品，默认显示距离用户最近的商铺里的菜品。点击菜品，进入该商铺的菜品展示页面，然后进行下单即可。菜品搜索页面演示效果如图11-6所示。

图 11-6　菜品搜索页面演示效果

　　菜品搜索的接口在"接口文档"文件夹下的"搜索.docx"文件中。下面讲解对接数据显示附近商铺的菜品的开发流程。

　　在pages文件夹下创建search/index.vue文件，然后配置路由。pages.json文件中新增的代码如下：

```
{
    "pages": [
        ...
        {
            "path": "pages/search/index",
            "style": {
                "navigationBarTitleText": "搜索",
                "navigationStyle": "custom",
                "disableScroll": false
            }
```

```
        }
    ],
    ...
}
```

获取服务端请求，api/search/index.ts文件中新增的代码如下：

```
...
//搜索菜品
export function getSearchGoodsData(data:object) {
    return request(config.baseApi+"/v1/search/goods","get",data);
}
```

getSearchGoodsData()函数可以从服务端接口获取到搜索菜品名称返回的菜品数据。接下来对接到Vuex中，store/search/index.js文件中新增的代码如下：

```
import {getHotKeywordsData,getSearchGoodsData} from "../../api/search";
export default {
    namespaced:true,
    state:{
        ...
        searchGoods:[],//菜品搜索数据列表
    },
    mutations:{
        ...
        //设置菜品搜索数据
        ["SET_SEARCH_GOODS"](state:any,payload:any []){
            state.searchGoods=payload.searchGoods;
        },
        //设置菜品搜索分页数据
        ["SET_SEARCH_GOODS_PAGE"](state:any,payload:any){
            state.searchGoods.push(...payload.searchGoods);
        }
    },
    actions:{
        ...
        //搜索菜品
        getSearchGoods(conText:any,payload:{page:number,kwords:string,
                    lng:number,lat:number,success?:Function}){
            getSearchGoodsData(payload).then((res:any)=>{
                if(res.code==200){
                    conText.commit("SET_SEARCH_GOODS",{searchGoods:res.data});
                    if(payload.success){
                        payload.success(res.pageinfo.pagenum);
```

```
                    }
                }else{
                    conText.commit("SET_SEARCH_GOODS",{searchGoods:[]});
                }
            })
        },
        //菜品搜索分页数据
        getSearchGoodsPage(conText:any,payload:{page:number,kwords:string,
                        lng:number,lat:number,success?:Function}){
            getSearchGoodsData(payload).then(res=>{
                if(res.code==200){
                    conText.commit("SET_SEARCH_GOODS_PAGE",{searchGoods:res.
                                data});
                }
            })
        },
    }
}
```

以上加粗代码为新增代码，state内部的searchGoods属性值可以存储搜索菜品返回的数据。mutations内部的SET_SEARCH_GOODS方法可以设置state内部的searchGoods的属性值；SET_SEARCH_GOODS_PAGE方法内部使用的push()方法可以为state.searchGoods数组添加新的值，用于上拉加载数据。actions内部的getSearchGoods()方法可以获取服务端返回的数据，并使用commit提交到SET_SEARCH_GOODS中，将数据存储到state.searchGoods中；getSearchGoodsPage()方法可以获取服务端的数据，使用commit提交到SET_SEARCH_GOODS_PAGE中，在state.searchGoods数组中添加新的值。

接下来将Vuex对接到pages/search/index.vue文件中，该文件中的代码如下：

```
<template>
    <view class="page">
        <view class="status_bar bg-color"></view>
        <view :class="{nav:true,wechat:true,ipx:isIpx}">
            <view class="back" @click="back()"></view>
            <view class="title">搜索</view>
        </view>
        <view :class="{header:true,ipx:isIpx}">
        <view :class="{'search-header':true}">
            <view class="search-wrap" @click="isShow=true">
                <view class="icon"></view>
                <view class="search">输入商家名或菜品</view>
            </view>
        </view>
```

```html
            </view>
        <view :class="{main:true,ipx:isIpx}" v-if="searchGoods.length>0">
                <view class="goods-wrap" v-for="(item,index) in searchGoods"
:key="index" @click="replacePage('/pages/goods/index?branch_shop_id='+item.
branch_shop_id+'&gid='+item.gid+'')">
                    <view class="shop">
                        <view class="shop-name">{{item.branch_shop_name}}</view>
                        <view class="distance">{{item.distance}}</view>
                    </view>
                    <view class="goods-list">
                        <view class="image"><image :src="item.image"></image>
                        </view>
                        <view class="goods-info">
                            <view class="goods-title">{{item.title}}</view>
                            <view class="sales">销量:{{item.sales}}</view>
                            <view class="price-wrap">
                                <view class="price"> ¥{{item.price}}</view>
                            </view>
                        </view>
                    </view>
                </view>
        </view>
        <view class="no-data" v-if="searchGoods.length<=0">没有相关菜品!
        </view>
        <Search :show="isShow" @close="isShow=false" :isLocal="true">
        </Search>
    </view>
</template>

<script lang="ts">
    import { defineComponent,computed,ref } from 'vue';
    import {onShow,onLoad,onReachBottom} from "@dcloudio/uni-app"; //导入uni-app
    import {useStore} from "vuex";
    import Search from "../../components/search";
    export default defineComponent({
        name:'search',
        //引入组件
        components:{
            Search
        },
        setup(){
            let store:any=useStore();//启用Vuex
```

```typescript
//获取Vuex是否在iPhone X中运行
let isIpx:any=computed(()=>store.state.system.isIpx);
let searchGoods:any=computed(()=>store.state.search.
                                searchGoods);//菜品搜索的数据
let isShow:any=ref(false);//是否显示搜索组件
let kwords:string="";//获取搜索的关键词
let maxPage:number=0;//总分页数
let curPage:number=1;//当前页码
let lng:number=0;//经度
let lat:number=0;//纬度
onLoad((opts:any)=>{
    //如果URL地址有kwords属性，则获取其值，否则为空
    kwords=opts.kwords?opts.kwords:"";
})
onShow(()=>{
    //获取地理位置的坐标
    uni.getLocation({
        type: 'gcj02',
        complete: (res:any)=> {
            lng=res.longitude;//经度
            lat=res.latitude;//纬度
            //获取菜品搜索的数据
            store.dispatch("search/getSearchGoods",{page:1,kwords
:kwords,lng:lng?lng:0,lat:lat?lat:0,success:(pageNum:number)=>{
                    maxPage=pageNum;//获取总分页数
                }})
        }
    });
})
//上拉加载数据
onReachBottom(()=>{
    //如果当前页面小于总页数
    if(curPage<=maxPage){
        curPage++;//当前页码+1
        //调用Vuex菜品搜索分页显示数据的方法
        store.dispatch("search/getSearchGoodsPage",{page:curPage,
kwords:kwords,lng:lng?lng:0,lat:lat?lat:0});
    }
})
//返回上一页
let back:Function=()=>{
```

```
                    uni.navigateBack({
                        detail:1
                    })
                }
                //跳转页面
                let replacePage:Function=(url:string)=>{
                    uni.redirectTo({
                        url:url
                    })
                }
                return{
                isIpx,
                isShow,
                searchGoods,
                back,
                replacePage
                }
            }
        })
    </script>

    <style scoped>
    //样式代码请查看源码包
    </style>
```

在onShow()函数内使用getLocation()函数获取地理位置的坐标，并在complete回调函数内部调用getSearchGoods()方法，将搜索的关键词、地理位置的经度和纬度以对象形式的参数传递进去，获取附近商铺的菜品。在onReachBottom()函数内部可以实现上拉加载数据的功能。

11.5 点餐

点餐页面是整个项目的核心部分，此页面的功能有选择单品或套餐、加入购物车计算总价、商家信息展示，并在地图上显示商家所在位置。如果是堂食点餐，则使用微信扫描二维码直接进入此页面即可；如果是自提点餐，则可以从首页点击商家进入此页面或者从菜品搜索页面点击菜品进入此页面。商家菜品展示页面演示效果如图11-7所示。

图 11-7　商家菜品展示页面演示效果

图11-7演示的是正式运营的项目，功能一直在迭代开发，所以有积分商城功能。由于本书实战开发项目是该程序的初版，因此没有积分商城功能。

商家菜品展示页面的接口在"接口文档"文件夹下的"菜品展示.docx"文件中。

11.5.1　开发点餐页面

扫一扫，看视频

首先开发静态页面和所需的js效果，完成静态页面；然后对接服务端数据。在pages文件夹下创建goods/index.vue文件，创建完成后配置路由，pages.json文件中新增的代码如下：

```
{
    "pages": [
        ...
        {
            "path": "pages/goods/index",
            "style": {
                "navigationBarTitleText": "点餐",
                "navigationStyle": "custom",
                "disableScroll": true,
                "navigationBarTextStyle": "black"
            }
        }
    ],
    ...
}
```

路由配置完成，接下来开发点餐页面，pages/good/index.vue文件中的代码如下：

```
<template>
    <view class="page">
        <view class="status_bar">
            <view class="bar-bg"></view>
        </view>
        <view :class="{header:true,ipx:false,official:true}">
            <view :class="{'mp-wrap':true,ipx:false}">
                <view class="mp-logo">
                    <image src="../../static/images/common/logo.jpg"></image>
                </view>
                <view class="info">
                    <view class="name">好运买点餐</view>
                    <view class="desc">关注公众号，下次可在公众号中"点餐"！</view>
                    <view class="focus" @click="pushPage('/pages/main/
                    focus')">关注</view>
                </view>
            </view>
        </view>
        <view class="business-wrap">
            <view class="business-info">
                <view class="business-logo">
                    <image src="https://diancan.lucklnk.com/businessfiles/
                    logo/1593255093.png"></image>
                </view>
                <view class="business-name">××烧烤</view>
                <view class="notice">公告：营业时间10:00-23:00</view>
                    <view class="home" @click="replacePage('/pages/main/
                    main')"></view>
            </view>
        </view>
        <view class="tags">
            <view class="item-wrap">
                    <view :class="{item:true,active:goodsAction}" @
click="changeTab(true,false)">点餐</view>
                    <view :class="{item:true, active:businessAction}" @
click="changeTab(false,true)">商家</view>
            </view>
            <view class="tags-handle">
                <view class="myorder">
                    <view class="myorder-icon"></view>
```

```html
                    <view class="text">订单</view>
                </view>
                <view class="line"></view>
                <view class="my" @click="pushPage('/pages/my/index?branch_
                    shop_id='+branch_shop_id+'&table_code='+table_code+'')">
                </view>
            </view>
        </view>
        <!--菜品展示组件-->
        <goods :isShow="goodsAction" :branchShopId="branch_shop_id"
:gid="gid"></goods>
        <!--商家信息组件-->
        <business-info :isShow="businessAction" :branchShopId="branch_shop_
id"></business-info>
        <!--只有在菜品展示组件显示的情况下，才显示购物车导航-->
        <view class="cart-main" v-show="goodsAction">
            <view class="handle-cart">
                <view class="cart-cle">
                    <view class="cart-cle-2">
                        <view class="cart-icon" id="cart-icon">
                            <view class="badge">5</view>
                        </view>
                    </view>
                </view>
                <view class="total"> ￥100</view>
            </view>
            <view class="line"></view>
            <view class="submit">
                <template v-if="false">提交订单 &gt;</template>
                <template v-else>未选购商品</template>
            </view>
        </view>
    </view>
</template>

<script lang="ts">
    import { defineComponent,ref} from 'vue';
    import {onLoad} from "@dcloudio/uni-app";//导入uni-app
    import Goods from '../../components/goods';
    import BusinessInfo from '../../components/business/info';
    //onLoad页面传过来的参数格式接口
```

```
interface IOnLoadOpts{
    branch_shop_id:string,//分店的id数据类型为string
    table_code:string,//桌号数据类型为string
    gid:string//菜品的id数据类型为string
}
//由于变量branch_shop_id、table_code需要在onShareAppMessage()函数内部使用,
//需要将其定义为全局变量,不要写在setup()函数内部
let branch_shop_id:any=ref("");//分店的id
let table_code:any=ref("");//桌号
export default defineComponent({
    name:'goods',
    //分享此页面
    onShareAppMessage(res:any){
        if (res.from === 'menu') {
            return {
                title: '好运买点餐',
                path: '/pages/goods/index?branch_shop_id='+branch_
shop_id. value+'&table_code='+table_code.value+''
            }
        }
    },
    components:{
        Goods,
        BusinessInfo
    },
    setup(){
        let goodsAction:any=ref(true);//是否显示菜品展示组件
        let businessAction:any=ref(false);//是否显示商家信息组件
        let gid:any=ref("");//菜品的id

        onLoad((opts:IOnLoadOpts)=>{
            branch_shop_id.value=opts.branch_shop_id?opts.branch_shop_
            id:"";//分店的id
            table_code.value=opts.table_code?opts.table_code:"";//桌号
            //菜品的id, 从搜索菜品页面进入此页面会有gid
            gid.value=opts.gid?opts.gid:"";
        })
        //打开新页面跳转
        let pushPage:Function=(url:string)=>{
            uni.navigateTo({
                url:url
```

```
            })
        }
        //重定向跳转
        let replacePage:Function=(url:string)=>{
            uni.redirectTo({
                url:url
            })
        }
        //菜品组件和商家信息组件切换显示
        let changeTab:Function=(goodsActionVal:boolean,
                                businessActionVal:boolean)=>{
            goodsAction.value=goodsActionVal;
            businessAction.value=businessActionVal;
        }

        return{
        branch_shop_id,
        table_code,
        goodsAction,
        businessAction,
        gid,
        pushPage,
        replacePage,
        changeTab
        }
    }
})
</script>

<style scoped>
//样式代码请查看源码包
</style>
```

　　以上代码实现了静态布局，可以看到此代码中有两个组件，分别是Goods（菜品展示组件）和BusinessInfo（商家信息组件）。接下来在components文件夹下分别创建goods/index.vue和business/info.vue文件。

11.5.2　开发菜品展示组件

扫一扫，看视频

　　菜品展示组件预览效果如图11-8所示。

图 11-8　菜品展示组件预览效果

　　菜品展示组件左侧是菜品分类数据，右侧是菜品展示数据。这里为了开发方便，直接从服务端接口请求数据。为了组件后期的可维护性及扩展性，尽量不要在组件内部请求数据，可以在父组件中请求数据，然后传值到子组件。这里在pages/goods/index.vue文件中请求菜品数据。首先从服务端接口请求数据，在api文件夹下创建goods/index.ts文件，该文件中的代码如下：

```
import config from "../../static/js/conf/config";
import {request} from "../../static/js/utils/request";

//菜品分类
export function getClassifyData(branch_shop_id){
    return request(config.baseApi+"/v1/goods/classify","post",{branch_shop_
id: branch_shop_id});
}

//菜品展示
export function getGoodsData(branch_shop_id){
    return request(config.baseApi+"/v1/goods/show","post",{branch_shop_id:
branch_shop_id});
}
```

　　getClassifyData()函数可以从服务端接口获取菜品分类的数据，getGoodsData()函数可以从服务端接口获取菜品数据。接下来对接到Vuex中，在store文件夹下创建goods/index.ts文件，该文件中的代码如下：

```
import {getClassifyData,getGoodsData} from "../../api/goods";
//定义一个actions内部参数payload类型接口
interface IActionPayload{
    branch_shop_id:string,
    success?:Function
}
export default {
```

```
        namespaced:true,
        state:{
            classifys:[],//菜品分类
            goods:[]//菜品展示
        },
        mutations:{
            //设置菜品分类
            ["SET_CLASSIFY"](state:any,payload:{classifys:any []}){
                state.classifys=payload.classifys;
            },
            //设置菜品展示
            ["SET_GOODS"](state:any,payload:{goods:any []}){
                state.goods=payload.goods;
            },
            //设置菜品数量
            ["SET_AMOUNT"](state:any,payload:any){
                level1:
                for(let i=0;i<state.goods.length;i++){
                    level2:
                    for(let j=0;j<state.goods[i].goods.length;j++){
                        //源数据套餐属性
                        let newMealItems:string=(state.goods[i].goods[j].new_
                        meal_items && state.goods[i].goods[j].new_meal_items.
                        length)>0?JSON.stringify(state.goods[i].goods[j].
                        new_meal_items):"";
                        //传入的套餐属性
                        let curNewMealItems:string=(payload.new_meal_items &&
                        payload.new_meal_items.length)>0?JSON.stringify(payload.
                        new_meal_items):"";
                        //如果有相同的单品或套餐
                        if(state.goods[i].goods[j].gid==payload.gid  &&
newMealItems==curNewMealItems){
                            //更新数量
                            state.goods[i].goods[j].amount=parseInt(payload.amount);
                            //验证数量格式必须为数字,这里需要使用setTimeout延迟,
                            //否则无法验证
                            setTimeout(()=>{
                            state.goods[i].goods[j].amount=parseInt(state.goods[i].
                            goods[j].amount.toString().replace(/[^\d]/g,""));
                            },30);
                            //如果数量为空或为0,则强制设置数量为1
                            if(!state.goods[i].goods[j].amount || state.
                            goods[i].goods[j].amount==0){
```

```
                        state.goods[i].goods[j].amount=1;
                    }
                    break level1;//结束最外层循环
                }
            }
        }
    },
    //显示数量input
    ["SHOW_AMOUNT_INPUT"](state:any,payload:{index:number,index2:number}){
        //显示input
        state.goods[payload.index].goods[payload.index2].isAmountInput=true;
        //input获取焦点
        state.goods[payload.index].goods[payload.index2].isAmountInputFocus=true;
    },
    //隐藏数量input
    ["HIDE_AMOUNT_INPUT"](state:any,payload:{index:number,index2:number}){
        state.goods[payload.index].goods[payload.index2].isAmountInput=false;
        state.goods[payload.index].goods[payload.index2].isAmountInputFocus=false;
    },
    //设置某一个菜品的位置
    ["SET_GOODS_POISTION"](state:any,payload:{index:number,position:numbe
r,top:number,left:number}){
        state.goods[payload.index].position=payload.position;
        state.goods[payload.index].top=payload.top;
        state.goods[payload.index].left=payload.left;
    }
},
actions:{
    //显示左侧分类
    getCalssifys(conText:any,payload:IActionPayload){
        getClassifyData(payload.branch_shop_id).then((res:any)=>{
            if(res.code==200){
                for(let i=0;i<res.data.length;i++){
                    if(i==0){
                        res.data[i].active=true;//选中分类时的样式
                    }else {
                        res.data[i].active = false;
                    }
                    //goodsTop、goodsHeight、top可以实现点击分类定位到相关的菜品
                    res.data[i].goodsTop=0;//该分类对应菜品距顶部的距离
                    res.data[i].goodsHeight=0;//该分类对应菜品的高
                    res.data[i].top=0;//该分类距顶部的距离
                }
```

```
                        conText.commit("SET_CLASSIFY",{classifys:res.data});
                    }else{
                        conText.commit("SET_CLASSIFY",{classifys:[]});
                    }
                    if(payload.success){
                        payload.success();
                    }
                })
        },
        //显示新上架或下架的菜品
        getNewGoods(conText:any,payload:IActionPayload){
            getGoodsData(payload.branch_shop_id).then((res:any)=>{
                if(res.code==200){
                    if(payload.success){
                        payload.success(res.data);
                    }
                }
            })
        },
        //显示菜品
        getGoods(conText:any,payload:IActionPayload){
            getGoodsData(payload.branch_shop_id).then((res:any)=>{
                if(res.code==200){
                    for(let i=0;i<res.data.length;i++){
                        res.data[i].top=0;//CSS样式position的top
                        res.data[i].left=0;//CSS样式position的left
                        //动态改变CSS样式的position的值
                        res.data[i].position="static";
                      for(let j=0;j<res.data[i].goods.length;j++){
                        res.data[i].goods[j].itemTop=0;//每个菜品的top
                            res.data[i].goods[j].amount=0;//菜品数量
                            res.data[i].goods[j].new_meal_items=[];//套餐规格
                            //是否显示数量输入框
                            res.data[i].goods[j].isAmountInput=false;
                            //数量输入框焦点
                            res.data[i].goods[j].isAmountInputFocus=false;
                            //重组套餐菜品中的规格，用于判断购物车中的套餐是否相同
                            if(res.data[i].goods[j].meal_items){
                              for(let k=0;k<res.data[i].goods[j].meal_
                                items.length;k++){
                                    res.data[i].goods[j].new_meal_items.push
({"gid":res.data[i].goods[j].meal_items[k].gid})
                                }
```

```
                    }
                }
            }
            conText.commit("SET_GOODS",{goods:res.data});
            if(payload.success){
                payload.success(res.data);
            }
        }else{
            conText.commit("SET_GOODS",{goods:[]});
        }
    })
    }
    }
}
```

state内部的属性classifys为菜品分类，goods为菜品展示，其值为数组类型；mutations内部的方法可以响应式地实现设置菜品分类、菜品展示、菜品数量、显示和隐藏数量input输入框以及某一个菜品的位置；actions内部的方法可以异步请求服务端数据。

注册到Vuex的模块中，在store/index.js文件中新增的代码如下：

```
...
import goods from './goods';
export default createStore({
    modules:{
        ...
        goods
    }
})
```

将Vuex对接到pages/goods/index.vue文件中，新增代码如下：

```
<template>
    <view class="page">
        ...
        <!--菜品展示组件-->
        <goods :isShow="goodsAction" :branchShopId="branch_shop_id" :
        gid="gid" :amount="amount" @setAmount="setAmount" @showAmountInput=
        "showAmountInput" :classifysData="classifys" :goodsData="goods" :
        shelfGoods="shelfGoods"></goods>
        ...
    </view>
</template>

<script lang="ts">
```

```
import { defineComponent,ref,computed} from 'vue';
import {onLoad,onShow} from "@dcloudio/uni-app";//导入uni-app
import {useStore} from "vuex";
...
export default defineComponent({
    name:'goods',
    ...
    setup(){
        let goodsAction:any=ref(true);//是否显示菜品展示组件
        let businessAction:any=ref(false);//是否显示商家信息组件
        let gid:any=ref("");//菜品的id
        let amount:any=ref(0);//菜品数量
        let shelfGoods:any=ref(false);//是否有上架或下架的菜品
        let store=useStore();
        let goods:any=computed(()=>store.state.goods.goods);//菜品展示数据
        //菜品分类数据
        let classifys:any=computed(()=>store.state.goods.classifys);
        onLoad((opts:IOnLoadOpts)=>{
            branch_shop_id.value=opts.branch_shop_id?opts.branch_shop_
                            id:"";//分店的id
            table_code.value=opts.table_code?opts.table_code:"";//桌号
            //菜品的id，从搜索菜品页面进入此页面会有gid
            gid.value=opts.gid?opts.gid:"";
            //调用Vuex内部的分类方法
            store.dispatch("goods/getCalssifys",{branch_shop_id:
                branch_shop_id.value,success:()=>{
                //要在这里调用显示菜品，解决异步获取dom的问题
                    store.dispatch("goods/getGoods",{branch_shop_id:
branch_shop_id.value});
                }});

        })

        onShow(()=>{
            //如果有菜品
            if(goods.value && goods.value.length>0){
                //获取上架或下架的菜品
                store.dispatch("goods/getNewGoods",{branch_shop_id:
branch_shop_id.value,success:(data:any [])=>{
                    for (let i = 0; i < goods.value.length; i++) {
                        //是否有新上架或下架的菜品
                        if (goods.value[i].goods.length != data[i].goods.length) {
```

```
                    shelfGoods.value=true;//有上架或下架的菜品
                    //先清空Vuex中的菜品数据，再重新获取菜品数据，解决scroll-view
                    //无法重新计算高度的问题
                    //清空vuex中的菜品数据
                    store.commit("goods/SET_GOODS",{goods:[]});
                    //有新上架或下架的菜品时重新获取数据
                    store.dispatch("goods/getGoods",{branch_shop_id:
                              branch_shop_id.value});
                        break;
                    }
                }
            }})
        }
    })
    //显示数量输入框
    let showAmountInput:Function=(index:number,index2:number)=>{
        store.commit("goods/SHOW_AMOUNT_INPUT",{index,index2});
    }
    //修改数量
    let setAmount:Function=(e:any,gid:string,new_meal_items:string,
meal_items:string,index:number,index2:number)=>{
        amount.value=parseInt(e.target.value);
        //设置菜品数量
        store.commit("goods/SET_AMOUNT",{amount:amount.
value,gid,new_meal_items:new_meal_items});
        if(index!=undefined && index2!=undefined){
            //隐藏输入框
            store.commit("goods/HIDE_AMOUNT_INPUT",{index,index2});
        }
    }
    ...
    return{
        ...
        amount,
        shelfGoods,
        goods,
        classifys,
        showAmountInput,
        setAmount
    }
    }
})
```

```
</script>
<style scoped>
    ...
</style>
```

以上加粗代码为新增代码。接下来开发菜品展示组件，components/goods/index.vue文件中的代码如下：

```html
<template>
    <view class="goods-area" v-show="isShow">
        <view class="goods-main">
            <!--菜品分类-->
            <scroll-view id="classify" scroll-with-animation="true" scroll-y="true" :scroll-top="classifyScrollTop" class="classify">
                <view :class="{item:true, active:item.active}" v-for="(item,index) in classifys" :key="item.cid" @click="clickClassify(index)">
                    <view>{{item.title}}</view>
                </view>
                <view style="height:170rpx;"></view>
            </scroll-view>
            <!--菜品展示-->
            <scroll-view scroll-y="true" id="goods-wrap" class="goods-wrap" scroll-with-animation="true" :scroll-top="goodsScrollTop" @scroll="eventGoodsScroll">
                <view class="goods-classify">
                    <block v-for="(item,index) in goods" :key="item.cid">
                        <view class="goods-classify-wrap">
                            <view class="classify-name" :style="{position:item.position,left:item.left+'px',top:item.top+'px',zIndex:10}">{{item.title}}</view>
                            <view class="goods-list-wrap">
                                <view class="goods-list" v-for="(item2,index2) in item.goods" :key="item2.gid">
                                    <view class="image"><image :lazy-load="true" :src="item2.image"></image></view>
                                    <view class="goods-info">
                                        <view class="goods-title">{{item2.title}}</view>
                                        <view class="sales">销量:{{item2.sales}}</view>
                                        <!--如果是套餐-->
                                        <view class="meal" v-if="item2.is_meal=='1'">
                                            <view class="price">￥15</view>
                                            <view class="meal-buy">购买</view>
                                        </view>
                                        <!--如果不是套餐-->
```

```
<view class="price-wrap" v-else>
    <view class="price">¥{{item2.price}}</view>
    <view class="amount">
        <!--如果没有库存-->
        <template v-if="item2.stock<=0">
            <view class="handle-amount">
            <text>已售光</text>
        </view>
    </template>
    <!--
    如果菜品售卖于全部时间段
     -->
        <template v-else-if="item2.sell_time_type=='0'">
            <view class="handle-amount">
            <!--如果数量大于0，显示减号-->
            <view class="dec"></view>
            <!--为了防止scroll-view组件内使用input卡
顿的问题，使用view组件显示数量。单击该组件，显示input输入框，并隐藏view组件。输入完成后
使用@blur事件，隐藏input组件，显示view组件-->
                <view class="text"
v-if="!item2.isAmountInput" @click.stop="showAmountInput(index,index2)">
{{item2.amount}}</view><input v-if="item2.isAmountInput" :value="item2.
amount" :focus="item2.isAmountInputFocus" type="number" @click.stop=""
@blur="setAmount($event,item2.gid,item2.new_meal_items,item2.meal_
items,index,index2)" />
                        <view class="inc"></view>
            </view>
        </template>
        <!--如果菜品售卖于自定义时间段-->
        <template v-else>
            <!--在售卖期-->
            <template v-if="item2.sell_status=='1'">
                <view class="handle-amount">
                    <view class="dec"
v-if="item2.amount>0"></view>

                    <view class="text"
v-if="!item2.isAmountInput">{{item2.amount}}</view><input v-if="item2.
isAmountInput" :focus="item2.isAmountInputFocus" :value="item2.amount"
type="number" @click.stop="" @blur="setAmount($event,item2.gid,item2.new_
meal_items,item2.meal_items,index,index2)" />
                    <view class="inc"></view>
                </view>
```

```html
                                              </template>
                                              <template v-else>
                                                  <text>非可售时间</text>
                                              </template>
                                          </template>
                                      </view>
                                  </view>
                              </view>
                          </view>
                      </view>
                  </block>
              </view>
              <view style="width:100%;height:190rpx;"></view>
          </scroll-view>
      </view>
          <!-- <goods-details :show="isShowGoodsDetails"
:branchShopId="branchShopId"></goods-details> -->
      </view>
</template>

<script lang="ts">
    import { defineComponent,ref,watch,getCurrentInstance } from 'vue';
    import {useStore} from "vuex";
    export default defineComponent({
        name:'goods-component',
        props:{
            //是否显示菜品组件
            isShow:{
                type:Boolean,
                default:true
            },
            //分店的id
            branchShopId:{
                type:String,
                default:""
            },
            //菜品分类数据
            classifysData:{
                type:Array,
                default: ()=>[]
```

```
        },
        //菜品展示
        goodsData:{
            type:Array,
            default:()=>[]
        },
        //菜品的gid
        gid:{
            type:String,
            default:""
        },
        //菜品数量
        amount:{
            type:Number,
            default:0
        },
        //是否有上架或下架的菜品
        shelfGoods:{
            type:Boolean,
            default:false
        }
    },
    setup(props:any,conText:any){
        const instance=getCurrentInstance();//获取组件实例
        let store=useStore();//启用Vuex
        //视图中id值为goods-wrap的scroll-view组件属性scroll-top的值
        let goodsScrollTop:any=ref(0);
        //视图中id值为classify的scroll-view组件属性scroll-top的值
        let classifyScrollTop:any=ref(0);
        let isShowGoodsDetails:any=ref(false);//是否显示商品详情
        let classifys:any=ref([]);//左侧分类数据
        let goods:any=ref([]);//菜品数据
        //视图中id值为goods-wrap的scroll-view组件的top值
        let goodsWrapTop:number=0;
        //视图中id值为goods-wrap的scroll-view组件的left值
        let goodsWrapLeft:number=0;
        //视图中id值为goods-wrap的scroll-view组件的高
        let goodsWrapHeight:number=0;
        //记录滚动的位置，解决点击分类之后向上滑动，再次点击不滚动的bug
        let tempGoodsScrollTop:number=0;
        let goodsObj:object={};//存放菜品的id属性和值
```

```
                let firstWatchGoods:boolean=true;//第一次监听watch的goodsData发生变化
                //如果父组件的goodsData有菜品，则直接赋值给goods
                if(props.goodsData && props.goodsData.length>0){
                    goods.value=props.goodsData;
                }
                //如果父组件的classifysData有菜品分类，则直接赋值给classifys
                if(props.classifysData && props.classifysData.length>0){
                    classifys.value=props.classifysData;
                }
                //监听props菜品分类数据的变化情况
                watch(()=>props.classifysData,(newVal:any [],oldVal:any [])=>{
                    //将菜品分类数据赋值给data方法内部的classifys属性
                    classifys.value=newVal;
                })
                //监听props菜品数据的变化情况
                watch(()=>props.goodsData,(newVal:any [],oldVal:any [])=>{
                    goods.value=newVal;//将菜品数据赋值给data方法内部的goods属性
                })
                //监听上架或下架的菜品
                watch(()=>props.shelfGoods,(newVal:boolean,oldVal:boolean)=>{
                    if(newVal==true){//如果有上架或下架的菜品
                        //将goodsScrollTop和classifyScrollTop的值设置为0，可以解决更新上架或
                        //下架菜品数据后，从微信的发现栏进入小程序，scroll-view无法滚动到顶部的问题
                        goodsScrollTop.value=0;
                        classifyScrollTop.value=0;
                    }
                })
                //监听ref菜品数据的变化
                watch(goods,(newVal:any [],oldVal:any [])=>{
                    if(firstWatchGoods){
                        firstWatchGoods=false;//只允许第一次监听goodsData数据发生
//变化定位菜品的位置，如后面加入购物车时更改菜品的数量，不再执行菜品定位
//getGoodsPosition()方法，避免造成定位错误
                        getGoodsPosition();//获取菜品的位置
                    }
                })
                //监听ref菜品分类数据的变化情况
                watch(classifys,(newVal:any [],oldVal:any [])=>{
                    //获取菜品分类的位置
                    getClassifyPosition();
                })
```

```
        //获取菜品分类的位置
    let getClassifyPosition:Function=()=>{
        let classify:any=uni.createSelectorQuery().in(instance).
                    select("#classify");
        classify.boundingClientRect((data:any)=>{
            let classifyTop=data.top;//获取视图中id为classify组件的top值
            let classifysInst:any=uni.createSelectorQuery().in
(instance).selectAll("#classify .item");
            classifysInst.boundingClientRect((data:any)=>{
                if(data.length>0){
                    for(let i=0;i<data.length;i++){
                        //计算视图中class为item组件的top值
                        classifys.value[i].top=data[i].top-classifyTop;
                    }
                }
            }).exec();
        }).exec();
    }
        //获取菜品的位置
    let getGoodsPosition:Function=()=>{
        //获取商品最外面的元素高
        let goodsWrap=uni.createSelectorQuery().in(instance).
select("#goods-wrap");
        goodsWrap.boundingClientRect((data:any)=>{
            goodsWrapTop=data.top-1;//视图中id为goods-wrap组件的top值
            goodsWrapLeft=data.left;//视图中id为goods-wrap组件的left值
            goodsWrapHeight=data.height;//视图中id为goods-wrap组件的高
            let classifyName = uni.createSelectorQuery().in
(instance).selectAll(".goods-classify-wrap");
            classifyName.boundingClientRect((data:any)=>{
                let goodsTop=0;
                if(data.length>0){
                    for(let i=0;i<data.length;i++){
                        //计算class为goods-classify-wrap的组件距id为goods-
                        //wrap组件的top值
                        goodsTop=data[i].top-goodsWrapTop;
                        goods.value[i].top=goodsTop;
                        //视图中class为goods-classify-wrap组件的top值
                        classifys.value[i].goodsTop=goodsTop;
                        classifys.value[i].goodsHeight=data[i].
height;//视图中class为goods-classify-wrap组件的高
```

```
                                }
                            }

                    let goodsItems=uni.createSelectorQuery().in
(instance).selectAll(".goods-list");
                    goodsItems.boundingClientRect((data:any)=>{
                        if(data.length>0){
                            let itemIndex=0;
                            for(let i=0;i<goods.value.length;i++){
                                for(let j=0;j<goods.value[i].goods.length;j++){
                                    //视图中class为goods-list组件的top值
                                    goods.value[i].goods[j].itemTop=
data[itemIndex].top;
                                    itemIndex++;
                                    let gid=goods.value[i].goods[j].gid;
                                    //将菜品的gid和值存放到this.goodsObj中,
                                    //目的是从菜品搜索页面进入点餐页面的菜品定位
                                    goodsObj[gid]=goods.value[i].goods[j];
                                }
                            }
                            //定位某个菜品的位置
                            setItemPosition();
                        }
                    }).exec();
                }).exec();
            }).exec();
        }
        //定位某个菜品的位置
        let setItemPosition:Function=()=>{
            //如果路由参数中存在gid,如从菜品搜索页面进入
            if(props.gid && goods.value.length>0){
                //获取视图中class为goods-list组件的top值
                let itemTop=goodsObj[props.gid].itemTop;
                //延迟可以解决scroll-view有时出现的不滚动的bug
                setTimeout(()=>{
                    goodsScrollTop.value=itemTop-goodsWrapTop*1.2;
                },600)
            }
        }
        //监听视图中id值为goods-wrap的scroll-view组件的scroll事件
        let eventGoodsScroll:Function=(e:any)=>{
            if(classifys.value.length>0){
```

```
                    //记录滚动的位置，解决点击分类之后向上滑动，再次点击不滚动的bug
                    tempGoodsScrollTop=e.detail.scrollTop;
                    for(let i=0;i<classifys.value.length;i++){
                        //判断是否滚动到相应的菜品分类
                        if(e.detail.scrollTop>=classifys.value[i].goodsTop-90
    && e.detail.scrollTop<=classifys.value[i].goodsTop+classifys.value[i].
    goodsHeight){
                            //视图中的class的值为item的组件，如果存在active类样式，
                            //则删除active
                            for(let key in classifys.value){
                                if(classifys.value[key].active){
                                    classifys.value[key].active=false;
                                    break;
                                }
                            }
                            //如果滚动到底部
                            //由于parseInt的第一个参数必须是String类型，所以在ts中
    //必须用toString将number数据转换成String类型
                                let offsetScroll:number=parseInt((e.detail.
    scrollTop/e.detail.scrollHeight*100).toString());
                            if(offsetScroll>=88){
                                //视图中的class的值为item的组件，添加active类样式
                                classifys.value[classifys.value.length-1].
                                active=true;
                            }else {//如果没有到底部
                                //视图中的class的值为item的组件，添加active类样式
                                classifys.value[i].active = true;
                            }
                            //菜品分类滚动到相应的菜品位置
                            classifyScrollTop.value=classifys.value[i].top;

                            if(goods.value && goods.value.length>0){
                                for(let key in goods.value){
                                    //如果菜品的标题是固定定位，则更改成静态定位
                                    if(goods.value[key].position=='fixed'){
                                        goods.value[key].position="static";
                                        goods.value[key].top=0;
                                        goods.value[key].left=0
                                        //将更改的属性值同步到Vuex中，解决加入购物
                                        //车时定位错误的问题
                                        store.commit("goods/SET_GOODS_POISTION",
    {index:key,position:"static",top:0,left:0});
```

```
                                                      break;
                                                   }
                                             }
                                             //将菜品的标题设置成固定定位
                                             goods.value[i].position="fixed";
                                             goods.value[i].top=goodsWrapTop;
                                             goods.value[i].left=goodsWrapLeft;
                                             //将更改的属性值同步到Vuex中，解决加入购物车时定位错
                                             //误的问题
                                                   store.commit("goods/SET_GOODS_POISTION",
{index:i,position:"fixed",top:goodsWrapTop,left:goodsWrapLeft});
                                             }
                                        }
                                   }
                             //如果到顶部，则清除所有固定定位
                             if(e.detail.scrollTop<=100){
                                 if(goods.value && goods.value.length>0) {
                                     for (let key in goods.value) {
                                         //如果菜品的标题是固定定位，则更改成静态定位
                                         if (goods.value[key].position == 'fixed') {
                                             goods.value[key].position = "static";
                                             goods.value[key].top = 0;
                                             goods.value[key].left = 0;
                                             //将更改的属性值同步到Vuex中，解决加入购物车时定
                                             //位错误的问题
                                             store.commit("goods/SET_GOODS_POISTION",
{index:key,position:"static",top:0,left:0});
                                             break;
                                         }
                                     }
                                 }
                             }
                        };
                   }
              //点击左侧分类
              let clickClassify:Function=(index:number)=>{
                  if(classifys.value.length>0){
                      for(let i=0;i<classifys.value.length;i++){
                          //视图中的class的值为item的组件，如果存在active类样式，则删
                          //除active
                          if(classifys.value[i].active){
```

```
                            classifys.value[i].active=false;
                            break;
                        }
                    }
                //视图中的class的值为item的组件,添加active类样式
                classifys.value[index].active=true;
                if(index==0){
                    goodsScrollTop=0;
                }else {
                    //解决点击分类之后向上滑动,再次点击不滚动的bug
                    goodsScrollTop.value=tempGoodsScrollTop;
                    //使用延迟,解决视图中id为goods-wrap有时不滚动的bug
                    setTimeout(()=>{
                            goodsScrollTop.value=classifys.value[index].
                            goodsTop-40;
                    },50);
                }
            }
        }
        //显示数量输入框
        let showAmountInput:Function=(index:number,index2:number)=>{
            //执行pages/goods/index.vue文件中的showAmountInput方法
            conText.emit("showAmountInput",index,index2);
        }
        //修改数量
        //gid:菜品的id
        //new_meal_items:套餐规格,用于判断购物车中是否有相同的菜品
        //meal_items:完整套餐规格,用于显示套餐中的菜品明细
        let setAmount:Function=(e:any,gid:string,new_meal_items:string,meal_i
tems:string,index:number,index2:number)=>{
            //执行pages/goods/index.vue文件中的setAmount方法
        conText.emit("setAmount",e,gid,new_meal_items,meal_items,index,
                index2);
        }
    return{
        goodsScrollTop,
        classifyScrollTop,
        isShowGoodsDetails,
        classifys,
        goods,
        eventGoodsScroll,
```

```
            clickClassify,
            showAmountInput,
            setAmount
        }
    }
})
</script>
<style scoped>
//样式代码请查看源码包
</style>
```

此组件的逻辑比较复杂,但代码注释很清晰,请读者仔细阅读。强烈建议结合视频教程学习。需要注意的是,firstWatchGoods全局变量的作用是只允许第一次监听goodsData数据发生变化定位菜品的位置,如加入购物车时更改菜品的数量后,不再执行菜品定位getGoodsPosition()方法,避免造成定位错误。其代码在watch监听的goods数据内实现。

> **注意:**
> 在Vue.js 3中,setup()函数内部是不存在this的,所以当使用uni.createSelectorQuery().in(this)获取组件内部元素的节点信息时,需要将this替换成getCurrentInstance()函数,请看上述加粗代码。

上述代码中有一个goods-details菜品详情组件,11.5.3小节将对此组件进行开发。

11.5.3　开发菜品详情组件

菜品详情组件预览效果如图11-9所示。

扫一扫,看视频

图11-9　菜品详情组件预览效果

在components/goods文件夹下创建details.vue文件,由于该组件比较简单,重用性不是很强,因此可以在该组件中使用Vuex获取服务端数据。首先请求服务端数据,api/goods/index.js文件中新增的代码如下:

```
...
//菜品详情
export function getGoodsDetailsData(data:object){
    return request(config.baseApi+"/v1/goods/details","post",data);
}
```

getGoodsDetailsData()函数可以从服务端接口获取菜品详情数据，接下来对接到Vuex中，store/goods/index.js文件中新增的代码如下：

```
import Vue from "vue";
import {getClassifyData,getGoodsData,getGoodsDetailsData} from "../../api/
goods";
export default {
    namespaced:true,
    state:{
        ...
        goodsDetails:{},//菜品详情数据
    },
    mutations:{
        ...
        //设置菜品详情
        ["SET_GOODS_DETAILS"](state:any,payload:{goodsDetails:object}){
            state.goodsDetails=payload.goodsDetails;
        }
    },
    actions:{
        ...
        //菜品详情
        getGoodsDetails(conText:any,payload:{branch_shop_id:string,
                        gid:string}){
        getGoodsDetailsData(payload).then((res:any)=>{
            if(res.code==200){
                conText.commit("SET_GOODS_DETAILS",{goodsDetails:res.
                    data});
            }
        })
        }
    }
}
```

以上加粗代码为新增代码，state内部的goodsDetails属性值可以存储菜品详情数据；mutations内部的SET_GOODS_DETAILS方法可以设置state内部goodsDetails的属性值；actions内部的getGoodsDetails()方法内部使用getGoodsDetailsData()方法，可以从服务端获取菜品详

情数据，并使用commit提交到SET_GOODS_DETAILS，将数据保存到state.goodsDetails中。

接下来将Vuex对接到components/goods/details.vue文件中，该文件中的代码如下：

```
<template>
    <view>
        <view class="mask" v-show="show" @click="close"></view>
        <view :class="{details:true, show:show}">
            <view class="goods">
                <view class="image">
                    <image :src="goodsDetails.image"></image>
                </view>
                <view class="text">{{goodsDetails.title}}</view>
            </view>
            <view class="goods-info">
                <view class="price-amount">
                    <view class="price">价格:¥{{goodsDetails.price}}</view>
                    <view class="handle-amount">
                        <view class="dec" v-show="amount>0?true:false"></view>
                      <view class="text" v-if="!isAmountInput" @click="showAm
                      ountInput">{{amount}}</view>
                      <input v-if="isAmountInput" :focus= "isAmountInputFocus"
                      value="amount" type="number" @blur="setAmount" />
                        <view class="inc"></view>
                    </view>
                </view>
                <scroll-view scroll-y="true" class="content"><rich-text :
                nodes="goodsDetails.content"></rich-text></scroll-view>
            </view>
        </view>
    </view>
</template>

<script lang="ts">
    import { defineComponent,ref,watch,computed } from 'vue';
    import {useStore} from "vuex";
    export default defineComponent({
        name:'goods-details',
        props:{
            //是否显示组件
            show:{
                type:Boolean,
                default: false
```

```
        },
        //菜品的id
        gid:{
            type: String,
            default: ""
        },
        //分店的id
        branchShopId:{
            type:String,
            default:""
        },
        //菜品数量
        amount:{
            type:Number,
            default:0
        }
    },
    setup(props:any,conText:any){
        let store:any=useStore();
        let isAmountInput:any=ref(false);//是否显示input数量输入框
        let isAmountInputFocus:any=ref(false);//input数量输入框获取焦点
        //菜品详情数据
        let goodsDetails:any=computed(()=>store.state.goods.goodsDetails);
        //监听props菜品id的变化
        watch(()=>props.gid,(newVal:string,oldVal:string)=>{
            //获取菜品详情数据
            store.dispatch("goods/getGoodsDetails",{branch_shop_
            id:props.branchShopId,gid:newVal});
        })
        //隐藏组件
        let close:Function=()=>{
            conText.emit("close");
        }
        //显示数量输入框
        let showAmountInput:Function=()=>{
            isAmountInput.value=true;
            isAmountInputFocus.value=true;
        }
        //修改数量
        let setAmount:Function=(e:any)=>{
            //执行components/goods/index.vue文件中的setAmount方法
```

```
                    conText.emit("setAmount",e,props.gid,"","");
                    hideAmountInput();
                }
                //隐藏数量输入框
                let hideAmountInput:Function=()=>{
                    isAmountInput.value=false;
                    isAmountInputFocus.value=false;
                }
            return{
                isAmountInput,
                isAmountInputFocus,
                goodsDetails,
                close,
                setAmount,
                showAmountInput
            }
        }
    })
</script>


<style scoped>
//样式代码请查看源码包
</style>
```

该组件的代码比较简单，注释也很清晰，请读者仔细阅读。需要注意的是，props属性内部的gid选项为菜品编号，该编号是从服务端接口异步获取的，所以需要使用watch监听gid值的变化。如果有变化并获取到了gid的值，则调用getGoodsDetails()方法获取菜品详情数据并渲染到视图中。

接下来在components/goods/index.vue文件中添加操作菜品详情组件的代码，如下所示：

```
<template>
    <view class="goods-area" v-show="isShow">

        ...
        <!--菜品展示-->
        <scroll-view scroll-y="true" id="goods-wrap" class="goods-wrap"
        scroll-with-animation="true" :scroll-top="goodsScrollTop" @
        scroll="eventGoodsScroll">
            ...
            <view class="goods-list" v-for="(item2,index2) in item.goods" :
            key="item2.gid" @click="showGoodsDetails (item2.gid,item2.is_
            meal,item2.amount,item2.sell_status,item2.stock)">
                ...
        </scroll-view>
```

```
        <goods-details :show="isShowGoodsDetails" :branchShopId=
"branchShopId" :gid="gid" :amount="amount" @close="isShowGoodsDetails=false"
@setAmount="setAmount"></goods-details>
    </view>
</template>

<script lang="ts">
    import { defineComponent,ref,watch,getCurrentInstance } from 'vue';
    import {useStore} from "vuex";
    import GoodsDetails from './details';
    export default defineComponent({
        name:'goods-component',
        ...
        components:{
            GoodsDetails
        },
        setup(props:any,conText:any){
            ...
            //显示商品详情
            //gid:菜品的id
            //isMeal:是否为套餐
            //amount:菜品数量
            //sell_status:售卖状态,1表示售卖期,0表示非售卖时间
            //stock:库存
            let showGoodsDetails:Function=(gid:string,isMeal:string,amount:number,
sell_status:string,stock:number)=>{
                //如果在售卖期并且有库存
                if(sell_status=='1' && stock>0){
                    if(isMeal!='1'){//如果不是套餐
                        isShowGoodsDetails.value=true;//显示菜品详情组件
                    }
                    //执行pages/goods/index.vue文件中的showGoodsDetails方法
                    conText.emit("showGoodsDetails",gid,isMeal,amount,
                    sell_status,stock);
                }
            }
            return{
                ...
                showGoodsDetails
            }
```

```
        }
    })
</script>
```

以上加粗代码为新增代码，显示菜品详情组件的showGoodsDetails()方法内部使用props.eimt()方法调用pages/goods/index.vue文件中的showGoodsDetails()方法实现显示/隐藏菜品详情组件的功能。

pages/goods/index.vue文件中新增的代码如下：

```
<template>
    <view class="page">
        ...
        <!--菜品展示组件-->
            <goods :branchShopId="branch_shop_id" :isShow="goodsAction"
:gid="gid" :amount="amount" @setAmount="setAmount" @showAmountInput="showAmo
untInput" :classifysData="classifys" :goodsData="goods" @showGoodsDetails="s
howGoodsDetails"></goods>
        ...
</template>

<script lang="ts">
        ...
    let branch_shop_id:any=ref("");//分店的id
    let table_code:any=ref("");//桌号
    export default defineComponent({
        name:'goods',
        ...
        setup(){
            ...
            let gid:any=ref("");//菜品的id
            let amount:any=ref(0);//菜品数量
            ...
            //显示商品详情
            let showGoodsDetails:Function=(gidVal:string,isMeal:string,amountV
            al:string,sell_status:string,stock:number)=>{
                if(isMeal=='1'){//如果是套餐
                //跳转到套餐页面
                pushPage('/pages/goods/meal?gid='+gidVal+"&branch_shop_
                id="+branch_shop_id.value+"&table_code="+table_code.value);
                }else{
            gid.value=gidVal;//菜品的id
            amount.value=parseInt(amountVal);//菜品数量
                }
```

```
        }

        return{
        ...
        showGoodsDetails
        }
    }
  })
</script>
```

点餐页面中的showGoodsDetails()函数实现显示商品详情组件的逻辑，如果是套餐，则进入套餐页面；如果是单品，则将gid和amount传递给菜品展示组件，再从菜品展示组件传递给菜品详情组件。

11.5.4　开发套餐页面

如果菜品是套餐，则点击菜品可以进入套餐页面，在套餐页面可以选择自己想要的菜品，组成一个新的套餐。套餐页面预览效果如图11-10所示。

扫一扫，看视频

图11-10　套餐页面预览效果

先在pages/goods文件夹下创建meal.vue文件，然后配置路由。pages.json文件中新增的代码如下：

```
{
  "pages": [
```

```
          ...
          {
                    "path": "pages/goods/meal",
                    "style": {
                              "navigationBarTitleText": "套餐",
                              "disableScroll": false
                    }
          }
     ],
     ...
}
```

接下来请求服务端数据，api/goods/index.ts文件中新增的代码如下：

```
...

//显示套餐里可替换的菜品数据
export function getMealData(data:object){
     return request(config.baseApi+"/v1/meal/replace","post",data);
}


//显示套餐详情
export function getMealDetailsData(data:object){
     return request(config.baseApi+"/v1/meal/details","post",data);
}
```

getMealData()函数可以从服务端接口获取套餐里的数据，getMealDetailsData()函数可以从服务端接口获取套餐详情数据。接下来对接到Vuex中，在store文件夹下创建meal/index.ts文件，该文件中的代码如下：

```
import {getMealData,getMealDetailsData} from "../../api/goods";
//state数据格式接口
interface IState{
     title:string,
     mealData:any []
}
//actions内部的payload数据类型接口
interface IActionPayload{
     gid:string,
     branch_shop_id:string,
     success?:Function
}
export default {
     namespaced:true,
```

```
state:{
    title:"",//套餐标题
    mealData:[]//可替换套餐菜品列表
},
mutations:{
    //设置可替换套餐菜品列表
    ["SET_MEAL_DATA"](state:IState,payload:{mealData:any []}){
        state.mealData=payload.mealData;
    },
    //设置套餐标题
    ["SET_TITLE"](state:IState,payload:{title:string}){
        state.title=payload.title;
    }
},
actions:{
    //获取套餐可替换数据
    getMeal(conText:any,payload:IActionPayload){
        getMealData(payload).then((res:any)=>{
            if(res.code==200){
                conText.commit("SET_MEAL_DATA",{mealData:res.data});
                if(payload.success){
                    payload.success()
                }
            }
        })
    },
    //获取套餐详情
    getMealDetails(conText:any,payload:IActionPayload){
        getMealDetailsData(payload).then((res:any)=>{
            if(res.code==200){
                conText.commit("SET_TITLE",{title:res.data.title});
                if(payload.success){
                    payload.success();
                }
            }
        })
    }
}
}
```

state内部的title属性值为套餐标题，mealData可以存储套餐菜品数据。mutations内部的SET_MEAL_DATA方法可以设置state内部mealData的属性值，SET_TITLE方法可以设置state内部title的属性值。actions内部的getMeal()方法内部使用getMealData()函数，可以从服务端获取套餐数据，并使用commit提交到SET_MEAL_DATA，将获取的数据保存到state.mealData 中。getMealDetails()方法内部使用getMealDetailsData()函数，可以从服务端获取套餐详情数据，并使用commit提交到SET_TITLE，将获取的数据保存到state.title中。

接下来注册到Vuex的模块中，store/index.ts文件中新增的代码如下：

```
...
import meal from './meal';

export default createStore({
    modules:{
        ...
        meal
    }
})
```

开发套餐页面，pages/goods/meal.vue文件中的代码如下：

```
<template>
    <view class="page">
        <view class="main">
            <view class="goods-main" v-for="(item,index) in mealData"
            :key="index">
                <view class="nav">
                    <view class="icon"></view>
                    <view class="title">{{item.title}} (可选1份)</view>
                </view>
                <view class="goods-wrap">
                    <view class="goods-list" v-for="(item2,index2) in item.
                    goods" :key="index2" @click="selectGoods(index,index2)">
                        <view class="image">
                            <image :src="item2.image" alt=""></image>
                        </view>
                        <view class="text">{{item2.title}}</view>
                        <view class="price" v-if="item2.offset_price!=0">
                        {item2.offset_price>0?'+'+item2.offset_price:
                         item2.offset_price}} 元
                        </view>
                        <view :class="{elc:true, active:item2.active}"></view>
                    </view>
                </view>
            </view>
        </view>
        <view style="width:100%;height:120rpx;"></view>
```

```html
        <view class="cart-main">
            <view class="total">小计:¥{{total}}</view>
            <view class="line"></view>
            <view class="cart">
                <view class="cart-icon"></view>
                <view class="text">加入购物车 </view>
            </view>
        </view>
    </view>
</template>

<script lang="ts">
    import { defineComponent,computed } from 'vue';
    import {onLoad} from "@dcloudio/uni-app";//导入uni-app
    import {useStore} from "vuex";
    export default defineComponent({
        name:'meal',
        setup(){
            let gid:string;//套餐的id
            let branch_shop_id:string;//分店的id
            let table_code:string;//桌号
            let mealItems:any [];//套餐里的菜品明细
            //套餐里的菜品的gid，用于添加购物车时判断是否有相同的套餐
            let simpleMealItems:any [];
            let store=useStore();//启用Vuex
            //可替换菜品的数据
            let mealData:any=computed(()=>store.state.meal.mealData);
            let mealTitle:any=computed(()=>store.state.meal.title);//套餐名称
            onLoad((opts:any)=>{
                gid=opts.gid;//套餐的id
                branch_shop_id=opts.branch_shop_id;
                table_code=opts.table_code;
                mealItems=[];
                simpleMealItems=[];
                    //获取可替换菜品的数据
                    store.dispatch("meal/getMeal",{gid:gid,branch_
                    shop_id:branch_shop_id,success:()=>{
                    //设置套餐里的菜品明细数据
                    setMealItems();
                }});
                //获取套餐详情
```

```
                    store.dispatch("meal/getMealDetails",{gid:gid,branch_
                    shop_id:branch_shop_id,success:()=>{
                        //设置导航栏标题名称
                        uni.setNavigationBarTitle({ title:mealTitle.value})
                    }});
                })
                //重新组装mealItems套餐菜品明细字段数据
                let setMealItems:Function=()=>{
                    let tmpMealItems:any []=[];
                    if(mealData.value.length>0){
                        for(let i=0;i<mealData.value.length;i++){
                            for(let j=0;j<mealData.value[i].goods.length;j++){
                                //如果选择了菜品
                                if(mealData.value[i].goods[j].active){
                                    //组装套餐菜品明细字段数据
                                    /*
                                    gid:菜品的gid
                                    title:菜品标题
                                    price:菜品价格
                                    pack_price:包装费
                                    dis_amount:初始化数量，购物车里不可更改的数量
                                    */
                                    tmpMealItems.push({gid:mealData.value[i].
goods[j].gid,title:mealData.value[i].goods[j].title,price:mealData.
value[i].goods[j].meal_price,amount:1,pack_price:mealData.value[i].
goods[j].pack_price,dis_amount:1});
                                }
                            }
                        }
                        //计算数量
                        if(tmpMealItems.length>0){
                            let miObj:object={};
                            let newMealItems:any []=[];//套餐里的菜品明细
                            let tmpSimpleMealItems:any []=[];//套餐里菜品的gid
                            for(let i=0;i<tmpMealItems.length;i++){
                                //如果没有重复的菜品
                                if(!miObj[tmpMealItems[i]["gid"]]){
                                    miObj[tmpMealItems[i]["gid"]]=true;
                                    newMealItems.push({gid:tmpMealItems[i]
["gid"],title:tmpMealItems[i]["title"],price:tmpMealItems[i]
["price"],amount:tmpMealItems[i]["amount"],pack_price:tmpMealItems[i]
['pack_price'],dis_amount:tmpMealItems[i]["dis_amount"]});
```

```
                              tmpSimpleMealItems.push({gid:tmpMealItems[i]
                              ["gid"]})
                          }else{//如果有重复的菜品
                              if(newMealItems.length>0){
                                  for(let j=0;j<newMealItems.length;j++){
                                      //如果套餐里的默认菜品与选择的菜品相同
                                      if(newMealItems[j]["gid"]==
                                      tmpMealItems[i]["gid"]){
                                          //数量加1
                                          newMealItems[j]["amount"]=++
                                          newMealItems[j]["amount"];
                                          //设置购物车里不可更改的数量
                                          newMealItems[j]["dis_amount"]=
                                          newMealItems[j]["amount"];
                                          break;
                                      }
                                  }
                              }
                          }
                      }
                      //将组装好的套餐菜品明细赋值给全局变量mealItems
                      mealItems=newMealItems;
                      //将组装好的菜品的gid赋值给全局变量simpleMealItems
                      simpleMealItems=tmpSimpleMealItems;
                  }
              }
          }
          //计算选择菜品的金额
          let total:any=computed(()=>{
              let tmpTotal=0;
              if(mealData.value.length>0){
                  for(let i=0;i<mealData.value.length;i++){
                      for(let j=0;j<mealData.value[i].goods.length;j++){
                          if(mealData.value[i].goods[j].active){
                              tmpTotal+=parseFloat(mealData.
                              value[i].goods[j].meal_price);
                          }
                      }
                  }
                  tmpTotal=parseFloat(tmpTotal.toFixed(2));
              }
```

```
            return tmpTotal;
        })
        //选择菜品
        let selectGoods:Function=(index:number,index2:number)=>{
            for(let i=0;i<mealData.value[index].goods.length;i++){
                if(mealData.value[index].goods[i].active){
                    mealData.value[index].goods[i].active=false;
                    break;
                }
            }
            mealData.value[index].goods[index2].active=true;
            setMealItems();
        }


        return{
         mealData,
         mealTitle,
         total,
         selectGoods
        }
    }
})
</script>


<style scoped>
//样式代码请查看源码包
</style>
```

以上代码实现了显示套餐里的菜品，用户可以自由选择可替换的菜品，并且计算出价格的功能。加入购物车功能会在11.7节讲解。

11.5.5　开发商家信息组件

商家信息组件预览效果如图11-11所示。

扫一扫，看视频

☏ 137XXXXXXXX
◎ 北京房山区 XXXXXXXXXXXXXX 层08
◁〕 营业时间10:00-23:00

图 11-11　商家信息组件预览效果

商家信息组件的数据是从pages/goods/index.vue文件中传递过去的，点击手机号可以拨打电话，点击地址可以查看商家所在位置。接下来先从服务端请求商家信息，api/business/ index. ts文件中新增的代码如下：

```
...
//显示商家信息
export function getShopInfoData(branch_shop_id:string){
    return request(config.baseApi+"/v1/business/info","get",
{branch_shop_id:branch_shop_id});
}
```

getShopInfoData()函数可以从服务端获取商品信息，接下来对接到Vuex中，store/ business/index.ts文件中新增的代码如下：

```
import {getShopData,getShopInfoData} from "../../api/business";
export default {
    namespaced:true,
    state:{
        ...
        shopInfo:{},//显示商家信息
    },
    mutations: {
        ...
        //设置商家信息
        ["SET_SHOP_INFO"](state:any,payload:{shopInfo:object}){
            state.shopInfo=payload.shopInfo;
        }
    },
    actions:{
        ...
        //显示商家信息
        showShopInfo(conText:any,payload:{branch_shop_id:string,
success?:Function}){
            getShopInfoData(payload.branch_shop_id).then((res:any)=>{
                if(res.code==200){
                    conText.commit("SET_SHOP_INFO",{shopInfo:res.data});
                    if(payload.success){
                        payload.success(res.data);
                    }
                }
            })
        },
    }
}
```

以上加粗代码为新增代码，state内部的shopInfo属性值可以存储商家信息;mutations内部

的SET_SHOP_INFO方法可以设置state内部shopInfo的属性值；actions内部的showShopInfo()方法内部使用getShopInfoData()函数，可以从服务端获取商品信息数据，并使用commit提交到SET_SHOP_INFO，将获取的数据保存到state.shopInfo中。

将Vuex对接到pages/goods/index.vue文件中，该文件中新增的代码如下：

```
<template>
    <view class="page">
        ...
            <view class="business-wrap">
            <view class="business-info">
                <view class="business-logo">
                    <image :src="shopInfo.logo"></image>
                </view>
                <view class="business-name">{{shopInfo.branch_shop_
                name}}</view>
                <view class="notice">{{shopInfo.notice}}</view>
                    <view class="home" @click="replacePage('/pages/main/
                    main')"></view>
            </view>
        </view>
            ...
        <!--商家信息组件-->
         <business-info :isShow="businessAction" :branchShopId="branch_
         shop_id" :infoData="shopInfo"></business-info>
         ...
    </view>
</template>

<script lang="ts">
    ...
    export default defineComponent({
        name:'goods',
        ...
        setup(){
            ...
            //商家信息
            let shopInfo:any=computed(()=>store.state.business.shopInfo);
            ...
            onShow(()=>{
                ...
                //获取商家信息
                store.dispatch("business/showShopInfo",{branch_shop_id:
                branch_shop_id.value})
```

```
        })
        ...
        return{
        ...
        shopInfo
        }
      }
    })
</script>
```

以上加粗代码为新增代码。接下来开发商家信息组件，components/business/info.vue文件中的代码如下：

```
<template>
    <scroll-view scroll-y="true" class="business-info-main" v-show="isShow">
        <view class="row-area" v-if="infoData.phone?true:false">
            <view class="col1 cellphone-icon"></view>
                <view class="col2"><text @click="makePhoneCall(''+infoData.
phone+'')">{{infoData.phone}}</text></view>
        </view>
            <view class="row-area" v-if="infoData.address?true:false" @
click="businessMap()">
            <view class="col1 address-icon"></view>
            <view class="col2"><text selectable="true">{{infoData.address}}
</text></view>
        </view>
        <view class="row-area" v-if="infoData.full_notice?true:false">
            <view class="col1 notice-icon"></view>
            <view class="col2">
                <rich-text :nodes="infoData.full_notice"></rich-text>
            </view>
        </view>
    </scroll-view>
</template>

<script lang="ts">
    import { defineComponent } from 'vue';
    export default defineComponent({
        name:'business-info',
        props:{
            //是否显示组件信息
            isShow:{
                type:Boolean,
                default:false
```

```
            },
            //商家信息数据
            infoData:{
                type:Object,
                default:()=>{}
            },
            //分店的id
            branchShopId:{
                type:String,
                default:""
            }
        },
        setup(props:any){
            //拨打电话
            let makePhoneCall:Function=(number:number)=>{
                //在H5平台拨打电话
                /* #ifdef H5 */
                window.location.href="tel://"+number+"";
                /* #endif */
                //在小程序中拨打电话
                /* #ifndef H5*/
                uni.makePhoneCall({
                    phoneNumber: number
                });
                /* #endif */
            }
            //跳转到商家位置页面
            let businessMap:Function=()=>{
                if(props.infoData.lng && props.infoData.lat){
                    pushPage('/pages/business_map/index?branch_shop_
                    id='+props.branchShopId+'&lng='+props.infoData.
                    lng+'&lat='+props.infoData.lat+'');
                }
            }
            //跳转页面
            let pushPage:Function=(url:string)=>{
                uni.navigateTo({
                    url:url
                })
            }
        return{
        makePhoneCall,
        businessMap
```

```
            }
        }
    })
</script>

<style scoped>
//样式代码请查看源码包
</style>
```

以上代码注释很清晰，功能也很简单。点击地址详情后调用businessMap()方法，进入商家位置页面，可以在地图上看到商家所在的地理位置。

11.5.6　查看商家位置

扫一扫，看视频

可以使用map组件查看商家位置，预览效果如图11-12所示。

图 11-12　商家位置预览效果

首先在pages文件夹下创建business_map/index.vue文件，然后配置路由。pages.json文件中新增的代码如下：

```
{
    "pages": [
        ...
        {
            "path": "pages/business_map/index",
            "style": {
```

```
                            "navigationBarTitleText": "商家位置",
                            "disableScroll": false
                    }
            }
    ],
    ...
}
```

pages/business_map/index.vue文件中的代码如下：

```html
<template>
    <view class="page">
        <map class="map" :latitude="lat" :longitude="lng" :markers="markes">
</map>
    </view>
</template>

<script lang="ts">
    import { defineComponent,ref,reactive,computed } from 'vue';
    import {onLoad} from "@dcloudio/uni-app";//导入uni-app
    import {useStore} from "vuex";
    let lng:any;//商家的经度
    let lat:any;//商家的纬度
    let markes:any;
    export default defineComponent({
        name:'business-map',
        setup(){
            let store=useStore();
            //商家信息
            let shopInfo:any=computed(()=>store.state.business.shopInfo);
            lng=ref("");
            lat=ref("");
            markes=reactive([
                {
                    id:1,
                    latitude: 0,//图标的纬度
                    longitude: 0,//图标的经度
                    //显示的图标
                    iconPath: '/static/images/business_map/map_pos.png',
                    width:30,//图标的宽
                    height:30,//图标的高
                    callout:{//自定义标记点上方的气泡窗口
                        fontSize:14,//字体大小
                        content:"",//文本内容
```

```
                        color:"#000000",//文本颜色
                        bgColor:"#FFFFFF",//背景颜色
                        padding:8,//文本边缘留白
                        borderWidth:1,//边框
                        borderColor:"#CCCCCC",//边框颜色
                        borderRadius:4,//callout边框圆角
                        display:"ALWAYS"//常显
                    }
                }
            ]);
            onLoad((opts:any)=>{
                lng.value=opts.lng?opts.lng:"";//商家的经度
                lat.value=opts.lat?opts.lat:"";//商家的纬度
                markes[0].latitude=lat.value;//将商家的纬度赋值给图标的纬度
                markes[0].longitude=lng.value;//将商家的经度赋值给图标的经度
                //callout的文本内容
                markes[0].callout.content=shopInfo.value.branch_shop_
                name+"\r\n"+shopInfo.value.address;
            })
            return{
             lng,
             lat,
             markes
             }
        }
    })
</script>

<style scoped>
    .page{width:100%;height:100vh;overflow:hidden;}
    .map{width:100%;height:100%;}
</style>
```

　　markes属性值为标记点的配置选项，在onLoad()函数内部可以动态设置标记点内部参数的值，如经度、纬度和气泡窗口（callout）等内容。

11.5.7　在小程序中关注公众号

　　由于在微信小程序中无法自由地实现关注公众号功能，因此可以写一篇关注公众号的文章，使用web-view组件实现关注公众号的功能。在点餐页面点击"关注"按钮，跳转到关注公众号页面，预览效果如图11-13所示。

扫一扫，看视频

图 11-13   关注公众号页面预览效果

在pages/main文件夹下创建focus.vue文件，然后配置路由。pages.json文件中新增的代码如下：

```
{
    "pages": [
        ...
        {
            "path": "pages/main/focus",
            "style": {
                "navigationBarTitleText": "关注公众号",
                "navigationStyle": "custom",
                "disableScroll": true
            }
        }
    ],
    ...
}
```

pages/main/focus.vue文件中的代码如下：

```
<template>
    <view class="page">
        <web-view :webview-styles="webviewStyles" src="https://
mp.weixin.qq.com/s?__biz=MzI0NDcxNzM4MQ==&mid=2247483659&idx=1&sn=3353
2f3d353ff99e41e938637a937735&chksm=e958c321de2f4a3750e2c4c0082bc23db97ef72
a935fd8724d525882393b737db2b6cab751a8&mpshare=1&scene=23&srcid&sharer_
sharetime=1579340139968&sharer_shareid=01f30d86ddfab21e70c219e68b047155%23r
d"></web-view>
```

```
        </view>
    </template>

    <script lang="ts">
        import { defineComponent } from 'vue';
        //定义变量webviewStyles数据类型接口
        interface IWebviewStyles{
            progress:{
                color:string
            }
        }
        export default defineComponent({
            name:'focus',
            setup(){
                let webviewStyles:IWebviewStyles= {
                        progress: {
                            color: "#43A243"
                        }
                    }
                return{
                 webviewStyles
                }
            }
        })
    </script>

    <style scoped>
        .page{width:100%;height:100vh;overflow:hidden;}
    </style>
```

web-view组件的src属性的值是微信公众号文章的地址，将公众号的文章分享出来即可获取到该文章的URL地址。

11.6 会员登录

微信小程序最常用的功能就是微信授权会员登录，这样可以自动获取会员信息并存入数据库中。会员登录页面预览效果如图11-14所示。

图 11-14   会员登录页面预览效果

会员登录页面的接口在"接口文档"文件夹下的"会员登录、注册、信息.docx"文件中。

11.6.1   微信授权实现一站式登录

扫一扫，看视频

在菜品展示组件中点击"添加菜品"按钮⊕，需要验证会员是否登录，如果登录则将菜品加入购物车，如果未登录则跳转到登录页面。components/goods/index.vue 文件中新增的代码如下：

```
<template>
    <view class="goods-area" v-show="isShow">
        ...

        <!--
        如果菜品售卖于全部时间段
        -->
        <template v-else-if="item2.sell_time_type=='0'">
            <view class="handle-amount">
                <!--如果数量大于0，显示减号-->
                <view class="dec" v-if="item2.amount>0"></view>
                <!--
                为了防止出现scroll-view组件内使用input卡顿的问题，先使用view组
                件显示数量。点击该组件，显示input输入框，并隐藏view组件，输入完成
                后使用@blur事件隐藏input组件，显示view组件
                -->
                <view class="text" v-if="!item2.isAmountInput" @click.
                stop="showAmountInput(index,index2)">{{item2.amount}}</
view><input v-if="item2.isAmountInput" :value="item2.amount"
:focus="item2.isAmountInputFocus" type="number" @click.stop="" @
blur="setAmount($event,item2.gid,item2.new_meal_items,item2.meal_
items,index,index2)" />
```

```
                            <view class="inc" @click.stop="incAmount($event,item2.
gid,item2.new_meal_items,item2.meal_items)"></view>
                </view>
            </template>
            <!--
如果菜品售卖于自定义时间段
            -->
            <template v-else>
                <!--在售卖期-->
                <template v-if="item2.sell_status=='1'">
                    <view class="handle-amount">
                        <view class="dec" v-if="item2.amount>0"></view>
                            <view class="text" v-if="!item2.isAmountInput">
{{item2.amount}}</view><input v-if="item2.isAmountInput" :focus="item2.
isAmountInputFocus" :value="item2.amount" type="number" @click.stop=""
@blur="setAmount($event,item2.gid,item2.new_meal_items,item2.meal_
items,index,index2)" />
                            <view class="inc" @click.stop="incAmount ($event,
item2.gid,item2.new_meal_items,item2.meal_items)"></view>
                    </view>
                </template>
                <template v-else>
                    <text>非可售时间</text>
                </template>
            </template>
        ...
    </template>
</template>


<script lang="ts">
    ...
    export default defineComponent({
        name:'goods-component',
        ...
        setup(props:any,conText:any){
        ...
            //添加菜品数量
            let incAmount:Function=(e:any,gid:string,new_meal_items:
            string,meal_items:string)=>{
                //触发pages/goods/index.vue文件中的incAmount()函数
                conText.emit("incAmount",e,gid,new_meal_items,meal_items)
            }
            return{
            ...
```

```
                incAmount
            }
        }
    })
</script>
```

以上加粗代码为新增代码，在incAmount()函数内部使用conText.eimt()触发pages/goods/index.vue文件中的incAmount()函数。pages/goods/index.vue文件中新增的代码如下：

```
<!--菜品展示组件-->
<goods :branchShopId="branch_shop_id" :isShow="goodsAction" :gid="gid"
:amount="amount" @setAmount="setAmount" @showAmountInput="showAmountInput"
:classifysData="classifys" :goodsData="goods" @showGoodsDetails="showGoodsDe
tails" @incAmount="incAmount"></goods>
```

在视图中找到goods组件添加incAmount事件，在js中添加以下代码：

```
<script lang="ts">
    ...
    export default defineComponent({
        name:'goods',
        ...
        setup(){
            ...
            //会员是否登录
            let isLogin:any=computed(()=>store.state.user.isLogin);
                ...
            //添加菜品数量
            let incAmount:Function=(e:any,gid:string,new_meal_items:
string,meal_items:string)=>{
                //如果会员已登录
                if(isLogin.value){
                //加入购物车
                }else{        //如果会员未登录
                    //跳转到登录页面
                    pushPage(`/pages/login/index?branch_shop_id=${branch_
                    shop_id.value}&table_code=${table_code.value}`);
                }
            }
            return{
                ...
                incAmount
            }
        ...
```

```
    })
</script>
```

在setup()函数内部创建incAmount()函数,在该函数内部使用isLogin.value判断会员是否登录,如果会员没有登录,则跳转到登录页面。isLogin是Vuex中的属性,此时还没有开发Vuex,因此可能会报错。可以先注释掉Vuex相关的代码,随便写一个判断值,目的是跳转到登录页面,如可以将if(isLogin.value)改为if(false)进行测试。

接下来请求会员登录相关的服务端接口。在api文件夹下创建user/index.ts文件,该文件中的代码如下:

```
import config from "../../static/ts/conf/config";
import {request} from "../../static/ts/utils/request";

//获取微信小程序登录的openID和unionID
export function getWeChatOpenIdData(data:any){
    return request(config.baseApi+"/v1/wechat_openid","post",data);
}

//微信小程序会员登录后保存到数据库
export function setWeChatUserData(data:any){
    return request(config.baseApi+"/v1/wechat_login_save","post",data);
}
```

getWeChatOpenIdData()函数可以获取微信小程序登录的openID和unionID,setWeChatUserData()函数可以将微信登录后的用户信息保存到数据库中。接下来对接到Vuex中,在store文件夹下创建user/index.ts文件,该文件中的代码如下:

```
import {getWeChatOpenIdData,setWeChatUserData} from '../../api/user';
//state数据类型接口
interface IState{
    uid:string,
    isLogin:boolean,
    token:string,
    openId:string
}
export default {
    namespaced:true,
    state:{
        //会员的唯一标识
        uid:uni.getStorageSync("uid")?uni.getStorageSync("uid"):"",
        //会员是否登录,true表示登录,false表示未登录
        isLogin:uni.getStorageSync("isLogin")?Boolean(uni.getStorageSync("isLogin")):false,
        //会员验证的token值
```

```
            token:uni.getStorageSync("token")?uni.getStorageSync("token"):"",
            //微信用户的唯一标识
            openId:uni.getStorageSync("openId")?uni.getStorageSync
("openId"):"",
        },
    mutations: {
            //设置会员登录信息
            ["LOGIN"](state:IState, payload:{uid:string,token:string,
            openId:string}) {
                state.uid=payload.uid;
                state.token=payload.token;
                state.openId=payload.openId;
                state.isLogin=true;
                uni.setStorageSync("uid",state.uid);
                uni.setStorageSync("token",state.token);
                uni.setStorageSync("isLogin",state.isLogin);
                uni.setStorageSync("openId",state.openId);
            }
        },
    actions:{
            //获取微信小程序登录的openID和unionID
            getWeChatOpenId(conText:any,payload:{code:string}){
                return getWeChatOpenIdData(payload).then(res=>{
                    return res;
                })
            },
            //微信小程序会员登录后保存到数据库
                setWeChatUser(conText:any,payload:{userinfo:string,branch_shop_
                id:string,table_code:string}){
                return setWeChatUserData(payload).then(res=>{
                    return res;
                })
            }
        }
    }
```

接下来注册到Vuex的模块中，store/index.ts文件中新增的代码如下：

```
...
import user from './user';

export default createStore({
    modules:{
```

```
        ...
        user
    }
})
```

在pages文件夹下创建login/index.vue文件，创建完成后配置路由，pages.json文件中新增的代码如下：

```
{
    "pages": [
        ...
        {
            "path": "pages/login/index",
            "style": {
            "navigationBarTitleText": "会员登录",
            "disableScroll": false
            }
        }
    ],
    ...
}
```

开发会员授权登录页面，login/index.vue文件中的代码如下：

```
<template>
    <view class="page">
        <view class="other-login-text">
            <view class="line"></view>
            <view class="text">推荐以下方式登录</view>
            <view class="line"></view>
        </view>
        <view class="other-login">
            <!--#ifdef MP-WEIXIN-->
            <button class="wx-login" @click="wxLogin()">微信授权登录</button>
            <!--#endif-->
        </view>
    </view>
</template>

<script lang="ts">
    import { defineComponent,ref } from 'vue';
    import {onLoad,onShow} from "@dcloudio/uni-app";//导入uni-app
    import {useStore} from "vuex";
    //定义userInfo数据接口类型
    interface IUserInfo{
```

```
            nickname:string,
            sex:number,
            province:string,
            city:string,
            headimgurl:string,
            openid?:string
    }
    //分店的id
    let branch_shop_id:any;
    //桌号
    let table_code:any;
    export default defineComponent({
        name:'login',
        setup(){
            let store=useStore();
            let isBindMobile:any=ref(false);//是否显示绑定手机号组件
            let sessionKey:any=ref("");//会话密钥
            onLoad((opts:any)=>{
            branch_shop_id=ref(opts.branch_shop_id?opts.branch_shop_id:"");
                table_code=ref(opts.table_code?opts.table_code:"");
            })
            //微信授权登录
            let wxLogin:Function=()=>{
                //如果在微信小程序端
                // #ifdef MP-WEIXIN
                uni.getUserProfile({
                    desc: '用于注册会员资料',
                    lang:'zh_CN',
                    success: (infoRes:any)=> {
                        let userInfo:IUserInfo={"nickname":infoRes.userInfo[
                        'nickName'],"sex":infoRes.userInfo["gender"],"province"
                        :infoRes.userInfo["province"],"city":infoRes.userInfo
                        ["city"],"headimgurl":infoRes.userInfo["avatarUrl"]};
                        //授权登录
                         uni.login({
                            provider: 'weixin',
                            success: async (loginRes:any)=> {
                                let code:string=loginRes.code;
                                //获取微信小程序登录的openID
                                let openData:{code:number,data:{session_key:
    string,openid:string}}=await store.dispatch("user/getWeChatOpenId",{code:code});
                                if(openData.code==200){
                                    //会话密钥
```

```
                              sessionKey.value=openData.data.session_key;
                              userInfo.openid=openData.data.openid;
                              //保存用户信息
                              let userInfoRes:any=await store.dispatch
("user/setWeChatUser",{userinfo:JSON.stringify(userInfo),branch_shop_
id:branch_shop_id.value,table_code:table_code.value});
                              if(userInfoRes.code==200){
                                  //设置会员登录信息
                                  store.commit("user/LOGIN",{uid:userInfoRes.
data.uid,token:userInfoRes.data.token,openId:userInfoRes.data.open_id});
                                  //如果绑定手机
                                  if(userInfoRes.data.isbind==1){
                                      //返回上一页
                                      uni.navigateBack({
                                         delta: 1
                                      });
                                  }else{ //没有绑定手机
                                      //显示绑定手机号组件
                                      isBindMobile.value=true;
                                  }
                              }
                          }
                      });
                  }
              });
              // #endif
          }
          return{
           wxLogin,
           isBindMobile,
           sessionKey
          }
      }
    })
</script>

<style scoped>
//样式代码请查看源码包
</style>
```

10.17.1小节中已经介绍了授权登录，这里仅作简单介绍。在wxLogin()函数内部实现微信授权登录，首先调用uni.login()方法获取用户的code，然后调用getWeChatOpenId()函数获取用户的session_key，只有获取到session_key才能获取本机手机号。判断用户是否绑定手机号，如果绑定手机号，则直接登录并返回上一页；否则显示绑定手机号组件。

11.6.2　获取用户手机号进行绑定

9.6.2小节介绍过如何获取手机号，现在在实战中进行实际应用。绑定手机号预览效果如图11-15所示。

扫一扫，看视频

图 11-15　绑定手机号预览效果

首先请求绑定手机号服务端接口，api/user/index.ts文件中新增的代码如下：

```
...
//微信小程序解密获取手机号和用户信息
export function getDewxbizdataData(data:any){
    return request(config.baseApi+"/v1/dewxbizdata","post",data);
}

//微信小程序登录后绑定手机号
export function bindWechatLoginBindPhoneNumberData(data:any){
    return request(config.baseApi+"/v1/user/wechat_login_ bindcellphone",
"post",data);
}
```

getDewxbizdataData()函数可以获取本机手机号验证登录，bindWechatLoginBindPhone-NumberData()函数可以将获取的手机号保存到数据库中。接下来对接到Vuex中，store/user/index.js文件中新增的代码如下：

```
import {getWeChatOpenIdData,setWeChatUserData,getDewxbizdataData,bindWechatLog
inBindPhoneNumberData} from '../../api/user';
export default {
    ...
    actions:{
        ...
        //微信小程序解密获取手机号和用户信息
        getDewxbizdata(conText:any,payload:{encrypteddata:string,session_
        key:string}){
            return getDewxbizdataData(payload).then(res=>{
                return res;
            })
        },
        //微信小程序登录后绑定手机号
        bindWechatLoginBindPhoneNumber(conText:any,payload:{cellphone:
        string}){
            /*
            bindWechatLoginBindPhoneNumberData参数说明：
            uid:会员的唯一标识
            token:会员的token
            platform:平台类型。1为微信小程序，2为微信公众号
            */
            return  bindWechatLoginBindPhoneNumberData({uid:conText.
rootState.user.uid,token:conText.rootState.user.token,platform:conText.
rootState.system.platform,...payload}).then(res=>{
                return res;
            })
        },
    }
}
```

以上加粗代码为新增代码，bindWechatLoginBindPhoneNumberData()方法对象参数的
platform属性的值在store/system/index.ts文件中设置，该文件中新增的代码如下：

```
export default {
    namespaced: true,
    state: {
        ...
        platform:1   //平台类型。1为微信小程序，2为微信公众号
    },
    ...
}
```

接下来开发绑定手机号的组件。在components文件夹下创建bind_mobile/index.vue文件，

该文件中的代码如下：

```html
<template>
    <view class="mobile-mask" v-show="show">
        <button class="bind-mobile-btn" open-type="getPhoneNumber"
@getphonenumber="getPhoneNumber">绑定手机</button>
    </view>
</template>

<script lang="ts">
    import { defineComponent } from 'vue';
    import {useStore} from "vuex";
    export default defineComponent({
        name:'bind-mobile',
        props:{
            //是否显示组件
            show:{
                type:Boolean,
                default:false
            },
            //会话密钥
            sessionKey:{
                type:String,
                required:true
            }
        },
        setup(props:any,conText:any){
            let store:any=useStore();
            //定义一个异步(async)函数
            let getPhoneNumber:Function=async (e:any)=>{
                //包括所有信息在内的完整用户信息的加密数据
                let encrypteddata:string=e.detail.encryptedData;
                let iv:string=e.detail.iv;//加密算法的初始向量
                //解密encryptedData
                let pnRes:any=await store.dispatch("user/getDewxbizdata",
{encrypteddata,iv,session_key:props.sessionKey});
                if(pnRes.code==200){
                    let phoneNumber:string=pnRes.data.phoneNumber;//手机号
                    //保存手机号到数据库
                    let bpRes:any=await store.dispatch(
"user/bindWechatLoginBindPhoneNumber",{cellphone:phoneNumber});
                    if(bpRes.code==200){//如果绑定手机号成功
                        conText.emit("close");//隐藏组件
```

```
                            //返回上一页
                            uni.navigateBack({
                                delta: 1
                            });
                        }else{//绑定失败
                            uni.showToast({
                                title:bpRes.data,
                                icon:"none",
                                duration:2000
                            })
                        }
                    }else{//解密encryptedData失败
                        uni.showToast({
                            title:pnRes.data,
                            icon:"none",
                            duration:2000
                        })
                    }
                }
                return{
                 getPhoneNumber
                }
            }
        })
</script>


<style scoped>
//样式代码请看源码包
</style>
```

9.6.2小节已经介绍了如何获取手机号，这里不再详细讲解，其中bindWechatLoginBindPhone-Number()函数可以将获取到的手机号保存到数据库中。接下来在pages/login/index.vue文件中使用该组件，新增的代码如下：

```
<template>
    <view class="page">
        ...
            <bind-mobile :show="isBindMobile" @close="isBindMobile=false"
:sessionKey="sessionKey"></bind-mobile>
    </view>
</template>


<script lang="ts">
```

```
...
import BindMobile from "../../components/bind_mobile";
...
export default defineComponent({
    name:'login',
    components:{
        BindMobile
    },
    ...
})
</script>
```

以上加粗代码为新增代码，bind-mobile组件的show属性可以显示组件；自定义close事件可以隐藏组件，sessionKey属性可以将获取的session_key传递给组件内部，必须有此值才能实现获取手机号的功能。

11.7　购物车

购物车是电商必备功能，使用Vuex配合服务端API接口完成。点餐系统的购物车支持单品和套餐，并且支持共享购物车功能。共享购物车就是多个用户可以看到同一桌号下购物车里的菜品。购物车预览效果如图11-16所示。

图 11-16　购物车预览效果

购物车接口在"接口文档"文件夹下的"购物车.docx"文件中。

11.7.1　会员 token 认证

将菜品添加到购物车之前，需要先验证会员是否登录，如果未登录则跳转到登录页面。在点餐页面添加会员token认证代码，首先请求服务端会员token认证接口，接口地址在 "会员登录、注册、信息.docx" 文件中。api/user/index.ts文件中新增的代码如下：

扫一扫，看视频

```
...
//检测会员登录获取的token是否合法
export function safeUserData(data){
    return request(config.baseApi+"/v1/safe_user","post",data);
}
```

接下来对接到Vuex中，store/user/index.ts文件中新增的代码如下：

```
import {getWeChatOpenIdData,setWeChatUserData,getDewxbizdataData,bindWechatLog
inBindPhoneNumberData,safeUserData} from '../../api/user';
export default {
    ...
    mutations: {
    ...
    //安全退出
    ["OUT_LOGIN"](state) {
        state.uid = "";
        state.isLogin = false;
        state.token="";
        state.openId="";
        uni.removeStorageSync("uid");
        uni.removeStorageSync("token");
        uni.removeStorageSync("isLogin");
        uni.removeStorageSync("openId");
     },
    },
    actions:{
        ...
        //检测会员登录获取的token是否合法
        safeUser(conText,payload){
            safeUserData({uid:conText.rootState.user.uid,token:conText.
            rootState.user.token,platform:conText.rootState.system.
            platform,... payload}).then(res=>{
                if(payload && payload.success){
                    payload.success(res);
```

```
                        }
                    })
                },
            }
    }
```

safeUser()方法会在很多地方使用，为了使用方便，这里将该方法封装到公共文件中。在static/ts/utils文件夹下创建index.ts文件，该文件中的代码如下：

```
//检测会员登录获取的token是否合法
function safeUser(pStore:any,branch_shop_id:string="",table_code:string="",
callback?:Function){
    //调用store/user/index.js文件中actions内部的safeUser()方法
    pStore.dispatch("user/safeUser",{branch_shop_id:branch_shop_id,
success:(res:any)=>{
            //如果token验证不成功
            if(res.code!==200){
                //退出登录
                pStore.commit("user/OUT_LOGIN");
                //跳转到登录页面
                uni.navigateTo({
                    url:"/pages/login/index?branch_shop_id=" + branch_shop_
                    id + "&table_code=" + table_code
                })
            }
            //如果token验证成功
            if(res.code==200){
                if(callback){//如果回调函数存在
                    //执行回调函数
                    callback()
                }
            }
    }});
}


export default {
    safeUser
}
```

将index.ts文件导入到main.js文件中，将其中的方法注册到Vue原型上，设置为全局属性。main.js文件中新增的代码如下：

```
...
//导入utils
```

```
import utils from "./static/ts/utils";
...

// #ifdef Vue.js 3
import { createSSRApp } from 'vue'
export function createApp() {
  const app = createSSRApp(App);
  //将utils挂载到Vue.js实例上，这样可以全局使用
  app.config.globalProperties.$utils = utils;
  ...
}
// #endif
```

在pages/goods/index.vue文件中实现将菜品加入购物车时，验证会员是否登录的功能。pages/goods/index.vue文件中新增的代码如下：

```
...
<script lang="ts">
    import { defineComponent,ref,computed,getCurrentInstance} from 'vue';
    ...
    export default defineComponent({
        name:'goods',
        ...
        setup(){
            ...
            let cInstance:any=getCurrentInstance();//获取当前组件实例
            let utils:any=cInstance.proxy.$utils;//获取全局属性utils
            ...

            //添加菜品数量
            let incAmount:Function=(e:any,gid:string,new_meal_items:string,meal_items:string)=>{
                //如果会员已登录
                if(isLogin){
                    //如果token验证成功，调用static/ts/utils/index.ts文件中的safeUser()方法
                    utils.safeUser(store,branch_shop_id.value,table_code.
                                value,()=>{
                        //加入购物车
                        console.log("加入购物车");
                    })
                }else{//如果会员未登录
                    //跳转到登录页面
```

```
                        pushPage(`/pages/login/index?branch_shop_id=
${branch_shop_id.value}&table_code=${table_code.value}`);
                }
            }

            return{
                ...
            }
        }
    })
</script>
```

以上加粗代码为新增代码,这样就实现了点击加号按钮,自动检测会员token是否合法的功能,如果不合法则跳转到登录页面的功能。

11.7.2 将菜品加入购物车

要将菜品加入购物车,应先请求添加购物车服务端接口。在api文件夹下创建cart/index.ts文件,该文件中的代码如下:

```
import config from "../../static/ts/conf/config";
import {request} from "../../static/ts/utils/request";

//添加到购物车
export function addCartData(data:any){
    return request(config.baseApi+"/v1/user/cart/add","post",data);
}
```

接下来对接到Vuex中,在store文件夹下创建cart/index.ts文件,该文件中的代码如下:

```
import {addCartData} from "../../api/cart";
export default {
    namespaced:true,
    state:{
        cartData:[],//购物车里的数据
        cartCount:0,//购物车里菜品的总数量
        isPack:false//是否自提
    },
    mutations:{
        //添加到购物车
        ["ADD_CART_DATA"](state:any,payload:any){
            let isSame=false;//是否有相同的菜品
            state.cartCount=0;//购物车里菜品的数量
```

```
        if(state.cartData.length>0){
            for(let i:number=0;i<state.cartData.length;i++){
                //购物车里套餐菜品明细的gid
                let newMealItems=(state.cartData[i]["new_meal_items"]
                && state.cartData[i]["new_meal_items"].length)>0?JSON.
                stringify(state.cartData[i]["new_meal_items"]):"";
                //从addCart传递过来的套餐菜品明细的gid
                let curNewMealItems=(payload.cartData.new_meal_items
                && payload.cartData.new_meal_items.length)>0?JSON.
                stringify(payload.cartData.new_meal_items):"";
                //如果菜品相同
                if(state.cartData[i]["gid"]==payload.cartData.gid &&
newMealItems==curNewMealItems){
                    isSame=true;
                    //增加购物车里菜品的数量
                    state.cartData[i].amount=parseInt(state.cartData[i].
                                        amount)+1;
                    //如果套餐里存放着菜品
                  if((state.cartData[i].meal_items && state.cartData[i]
                    .meal_items.length)>0){
                    for(let j=0;j<state.cartData[i].meal_items.length;j++){
                            //增加套餐里菜品的数量
                            state.cartData[i].meal_items[j].amount=state.
                cartData[i].meal_items[j].dis_amount*state.cartData[i].amount;
                        }
                    }
                    //计算购物车里菜品的总数量
                    state.cartCount+=parseInt(state.cartData[i].amount);
                }
            }
            //如果购物车里没有相同的菜品
            if(!isSame){
                 state.cartCount=parseInt(state.cartCount)+parseInt(payload.
cartData.amount);
                //将菜品添加到购物车
                state.cartData.unshift(payload.cartData);
            }
        }
    },
    actions:{
```

```
        //添加到购物车
        addCart(conText:any,payload:any){
            let data={
                "uid":conText.rootState.user.uid,//会员的唯一标识
                "token":conText.rootState.user.token,//会员登录时的token
                "platform":conText.rootState.system.platform,//平台类型
                "branch_shop_id":payload.cartData.branch_shop_id,//分店的id
                "table_code":payload.cartData.table_code,//桌号
                "gid":payload.cartData.gid,//菜品的唯一标识
                "amount":payload.cartData.amount,//菜品数量
                "is_meal":payload.cartData.is_meal,//是否为套餐
                //套餐类型。0表示普通套餐，1表示自定义套餐
                "meal_type":payload.cartData.meal_type,
                "meal_items":(payload.cartData.meal_items && payload.
cartData.meal_items.length>0)?JSON.stringify(payload.cartData.meal_
items):"",//套餐里菜品的明细
                "new_meal_items":(payload.cartData.new_meal_items &&
payload.cartData.new_meal_items.length>0)?JSON.stringify(payload.cartData.
new_meal_items):"",//套餐里菜品的gid
            };

            //添加购物车到数据库
            addCartData(data).then((res:any)=>{
                if(res.code==200){
                    conText.commit("ADD_CART_DATA",{cartData:payload.cartData});
                     if(payload.success){
                        payload.success()
                    }
                }
            });


        }
    },
    getters:{
        //计算总价
        total(state:any){
            let total=0;//菜品总价格
            let mealTotal=0;//套餐总价
            let packTotal=0;//包装费总价
            let footTotal=0;//单品总价
            let packFootTotal=0;//单品包装费总价
            let packMealTotal=0//套餐包装费总价
```

```
        if(state.cartData.length>0){
            for(let i:number=0;i<state.cartData.length;i++){
                if(state.cartData[i].is_meal == '0') {//如果不是套餐
                    //计算非套餐总价
                    footTotal += parseFloat(state.cartData[i].price) *
parseInt(state.cartData[i].amount);
                        if(state.isPack){//如果是自提
                            //计算非套餐包装费
                            packFootTotal += parseFloat(state.cartData[i].
pack_price) * parseInt(state.cartData[i].amount);
                        }
                }
                if(state.cartData[i].is_meal == '1') {//如果是套餐
                    for (let j:number = 0; j < state.cartData[i].meal_
                    items.length; j++) {
                    //计算套餐总价
                    mealTotal += parseFloat(state.cartData[i].meal_
items[j].price) * parseInt(state.cartData[i].meal_items[j].amount);
                        if(state.isPack){//如果是自提
                        //计算套餐包装费
                        packMealTotal += (parseFloat(state.cartData[i].
meal_items[j].pack_price) * parseInt(state.cartData[i].meal_items[j].
amount));
                        }
                    }
                }
            }
            //计算非套餐和套餐包装费总价
            packTotal = packFootTotal + packMealTotal;
            total=footTotal+mealTotal+packTotal;//计算非套餐和套餐总价
        }
        if(total>0){
            total=parseFloat((total).toFixed(2));//计算菜品总价
        }
        return total;
    },
    //计算包装费总价
    packTotal(state:any){
        let packFootTotal=0,packMealTotal=0,packTotal=0;
        if(state.isPack){//如果是自提
            if(state.cartData.length>0){
                for(let i:number=0;i<state.cartData.length;i++){
```

```
                                    if(state.cartData[i].is_meal=='0'){//如果不是套餐
                                    //计算非套餐包装费总价
                                        packFootTotal+=parseFloat(state.cartData[i].pack_
price)*parseInt(state.cartData[i].amount);
                                    }
                                    if(state.cartData[i].is_meal=='1'){//如果是套餐
                                        for(let j:number=0;j<state.cartData[i].meal_
items.length;j++){
                                        //计算套餐包装费总价
                                        packMealTotal+=(parseFloat(state.cartData[i].
meal_items[j].pack_price)*parseInt(state.cartData[i].meal_items[j].
amount));
                                        }
                                    }
                                }
                            }
                        }
                        //计算包装费总价
                        packTotal=parseFloat((packFootTotal+packMealTotal).toFixed(2));
                        return packTotal;
                    }
                }
            }
```

state内部的cartData属性值为购物车里的菜品；cartCount属性值为购物车里菜品的总数量；isPack属性值为Boolean类型，如果为true表示自提，需要支付包装费，否则表示堂食，不需要支付包装费。mutations内部的ADD_CART_DATA方法可以响应式地增加购物车里的菜品，并且判断是否有相同的菜品，如果相同则增加该菜品的数量，否则新增加菜品。actions内部的addCart()方法可以将菜品添加到数据库中，添加完成后再调用mutations内部的ADD_CART_DATA方法实现数据的响应。getters内部的total()方法可以计算出菜品总价，packTotal()方法可以计算出自提订餐的包装费总价。

接下来注册到Vuex的模块中，store/index.js文件中新增的代码如下：

```
...
import cart from './cart';

export default createStore({
    modules:{
        ...
        cart
    }
})
```

在pages/goods/index.vue文件中显示购物车里菜品的数量和总价，并将菜品添加到Vuex中，
新增代码如下：

```
...
<template>
...
<view class="handle-cart">
    <view class="cart-cle">
        <view class="cart-cle-2">
            <view class="cart-icon" id="cart-icon">
                        <view class="badge" v-show="cartCount>0?true:false">
{{cartCount}}</view>
            </view>
        </view>
    </view>
    <view class="total"> ¥{{total}}</view>
</view>
...
</template>

<script lang="ts">
    ...
    export default defineComponent({
        name:'goods',
        ...
        setup(){
            ...
            //购物车里菜品的数量
            let cartCount:any=computed(()=>store.state.cart.cartCount);
            //购物车里菜品的总价
            let total:any=computed(()=>store.getters["cart/total"]);
            ...
            //添加菜品数量
            let incAmount:Function=(e:any,gid:string,new_meal_items:
string,meal_items:string)=>{
                    //如果会员已登录
                    if(isLogin){
                        //如果token验证成功，调用static/ts/utils/index.ts文件中的safeUser()方法
                        utils.safeUser(store,branch_shop_id.value,table_code.
                        value,()=>{
                            //套餐里菜品明细的gid，用于添加到购物车时判断是否有相同的套餐
```

```
                        let curNewMealItems:string=new_meal_items && new_
meal_items.length>0?JSON.stringify(new_meal_items):"";
                        for(let i:number=0;i<goods.value.length;i++){
                            for(let j:number=0;j<goods.value[i].goods.
length;j++){
                                //默认套餐里菜品的gid
                                let newMealItems:string=goods.value[i].
goods[j].new_meal_items.length>0?JSON.stringify(goods.value[i].goods[j].
new_meal_items):"";
                                //如果有相同的菜品，此判断是为了增加amount数量
                                if(goods.value[i].goods[j].gid==gid &&
newMealItems==curNewMealItems){
                                    //增加菜品的数量，这里的数量会传递给菜品展示组件
                                    //和菜品详情组件，这样数量就可以同步了
                                    amount.value=parseInt(goods.value[i].
goods[j].amount)+1;

                                //添加到购物车的数据
                                let cartData:any={
                                    //菜品名称
                                    "title":goods.value[i].goods[j].title,
                                    //分店的id
                                    "branch_shop_id":branch_shop_id.value,
                                    "table_code":table_code.value,//桌号
                                    "gid":gid,//菜品的唯一标识
                                    //菜品价格
                                    "price":goods.value[i].goods[j].price,
                                    "amount":1,//菜品数量默认为1
                                    //是否为套餐，1为是，0为否
                                    "is_meal":goods.value[i].goods[j].is_meal,
                                    "pack_price":goods.value[i].goods[j].
pack_price?goods.value[i].goods[j].pack_price:0,//包装费
                                    //套餐类型。0为普通套餐，1为自定义套餐
                                    "meal_type":0,
                                    //套餐里菜品的明细
                                    "meal_items":goods.value[i].goods[j].
meal_items,
                                    //套餐里菜品的gid明细
                                    "new_meal_items":goods.value[i].
goods[j].new_meal_items,
```

```
                                      //是否显示数量input输入框
                            "isAmountInput":false,
                            //数量input输入框获取焦点
                            "isAmountInputFocus":false
                          };
                     //添加到购物车
                     store.dispatch("cart/addCart",{cartData:cartData});
                        break;
                  }
                }
              }
            })
          }else{//如果会员未登录
            //跳转到登录页面
            pushPage(`/pages/login/index?branch_shop_id=${branch_
shop_id.value}&table_code=${table_code.value}`);
          }
        }

        return{
          ...
          cartCount,
          total
        }
      }
    })
</script>
```

以上加粗代码为新增或修改的代码，在incAmount()函数内部实现增加菜品的数量并且可以将菜品添加到购物车里。接下来在套餐页面实现加入购物车功能，pages/goods/meal.vue文件中新增的代码如下：

```
<template>
    <view class="page">
        ...
        <view class="cart-main">
            <view class="total">小计:¥{{total}}</view>
            <view class="line"></view>
            <view class="cart" @click="addCart()">
                <view class="cart-icon"></view>
                <view class="text">加入购物车</view>
            </view>
```

```ts
        </view>
        ...
    </view>
</template>

<script lang="ts">
    ...
    export default defineComponent({
        name:'meal',
        setup(){
            ...
            let isSubmit:boolean=true;//防止网络延迟重复提交订单
            ...
            //加入购物车
            let addCart:Function=()=>{
                if(isSubmit){
                    isSubmit=false;
                    let cartData:any={
                        "title":mealTitle.value,//菜品标题
                        "branch_shop_id":branch_shop_id,//分店的id
                        "table_code":table_code,//桌号
                        "gid":gid,//菜品的唯一标识
                        "price":total.value,//套餐价格
                        "amount":1,//套餐数量
                        "is_meal":1,//是否为套餐。1为是，0为否
                        "meal_type":1,//套餐类型。0为普通套餐，1为自定义套餐
                        "meal_items":mealItems,//套餐里菜品的明细
                        "new_meal_items":simpleMealItems,//套餐里菜品的gid明细
                        "isAmountInput":false,//是否显示数量input输入框
                        "isAmountInputFocus":false//数量input输入框获取焦点
                    };
                    //加入购物车
                    store.dispatch("cart/addCart",{cartData:cartData,
                                    success:()=>{
                        uni.showToast({
                            title: '加入购物车成功!',
                            icon:"success",
                            duration: 2000
                        });
                        setTimeout(()=>{
                            isSubmit=true;
```

```
                                    uni.hideToast();//隐藏toast
                                    uni.navigateBack({//返回上一页
                                        delta: 1
                                    });
                                },2000);
                            }});
                    }
                }
            return{
                ...
                addCart
            }
        }
    })
</script>
```

以上加粗代码为新增代码，addCart()函数内部的store.dispatch()方法可以将套餐添加到数据库中。注意，只要是从套餐页面加入购物车的菜品，当其cartData对象的is_meal属性的值为1时，表示固定套餐；当meal_type属性的值为1时，表示自定义套餐。

接下来在菜品展示组件中实现添加购物车功能。在components/goods/index.vue文件中的视图<template>标签内找到以下代码：

```
<view class="inc"></view>
```

替换为

```
<view class="inc" @click.stop="incAmount($event,item2.gid,item2.new_meal_
items,item2.meal_items)"></view>
```

在js代码中添加incAmount()函数，代码如下：

```
setup(){
    //添加菜品数量
    let incAmount:Function=(e:any,gid:string,new_meal_items:
string,meal_items:string)=>{
        //触发pages/goods/index.vue文件中的incAmount()函数
        conText.emit("incAmount",e,gid,new_meal_items,meal_items)
    }
     return {
        incAmount
    }
}
```

在incAmount()函数内部使用conText.emit()方法可以触发pages/goods/index.vue文件中的incAmount()函数，将菜品添加到购物车中。

11.7.3　开发购物车组件

扫一扫，看视频

　　在购物车组件中，可以显示加入购物车的菜品、修改菜品数量以及清除购物车里的菜品。首先请求购物车组件相关的服务端接口，api/cart/index.ts文件中新增的代码如下：

```
...

//显示购物车
export function getCartData(data:any){
    return request(config.baseApi+"/v1/user/cart/show","post",data);
}

//更新购物车数量
export function setAmountData(data:any){
    return request(config.baseApi+"/v1/user/cart/set_amount","post",data);
}

//删除购物车里的单个菜品
export function delData(data:any){
    return request(config.baseApi+"/v1/user/cart/del","post",data);
}

//清空购物车里的所有菜品
export function clearCartData(data:any){
    return request(config.baseApi+"/v1/user/cart/clear","post",data);
}
```

接下来对接到Vuex中，store/cart/index.ts文件中新增的代码如下：

```
import {addCartData,getCartData,setAmountData,delData,clearCartData} from
"../../api/cart";
export default {
    namespaced:true,
    state:{
        cartData:[],//购物车里的数据
        ...
    },
    mutations:{
        ...
        //将购物车里菜品的数量赋值给菜品展示
        ["SET_GOODS_CART_AMOUNT"](state:any,payload:any){
            if(state.cartData.length>0){
```

```
            for(let i:number=0;i<state.cartData.length;i++){
                let curNewMealItems=(state.cartData[i].new_meal_items
&& state.cartData[i].new_meal_items.length>0)?JSON.stringify(state.
cartData[i].new_meal_items):"";
                for(let j:number=0;j<payload.goods.length;j++){
                    for(let k:number=0;k<payload.goods[j].goods.
                    length;k++){
                        let newMealItems=(payload.goods[j].goods[k].new_
meal_items && payload.goods[j].goods[k].new_meal_items.length>0)?JSON.
stringify(payload.goods[j].goods[k].new_meal_items):"";
                        //如果有相同的菜品
                        if(state.cartData[i].gid==payload.goods[j].
goods[k].gid && curNewMealItems==newMealItems){
                            payload.goods[j].goods[k].amount=state.
                            cartData[i].amount;
                            break;
                        }
                    }
                }
            }
        }else{//购物车里没有数据,将菜品展示里的数量设置为0
            if(payload.goods.length>0){
                for(let i:number=0;i<payload.goods.length;i++){
                    for(let j=0;j<payload.goods[i].goods.length;j++){
                        payload.goods[i].goods[j].amount=0;
                    }
                }
            }
        }
    },
    //减少和删除购物车里的数据
    ["DEL_CART_DATA"](state:any,payload:any){
        if(state.cartData.length>0){
            state.cartCount=0;
            let curNewMealItems=(payload.cartData.new_meal_items &&
payload.cartData.new_meal_items.length>0)?JSON.stringify(payload.cartData.
new_meal_items):"";
            for(let i:number=0;i<state.cartData.length;i++){
                let newMealItems=(state.cartData[i].new_meal_items
&& state.cartData[i].new_meal_items.length>0)?JSON.stringify(state.
cartData[i].new_meal_items):"";
                //如果有相同的菜品
```

```
                        if(state.cartData[i].gid==payload.cartData.gid &&
curNewMealItems==newMealItems){
                    //减少菜品的数量
                    let cartAmount=parseInt(state.cartData[i].
amount)>0?parseInt(state.cartData[i].amount)-1:0;
                    state.cartData[i].amount=cartAmount;
                    if(cartAmount<=0){//如果菜品的数量小于1
                        state.cartData.splice(i--,1);//删除菜品
                    }else{
                        if(state.cartData[i].meal_items && state.
cartData[i].meal_items.length>0){
                            for(let j=0;j<state.cartData[i].meal_
                                items.length;j++){
                            //更改套餐里菜品的数量
                            state.cartData[i].meal_items[j].amount=
cartAmount*state.cartData[i].meal_items[j].dis_amount;
                            }
                        }
                    }
                    break;
                }
            }
            for(let i:number=0;i<state.cartData.length;i++){
                state.cartCount+=parseInt(state.cartData[i].amount);
            }
        }
    },
    //显示input数量输入框
    ["SHOW_AMOUNT_INPUT"](state:any,payload:any){
        state.cartData[payload.index].isAmountInput=true;
        state.cartData[payload.index].isAmountInputFocus=true;
    },
    //隐藏input数量输入框
    ["HIDE_AMOUNT_INPUT"](state:any,payload:any){
        state.cartData[payload.index].isAmountInput=false;
        state.cartData[payload.index].isAmountInputFocus=false;
    },
    //设置购物车里菜品的数据
    ["SET_CART_DATA"](state:any,payload:any){
        state.cartData=payload.cartData;
        state.cartCount=0;
        if(state.cartData.length>0){
```

```
            for(let i:number=0;i<state.cartData.length;i++){
                state.cartCount+=parseInt(state.cartData[i].amount);
            }
        }
    },
    //清空购物车里的数据
    ["CLEAR_CART_DATA"](state:any){
        state.cartData=[];
        state.cartCount=0;
    },
    //设置自提
    ["SET_PACK"](state:any,payload:any){
        state.isPack=payload.isPack;
        },
    //更新购物车里菜品的数量
    ["SET_AMOUNT"](state:any,payload:any){
        state.cartCount=0;
        let amount:number=payload.cartData.amount;
        //如果输入的内容为非数字，则替换成空
        amount=parseInt(amount.toString().replace(/[^\d]/g,""));
        //如果输入的数量为空或是0，则强行设置为1
        if(!amount || amount==0){
            amount=1;
        }
        if(state.cartData.length>0){
            let curNewMealItems:string=(payload.cartData.new_meal_items
&& payload.cartData.new_meal_items.length>0)?JSON.stringify(payload.
cartData.new_meal_items):"";
            for(let i:number=0;i<state.cartData.length;i++){
                let newMealItems:string=(state.cartData[i].new_meal_
items && state.cartData[i].new_meal_items.length>0)?JSON.stringify(state.
cartData[i].new_meal_items):"";
                //如果有相同的菜品
                if(state.cartData[i].gid==payload.cartData.gid &&
curNewMealItems==newMealItems){
                    //设置菜品的数量
                    state.cartData[i].amount=amount;
                    //如果套餐里有菜品
                    if(state.cartData[i].meal_items && state.cartData[i].
                    meal_items.length>0){
                        for(let j:number=0;j<state.cartData[i].meal_
                        items.length;j++){
```

```
                                    state.cartData[i].meal_items[j].amount=state.
cartData[i].meal_items[j].dis_amount*amount;
                        }
                    }
                }
                //更新购物车里菜品的总数量
                state.cartCount+=parseInt(state.cartData[i].amount);
            }
        }
    },
    actions:{
        ...
        //添加到购物车
        addCart(conText:any,payload:any){
            ...
            //添加购物车到数据库
            addCartData(data).then((res:any)=>{
                if(res.code==200){
                    conText.commit("ADD_CART_DATA",{cartData:payload.
cartData});
                    conText.commit("SET_GOODS_CART_AMOUNT",{goods:conText.
rootState.goods.goods});
                    if(payload.success){
                        payload.success()
                    }
                }
            });
        },
        //减少数量和删除商品
        async delCart(conText:any,payload:any){
            //修改数量
            let amount:any=0;
            let meal_type:number=payload.meal_type;//1为自定义套餐，0为普通套餐
            if(meal_type!=1){//如果是普通套餐
                amount=payload.cartData.amount;
            }else{//meal_type=1表示自定义套餐，获取购物车里面的数量
                amount=await getCartData({"uid":conText.rootState.user.
uid,"token":conText.rootState.user.token,"platform":conText.rootState.
system.platform,branch_shop_id:payload.branch_shop_id,table_code:payload.
table_code}).then((res:any)=>{
                    if(res.code==200){
```

```
                    for(let i:number=0;i<res.data.length;i++){
                        let newMealItems=res.data[i].new_meal_items &&
res.data[i].new_meal_items.length>0?JSON.stringify(res.data[i].
new_meal_items):"";
                        let curMealItems=payload.cartData.new_meal_items
&& payload.cartData.new_meal_items.length>0?JSON.stringify(payload.
cartData.new_meal_items):"";
                        //如果有相同的菜品
                        if(res.data[i].gid==payload.cartData.gid &&
newMealItems==curMealItems){
                            //减少菜品数量
                            return res.data[i].amount>0?res.data[i].
                            amount-1:0;
                        }
                    }
                })
            }

        let data:any={
            "uid":conText.rootState.user.uid,
            "token":conText.rootState.user.token,
            "platform":conText.rootState.system.platform,
            branch_shop_id:payload.branch_shop_id,
            amount:amount,
            meal_items:(payload.cartData.meal_items && payload.cartData.
meal_items.length>0)?JSON.stringify(payload.cartData.meal_items):"",
             new_meal_items:(payload.cartData.new_meal_items && payload.
cartData.new_meal_items.length)>0?JSON.stringify(payload.cartData.
new_meal_items):"",
            gid:payload.cartData.gid
        };
        if(amount>0){//如果数量大于0，修改数量
            setAmountData(data).then((res:any)=>{
                if(res.code==200){
                        conText.commit("DEL_CART_DATA",{cartData:payload.
                                cartData});
                }
            });
        }else{//删除购物车里的数据
            delData(data).then((res:any)=>{
```

```
                            if(res.code==200){
                                conText.commit("DEL_CART_DATA",{cartData:payload.
                                    cartData});
                            }
                        })
                    }
                },
                //更改购物车里菜品的数量
                setAmount(conText:any,payload:any){
                    //客户端购物车的数据
                    let data:any={
                        "uid":conText.rootState.user.uid,
                        "token":conText.rootState.user.token,
                        "platform":conText.rootState.system.platform,
                        branch_shop_id:payload.branch_shop_id,
                        amount:payload.cartData.amount,
                        meal_items:(payload.cartData.meal_items && payload.cartData.
meal_items.length>0)?JSON.stringify(payload.cartData.meal_items):"",
                         new_meal_items:(payload.cartData.new_meal_items && payload.
cartData.new_meal_items.length)>0?JSON.stringify(payload.cartData.
new_meal_items):"",
                        gid:payload.cartData.gid
                    };
                    //更新服务端数据库中菜品的数量
                    setAmountData(data).then((res:any)=>{
                        if(res.code==200){
                            conText.commit("SET_AMOUNT",{cartData:payload.cartData});
                        }
                    });
                },
                //清空购物车
                clearCart(conText:any,payload:any){
                        clearCartData({"uid":conText.rootState.user.
uid,"token":conText.rootState.user.token,"platform":conText.rootState.
system.platform,branch_shop_id:payload.branch_shop_id,table_code:payload.
table_code}).then((res:any)=>{
                            if(res.code==200){
                            conText.commit("CLEAR_CART_DATA");
                            if(payload.success){
                                payload.success();
                            }
                        }
```

```
        });
    },
    //显示购物车数据
    showCartData(conText:any,payload:any){
        getCartData({"uid":conText.rootState.user.uid,"token":conText.
rootState.user.token,"platform":conText.rootState.system.platform,...
payload}).then((res:any)=>{
            if(res.code==200){//如果请求成功
                for(let i:number=0;i<res.data.length;i++){
                    res.data[i].isAmountInput=false;
                    res.data[i].isAmountInputFocus=false;
                }
                conText.commit("SET_CART_DATA",{cartData:res.data});
                if(payload.success){
                    payload.success();
                }
            }else{//如果没有请求成功
                conText.commit("SET_CART_DATA",{cartData:[]});
            }
                conText.commit("SET_GOODS_CART_AMOUNT",{goods:conText.
rootState.goods.goods});
        })
    }
    ...
}
```

mutations内部的SET_GOODS_CART_AMOUNT方法可以将购物车里的菜品数量同步到菜品展示的数量;SET_AMOUNT方法可以响应式地修改购物车里菜品的数量;DEL_CART_DATA方法可以响应式地减少菜品数量,如果菜品数量小于1,则删除该菜品;CLEAR_CART_DATA方法可以响应式地清除购物车里所有的菜品;SET_CART_DATA方法可以将服务端购物车里的数据同步到state.cartData中,这样就可以在购物车里永久显示添加的菜品;SET_PACK方法可以设置是否自提,如果为true表示自提,需要支付包装费;SHOW_AMOUNT_INPUT方法可以显示数量输入框;HIDE_AMOUNT_INPUT方法可以隐藏数量输入框。

actions内部的delCart()方法可以对服务端购物车里的菜品数量进行减少和删除;setAmount()方法可以更改服务端购物车里菜品的数量;clearCart()方法可以清空服务端购物车里的菜品;showCartData()方法可以显示购物车里的菜品。

接下来开发购物车组件。在components文件夹下创建cart/index.vue文件,该文件中的代码如下:

```
<template>
    <view>
        <view class="mask" v-show="show" @click="close"></view>
        <view :class="{'cart-main':true, show:show}">
```

```html
<view class="nav">
    <view class="nav-title">
        <view class="icon"></view>
        <view class="text">已选菜品</view>
    </view>
    <view class="clear-main" @click="clearCart()">
        <view class="icon"></view>
        <view class="text">清空</view>
    </view>
</view>
<scroll-view scroll-y="true" class="goods-main">
    <view class="scroll-wrap">
        <view class="goods-list" v-for="(item,index) in
        cartData" :key="index">
        <view class="title-area">
            <view class="title">{{item.title}}</view>
            <view class="price-amount">
                <view class="price"> ¥{{item.price}}</view>
                <view class="handle-amount">
                    <!--如果数量大于0, 显示减号按钮-->
                        <view class="dec" v-show="item.
amount>0?true:false" @click="decAmount($event,item.gid,item.new_meal_
items,item.meal_items)"></view>
                    <!--如果数量大于0并且isAmountInput的值为
                    false, 显示文本数量-->
                    <view class="text" v-if="!item.
isAmountInput && item.amount>0" @click="showAmountInput(index)">{{item.
amount}}</view>
                    <!--如果isAmountInput的值为true, 显示input
                    输入框, 这里可以修改数量-->
                    <input v-if="item.isAmountInput" :focus=
"item.isAmountInputFocus" :value="item.amount" type="number"
@blur="setAmount($event,item.gid,item.new_meal_items,item.meal_items,index)" />
                    <!--添加购物车按钮-->
                                        <view class="inc"
@click="incAmount($event,item.gid,item.new_meal_items,item.meal_items)"></view>
                </view>
            </view>
        </view>
        <!--如果不是套餐并且包装费大于0, 显示包装费-->
        <view class="pack-price" v-if="!item.meal_items &&
item.pack_price>0">包装费:¥{{item.pack_price}}</view>
```

```
                        <!--如果是套餐，显示套餐里菜品的明细-->
                    <view class="goods-desc" v-if="item.meal_items &&
item.meal_items.length>0">
                        <view class="goods-desc-list" v-for="(item2,
index2) in item.meal_items" :key="index2"><view class="goods-title">-
{{item2.title}} x{{item2.amount}}</view><view v-if="item2.pack_
price>0">  包装费:¥{{item2.pack_price}}</view></view>
                    </view>
                </view>
            </view>
        </scroll-view>
    </view>
</view>
</template>

<script lang="ts">
    import { defineComponent } from 'vue';
    import {useStore} from "vuex";
    export default defineComponent({
        name:'cart',
        props:{
            //是否显示购物车组件
            show:{
                type:Boolean,
                default: false
            },
            //购物车里菜品的数据
            cartData:{
                type:Array,
                default:()=>[]
            },
            //获取桌号和分店的id
            values:{
                type:Object,
                default:()=>{}
            }
        },
        setup(props:any,conText:any){
            let store=useStore();
            //隐藏购物车组件
            let close:Function=()=>{
```

```
                    conText.emit("close");
            }
        //增加数量
            let incAmount:Function=(e:any,gid:string,new_meal_
    items:string,meal_items:string)=>{
                //触发pages/goods/index.vue文件中的incAmount()方法
                conText.emit("incAmount",e,gid,new_meal_items,meal_items);
            }
            //减少数量
            let decAmount:Function=(e:any,gid:string,new_meal_
    items:string,meal_items:string)=>{
                //触发pages/goods/index.vue文件中的decAmount()方法
                conText.emit("decAmount",e,gid,new_meal_items,meal_items);
            }
            //更改数量
            let setAmount:Function=(e:any,gid:string,new_meal_
    items:string,meal_items:string,index:number)=>{
                //触发pages/goods/index.vue文件中的setAmount()方法
                conText.emit("setAmount",e,gid,new_meal_items,meal_items);
                //隐藏数量input输入框
                store.commit("cart/HIDE_AMOUNT_INPUT",{index});
            }
        //显示数量输入框
        let showAmountInput:Function=(index:number)=>{
            store.commit("cart/SHOW_AMOUNT_INPUT",{index});
        }
        //清空购物车
        let clearCart:Function=()=>{
            if(props.cartData.length>0){
                uni.showModal({
                    title: '',
                    content: '确认要清空购物车吗?',
                    success: (res:any)=> {
                        if (res.confirm) {
                            conText.emit("clearCart");
                        } else if (res.cancel) {

                        }
                    }
                });
```

```
                }
            }
            return{
                close,
                incAmount,
                decAmount,
                setAmount,
                showAmountInput
            }
        }
    })
</script>
<style scoped>
//样式代码请查看源码包
</style>
```

incAmount()方法内部使用conText.emit()方法触发pages/goods/index.vue文件中的incAmount()方法，可以增加菜品的数量并将菜品添加到购物车；decAmount()方法内部使用conText.emit()方法触发pages/goods/index.vue文件中的decAmount()方法，可以减少菜品的数量和删除菜品；setAmount()方法内部使用conText.emit()方法触发pages/goods/index.vue文件中的setAmount()方法，可以修改菜品的数量；clearCart()方法可以清除购物车里的菜品。为了提高用户体验，在清除前先使用uni.showModal模态框提示用户，当用户点击确认按钮后再使用conText.emit()方法触发pages/goods/index.vue文件中的clearCart()方法，清除购物车里的菜品。

接下来在pages/goods/index.vue文件中使用购物车组件，新增代码如下：

```
<template>
    <view class="page">
        ...
        <!--只有在菜品展示组件显示的情况下，才显示购物车导航-->
        <view class="cart-main" v-show="goodsAction">
            <view class="handle-cart" @click="showCart()">
                <view class="cart-cle">
                    <view class="cart-cle-2">
                        <view class="cart-icon" id="cart-icon">
                            <view class="badge" v-show="cartCount>0?true:false">
                            {{cartCount}}</view>
                        </view>
                    </view>
                </view>
                <view class="total"> ¥{{total}}</view>
            </view>
```

```html
            <view class="line"></view>
            <view class="submit">
                <template v-if="false">提交订单 &gt;</template>
                <template v-else>未选购商品</template>
            </view>
        </view>
        <cart :show="setIsCart" :cart-data="cartData"  @close="isCart=false"
@incAmount="incAmount" @decAmount="decAmount" @setAmount="setAmount"
@clearCart="clearCart()" :values="{branch_shop_id,table_code}"></cart>
    </view>
</template>

<script lang="ts">
    ...
    import Cart from '../../components/cart';
    ...
    export default defineComponent({
        name:'goods',
        ...
        components:{
            ...
            Cart
        },
        setup(){
            ...
            let isCart:any=ref(false);//是否显示购物车组件
            //购物车里的菜品
            let cartData:any=computed(()=>store.state.cart.cartData);
            let setIsCart:any=computed(()=>{
                if(cartData.value.length>0){
                return isCart.value;
                }else{
                //解决购物车里没有数据自动隐藏以及数据不显示的问题
                isCart.value=false;
                return isCart.value;
                }
            });
            onLoad((opts:IOnLoadOpts)=>{
                ...
                //有桌号代表堂内点餐，没有桌号代表自提点餐
```

```
            store.commit("cart/SET_PACK",{isPack:!table_code.
value?true:false});

        })

        onShow(()=>{
            ...
            //显示购物车里的菜品数据
            store.dispatch("cart/showCartData",{branch_shop_
id:branch_shop_id.value});
        })
    ...
        //修改数量
    let setAmount:Function=(e:any,gid:string,new_meal_
items:string,meal_items:string,index:number,index2:number)=>{
        amount.value=parseInt(e.target.value);
        //设置菜品数量
        store.commit("goods/SET_AMOUNT",{amount:amount.value,
gid:gid,new_meal_items:new_meal_items});
        //更新购物车里菜品的数量
        store.dispatch("cart/setAmount",{branch_shop_id:branch_
shop_id.value,cartData:{amount:amount.value,gid:gid,meal_
items:meal_items,new_meal_items:new_meal_items}});
        if(index!=undefined && index2!=undefined){
            //隐藏输入框
            store.commit("goods/HIDE_AMOUNT_INPUT",{index,index2});
        }
    }
    ...
    //添加菜品数量
    let incAmount:Function=(e:any,gid:string,new_meal_items:
                        string,meal_items:string)=>{
        //如果会员已登录
        if(isLogin.value){
            //如果token验证成功,调用static/ts/utils/index.ts文件中的safeUser()
            //方法
            utils.safeUser(store,branch_shop_id.value,table_code.
                        value,()=>{
                let isGoodsSame:boolean=false;//判断是否还有相同的菜品
                //套餐里菜品明细的gid,用于在加入购物车时判断是否有相同的套餐
```

```
                         let curNewMealItems:string=new_meal_items && new_
meal_items.length>0?JSON.stringify(new_meal_items):"";
                         for(let i:number=0;i<goods.value.length;i++){
                         for(let j:number=0;j<goods.value[i].goods.
                             length;j++){
                         //默认套餐里菜品的gid
                         let newMealItems:string=goods.value[i].goods[j].
new_meal_items.length>0?JSON.stringify(goods.value[i].goods[j].
new_meal_items):"";
                         //如果有相同的菜品，此判断是为了增加amount数量
                         if(goods.value[i].goods[j].gid==gid &&
newMealItems==curNewMealItems){
                                 isGoodsSame=true;
                                 //增加菜品的数量，这里的数量会传递给菜品展示
                                 //组件和菜品详情组件，这样数量就可以同步了
                                 amount.value=parseInt(goods.value[i].
                                 goods[j].amount)+1;
                         //添加购物车的数据
                         let cartData:any={
                             //菜品名称
                             "title":goods.value[i].goods[j].title,
                             //分店的id
                             "branch_shop_id":branch_shop_id.value,
                             "table_code":table_code.value,//桌号
                             "gid":gid,//菜品的唯一标识
                             //菜品价格
                             "price":goods.value[i].goods[j].price,
                             //菜品数量默认为1，数量的改变在Vuex中写逻辑
                             "amount":1,
                             //是否为套餐。1为是，0为否
                             "is_meal":goods.value[i].goods[j].
                             is_meal,
                             "pack_price":goods.value[i].goods[j].
pack_price?goods.value[i].goods[j].pack_price:0,//包装费
                             //套餐类型。0为普通套餐，1为自定义套餐
                             "meal_type":0,
                             //套餐里菜品的明细
                             "meal_items":goods.value[i].goods[j].
                             meal_items,
                             //套餐里菜品的gid明细
```

```
                    "new_meal_items":goods.value[i].
                     goods[j].new_meal_items,
                    //是否显示数量input输入框
                    "isAmountInput":false,
                    //数量input输入框获取焦点
                   "isAmountInputFocus":false
                };
                //添加购物车
                store.dispatch("cart/addCart",
                {cartData:cartData});
                break;
            }
        }
    }
    //如果没有相同的菜品，表示是自定义套餐
    if(!isGoodsSame){
        //自定义套餐数据
        let cartData:any={
            //分店的id
            "branch_shop_id":branch_shop_id.value,
            "table_code":table_code.value,//桌号
            "gid":gid,//套餐的唯一标识
            //菜品数量默认为1，数量的改变在Vuex中写逻辑
            "amount":1,
            "is_meal":1,//是否为套餐。1为是，0为否
            "meal_type":1,//套餐类型。0为普通套餐，1为自定义套餐
            "meal_items":meal_items,//套餐里菜品的明细
            //套餐里菜品的gid明细
            "new_meal_items":new_meal_items,
            "isAmountInput":false,//是否显示数量input输入框
            //数量input输入框获取焦点
            "isAmountInputFocus":false
        };
        //添加到购物车
        store.dispatch("cart/addCart",{cartData:
        cartData});
    }
})
}else{//如果会员未登录
    //跳转到登录页面
```

```typescript
            pushPage(`/pages/login/index?branch_shop_id=${branch_
shop_id.value}&table_code=${table_code.value}`);
        }
    }
    //显示购物车
    let showCart:Function=()=>{
        if(isLogin.value){
            utils.safeUser(store,branch_shop_id.value,table_code.
                        value,()=>{
                if(cartData.value.length>0){
                    isCart.value=true;//显示购物车组件
                }
            });
        }else{
            //跳转到登录页面
            pushPage(`/pages/login/index?branch_shop_id=${branch_
shop_id.value}&table_code=${table_code.value}`);
        }
    }
    //清空购物车
    let clearCart:Function=()=>{
        if(isLogin.value){
            utils.safeUser(store,branch_shop_id.value,table_code.
                        value,()=>{
                if(goods.value.length>0){
                    //将菜品展示的数量设置为0
                    for(let i:number=0;i<goods.value.length;i++){
                        for(let j:number=0;j<goods.value[i].
                        goods.length;j++){
                            goods.value[i].goods[j].amount=0;
                        }
                    }
                    amount.value=0;
                }
                //清空数据库中的购物车数据
                store.dispatch("cart/clearCart",{branch_shop_
id:branch_shop_id.value,table_code:table_code.value});
            });
        }else{
            //跳转到登录页面
```

```
                    pushPage(`/pages/login/index?branch_shop_id=${branch_
shop_id.value}&table_code=${table_code.value}`);
                }
            }
        //减少购物车里的菜品数量
        let decAmount:Function=(e:any,gid:string,new_meal_
items:string,meal_items:string)=>{
            if(isLogin.value){
                utils.safeUser(store,branch_shop_id.value,table_code.
                        value,()=>{
                    let curNewMealItems:string=new_meal_items && new_
meal_items.length>0?JSON.stringify(new_meal_items):"";
                    if(goods.value.length>0){
                        let isGoodSame:boolean=false;
                            for(let i:number=0;i<goods.value.
                                length;i++){
                            for(let j:number=0;j<goods.value[i].
                                goods.length;j++){
                                let newMealItems:string=goods.
value[i].goods[j].new_meal_items.length>0?JSON.stringify(goods.value[i].
goods[j].new_meal_items):"";
                                    if(goods.value[i].goods[j].
gid==gid && newMealItems==curNewMealItems){
                                        isGoodSame=true;
                                        //减少菜品展示里的菜品数量
                                         goods.value[i].goods[j].
amount=parseInt(goods.value[i].goods[j].amount)>0?parseInt(goods.value[i].
goods[j].amount)-1:0;

                                        //减少菜品的数量
                                        amount.value = parseInt(goods.
                                        value[i].goods[j].amount);
                                        //减少服务端菜品的数量
                                        store.dispatch("cart/delCart",
{cartData:goods.value[i].goods[j],branch_shop_id:branch_shop_id.value,table_
code:table_code.value,meal_type:0});
                                        break;
                                    }
                                }
                            }
                        }
                        //如果是自定义套餐
```

```
                                    if(!isGoodSame){
                                        store.dispatch("cart/delCart",{cartD
ata:{gid:gid,meal_items:meal_items,new_meal_items:new_meal_items},meal_
type:1,branch_shop_id:branch_shop_id.value,table_code:table_code.value});
                                    }
                                }
                            });
                        }else{
                            pushPage(`/pages/login/index?branch_shop_id=${branch_
shop_id.value}&table_code=${table_code.value}`);
                        }
                    }
                return{
                    ...
                    isCart,
                    setIsCart,
                    showCart,
                    cartData,
                    clearCart,
                    decAmount
                }
            }
        })
</script>
```

以上加粗代码为新增或修改的代码，到这里对购物车组件的开发基本完成。接下来将菜品展示组件和菜品详情组件与购物车组件进行关联，11.7.2小节在菜品展示组件中实现了修改菜品数量和增加菜品数量的功能，现在增加减少菜品数量的功能。在components/goods/index.vue文件的视图<template>标签内找到以下代码：

```
<view class="dec" v-show="parseInt(item2.amount)>0?true:false"></view>
```

替换为

```
<view class="dec" @click.stop="decAmount($event,item2.gid,item2.new_meal_
items,item2.meal_items)" v-show="parseInt(item2.amount)>0?true:false"></
view>
```

新增click事件，并调用decAmount()方法，在js中实现decAmount()方法，代码如下：

```
setup(){
    //减少菜品数量
    let decAmount:Function=(e:any,gid:string,new_meal_items:string,meal_
    items: string)=>{
```

```
//触发pages/goods/index.vue文件中的decAmount方法
conText.emit("decAmount",e,gid,new_meal_items,meal_items)
}
}
```

以上加粗代码为新增代码。为了提升用户体验，只有在菜品数量大于0时，才会显示数量，在视图中找到以下代码：

```
<view class="text" v-if="!item2.isAmountInput" @click.stop="showAmountInput(index,index2)">{{item2.amount}}</view>
```

替换为

```
<view class="text" v-if="!item2.isAmountInput && item2.amount>0" @click.stop="showAmountInput(index,index2)">{{item2.amount}}</view>
```

以上加粗代码为新增代码。接下来在pages/goods/index.vue文件中找到<goods>组件，添加自定义事件@decAmount，代码如下：

```
<goods :branchShopId="branch_shop_id" :isShow="goodsAction" :gid="gid"
:amount="amount" @setAmount="setAmount" @showAmountInput="showAmountInput"
:classifysData="classifys" :goodsData="goods" @showGoodsDetails="showGoodsDetails" @incAmount="incAmount" @decAmount="decAmount"></goods>
```

接下来完善菜品详情组件。在components/goods/details.vue文件的视图<template>标签内找到以下代码：

```
<view class="handle-amount">
    <view class="dec" v-show="amount>0?true:false"></view>
    <view class="text" v-if="!isAmountInput" @click="showAmountInput">{{amount}}</view>
    <input v-if="isAmountInput" :focus="isAmountInputFocus" :value="amount"
type="number" @blur="setAmount" />
    <view class="inc"></view>
</view>
```

替换为

```
<view class="handle-amount">
    <view class="dec" v-show="amount>0?true:false" @click="decAmount"></view>
    <view class="text" v-if="!isAmountInput && amount>0" @click="showAmountInput">{{amount}}</view>
    <input v-if="isAmountInput" :focus="isAmountInputFocus" :value="amount"
type="number" @blur="setAmount" />
    <view class="inc" @click="incAmount($event,amount)"></view>
</view>
```

以上加粗代码为新增代码。接下来在setup()函数内部分别实现绑定事件的回调函数decAmount和incAmount，代码如下：

```
setup(props:any,conText:any){
        ...
        //增加菜品数量
        let incAmount:Function=(e:any)=>{
            //触发components/goods/index.vue文件中的incAmount()方法
            conText.emit("incAmount",e,props.gid,"","")
        }
        //减少菜品数量
        let decAmount:Function=(e:any)=>{
            //触发components/goods/index.vue文件中的decAmount()方法
            conText.emit("decAmount",e,props.gid,"","")
        }
        return{
        ...
        incAmount,
        decAmount
        }
    }
```

接下来，在components/goods/index.vue文件中找到<goods-details>组件，添加自定义事件@decAmount和@incAmount，代码如下：

```
<goods-details :show="isShowGoodsDetails" :branchShopId="branchShopId"
:gid="gid" :amount="amount" @close="isShowGoodsDetails=false"
@setAmount="setAmount" @decAmount="decAmount" @incAmount="incAmount"></
goods-details>
```

以上加粗代码为新增代码。<goods-details>组件的属性show为显示该组件，属性branchShopId为分店的编号，属性gid为菜品的编号，属性amount为菜品的数量，自定义事件@close可以隐藏该组件，自定义事件@setAmount可以更改菜品的数量，自定义事件@decAmount可以减少和删除菜品，自定义事件@incAmount可以增加菜品的数量和将菜品添加到购物车。

最后将购物车内部的菜品数量与菜品组件内部的菜品数量进行同步，store/goods/index.ts文件中新增的代码如下：

```
actions:{
        ...
        //显示菜品
        getGoods(conText:any,payload:IActionPayload){
            getGoodsData(payload.branch_shop_id).then((res:any)=>{
                if(res.code==200){
```

```
                    for(let i=0;i<res.data.length;i++){
                        res.data[i].top=0;//CSS样式position的top
                        res.data[i].left=0;//CSS样式position的left
                        //动态改变CSS样式的position的值
                        res.data[i].position="static";
                    for(let j=0;j<res.data[i].goods.length;j++){res.data[i].
goods[j].itemTop=0;//每个菜品的top
                            res.data[i].goods[j].amount=0;//菜品数量
                            res.data[i].goods[j].new_meal_items=[];//套餐规格
                            //是否显示数量输入框
                            res.data[i].goods[j].isAmountInput=false;
                            //数量输入框焦点
                            res.data[i].goods[j].isAmountInputFocus=false;
                            //重组套餐菜品里的规格,用于判断购物车里的套餐是否相同
                            if(res.data[i].goods[j].meal_items){
                                for(let k=0;k<res.data[i].goods[j].meal_
                                    items.length;k++){
                                        res.data[i].goods[j].new_meal_items.push
({"gid":res.data[i].goods[j].meal_items[k].gid})
                                    }
                                }
                            }
                        }
                    conText.commit("SET_GOODS",{goods:res.data});
                    //调用store/cart/index.ts文件内mutations属性内部的SET_GOODS_
//CART_AMOUNT方法,将购物车里的数据同步到菜品组件内部的菜品数量
                    conText.commit("cart/SET_GOODS_CART_AMOUNT",{goods:res.
data},{root:true});
                        if(payload.success){
                            payload.success(res.data);
                        }
                }else{
                    conText.commit("SET_GOODS",{goods:[]});
                }
            })
        },
        ...
    }
```

以上加粗代码为新增代码。将commit()方法的第三个参数设置为{root:true}可以跨模块调用store/cart/index.ts文件内部mutations属性中的SET_GOODS_CART_AMOUNT方法,将购物车中的菜品数量同步到菜品组件中。至此,购物车功能全部开发完成。

11.8　提交订单

提交订单页面包含购物车里的菜品展示、价格计算、是否打包、在线支付等功能。提交订单页面预览效果如图11-17所示。

图 11-17　提交订单页面预览效果

图11-17是真实运营的项目界面，其中配送方式、找人付、优惠券、充值等功能是后期根据业务需求扩展开发的，本章的实战项目中并没有这些功能。但是，服务端API接口文档包括这些功能，读者如果想开发，可以根据接口文档自行尝试。

提交订单相关接口在"接口文档"文件夹下的"订单.docx""支付.docx"文件中。

11.8.1　开发提交订单页面

扫一扫，看视频

如果购物车里有菜品，在点餐页面的"未选购商品"区域会显示"提交订单"，点击"提交订单"按钮，可以进入提交订单页面。在pages/goods/index.vue文件中找到以下代码：

```
<view class="submit">
    <template v-if="false">提交订单 &gt;</template>
    <template v-else>未选购商品</template>
</view>
```

替换为

```
<view class="submit" @click="submitOrder()">
    <template v-if="cartCount>0">提交订单 &gt;</template>
    <template v-else>未选购商品</template>
</view>
```

以上加粗代码为新增代码。接下来在<script>部分添加submitOrder()函数，代码如下：

```
<script>
  setup(){
            ...
            //提交订单
            let submitOrder:Function=()=>{
                if(isLogin) {//如果会员已登录
                    utils.safeUser(store,branch_shop_id.value,table_code.
                                    value,()=>{
                        //如果购物车里有菜品
                        if (cartCount.value > 0) {
                            //跳转到提交订单页面
                            pushPage("/user_pages/order/index?branch_shop_
id=" + branch_shop_id.value + "&table_code=" + table_code.value);
                        }
                    });
                }else{//会员未登录
                        //跳转到会员登录页面
                        pushPage(`/pages/login/index?branch_shop_id=$
{branch_shop_id.value}&table_code=${table_code.value}`);
                }
            }
            return{
              ...
              submitOrder
            }
        }
    }
</script>
```

submitOrder()函数可以跳转到提交订单页面，提交订单页面需要会员登录之后才能访问，所以在跳转之前需要使用isLogin判断会员是否登录，如果已经登录则跳转到提交订单页面，否则跳转到会员登录页面。

开发提交订单相关服务端接口。在api文件夹下创建order/index.ts文件，该文件中的代码如下：

```
import config from "../../static/ts/conf/config";
import {request} from "../../static/ts/utils/request";

//提交订单
export function addOrderData(data:any){
    return request(config.baseApi+"/v1/user/order/add","post",data);
}
```

```
//微信小程序统一下单接口
export function wechatUnifiedorderData(data:any){
    return request(config.baseApi+"/v1/wxpay/wechat_unifiedorder","post",data);
}

//提交订单后返回的信息
export function getLastOrderData(data:any){
    return request(config.baseApi+"/v1/user/order/last","post",data)
}

//直接支付
export function payData(data:any){
    return request(config.baseApi+"/v1/payorder/notify","post",data)
}
```

addOrderData()函数可以将购物车里的菜品和订单信息添加到数据库中；wechatUnifie-dorderData()函数是微信小程序统一下单接口，用于开发微信支付功能；getLastOrderData()函数可以获取提交订单后的订单编号；payData()函数可以跳过微信支付直接付款，一般用于支付金额为0的情况，如使用余额支付或者使用优惠券支付。

接下来对接到Vuex中。在store文件夹下创建order/index.ts文件，该文件中的代码如下：

```
import {addOrderData,wechatUnifiedorderData,getLastOrderData,payData} from
"../../api/order";
export default {
    namespaced:true,
    state:{
        lastOrder:{}//提交订单后返回的信息
    },
    mutations:{
        //设置提交订单后返回的信息
        ["SET_LAST_ORDER"](state:any,payload:any){
            state.lastOrder=payload.lastOrder;
        }
    },
    actions:{
        //提交订单
        addOrder(conText:any,payload:any){
                addOrderData({uid:conText.rootState.user.uid,token:conText.
rootState.user.token,platform:conText.rootState.system.
platform,...payload}).then(res=>{
                if(payload.success){
                    payload.success(res);
```

```
            }
        })
    },
    //微信小程序统一下单接口
    wechatUnifiedorder(conText:any,payload:any){
            return wechatUnifiedorderData({uid:conText.rootState.user.
uid,token:conText.rootState.user.token,platform:conText.rootState.system.
platform,...payload}).then((res:any)=>{
            return res;
        })
    },
    //获取提交订单后返回的信息
    getLastOrder(conText:any,payload:any){
        getLastOrderData({uid:conText.rootState.user.uid,token:conText.
rootState.user.token,platform:conText.rootState.system.platform}).
then((res:any)=>{
            if(res.code==200){
                conText.commit("SET_LAST_ORDER",{lastOrder:res.data});
            }
        })
    }
},
//如果支付金额为0，则直接支付
payOrder(conText:any,payload:any){
    payData({uid:conText.rootState.user.uid,token:conText.rootState.
user.token,platform:conText.rootState.system.platform,...payload}).
then((res:any)=>{
        if(res.code==200){
            if(payload.success){
                payload.success();
            }
        }
    })
},
}
```

　　state内部的lastOrder属性值为提交订单后返回的信息，如订单编号。mutations内部的SET_LAST_ORDER方法可以设置提交订单后返回的信息。actions内部的addOrder()方法可以将购物车里的菜品和订单信息提交到数据库；wechatUnifiedorder()方法是微信小程序统一下单接口，开发微信支付功能时需要使用此接口；getLastOrder()方法可以获取提交订单后返回的信息，如订单编号；payOrder()方法可以跳过微信支付直接付款，如使用优惠券或余额支付，当支付金额为0时需要使用此方法。

接下来注册到Vuex的模块中，store/index.ts文件中新增的代码如下：

```
...
import order from './order';

export default createStore({
    modules:{
        ...
        order
    }
})
```

以上加粗代码为新增代码。还需要请求服务端接口获取商铺的区域，api/business/index.ts文件中新增的代码如下：

```
...
//获取商铺区域
export function getHotelAreaData(data:any){
    return request(config.baseApi+"/v1/business/hotel_area","get",data);
}
```

接下来对接到Vuex中，store/business/index.ts文件中新增的代码如下：

```
import {getShopData,getShopInfoData,getHotelAreaData} from "../../api/
business";
export default {
    namespaced:true,
    state:{
        ...
        hotelArea:""//商铺区域
    },
    mutations: {
        ...
        //设置商铺区域
        ["SET_HOTEL_AREA"](state,payload){
            state.hotelArea=payload.hotelArea;
        },
    },
    actions:{
        ...
        //获取商铺区域
        getHotelArea(conText:any,payload:any){
            getHotelAreaData(payload).then((res:any)=>{
                if(res.code==200){
```

```
                conText.commit("SET_HOTEL_AREA",{hotelArea:res.data.
                    title});
                }
            })
        },
    }
}
```

以上加粗代码为新增代码。接下来开发提交订单页面，为了提高性能，将对与会员相关的功能页面进行分包处理。在根目录创建user_pages文件夹，在该文件夹下创建order/index.vue文件，并配置路由。pages.json文件中新增的代码如下：

```
{
    ...
    "subPackages": [
        {
            "root": "user_pages",
            "pages": [
                {
                    "path": "order/index",
                    "style": {
                        "navigationBarTitleText": "提交订单",
                        "disableScroll": false
                    }
                }
            ]
        }
    ]
}
```

5.1.5小节已经介绍了分包的内容，这里不再赘述。在项目根目录下创建user_pages/order文件夹，再创建user_pages/order/index.vue文件，该文件中的代码如下：

```
<template>
    <view class="page">
        <view class="shop-title">{{shopInfo.branch_shop_name}}</view>
        <view class="order-main">
            <view class="order-list">
                <view class="order-info" v-if="table_code">
                    <view class="area-table">
                        <view class="area">区域:{{hotelArea}}</view>
                        <view class="table-code">桌号:{{table_code}}</view>
                    </view>
                </view>
            </view>
```

```html
<view class="order-desc">
    <view class="goods-list-main" v-for="(item,index) in
     cartData" :key="index">
    <view class="goods-list">
        <view class="image">
            <image :src="item.image"></image>
        </view>
        <view class="goods-info">
            <view class="title"><text selectable="true">
             {{item.title}}</text></view>
            <view class="info-text">x{{item.amount}}</view>
            <view class="info-text">¥{{item.price}}</view>
            <template v-if="item.place_type=='1'">
              <view class="info-text" >积分赠送</view>
              <view class="info-text" >所需积分:{{item.
               need_points}}</view>
            </template>
            <template v-else>
               <view class="info-text" v-if="item.is_
meal=='0' && item.pack_price>0">包装费:¥{{item.pack_price}}</view>
               <view class="is-meal">是否为套餐:{{item.
                is_meal=='1'?'是':'否'}}</view>
            </template>
        </view>
    </view>
    <view class="meal-items" v-if="item.is_meal=='1'">
        <view class="item-list" v-for="(item2,index2)
         in item.meal_items" :key="index2">
            <view class="item">
                <view>-<text selectable="true">{{item2.
                 title}}</text></view>
                <view>x{{item2.amount}}</view>
                <view> ¥{{item2.price}}</view>
            </view>
                <view v-if="item2.pack_price>0">包装费:
                 ¥{{item2.pack_price}}</view>
        </view>
    </view>
    </view>
</view>
<view class="order-row">
    <view class="order-col-1">
        <view>是否打包</view>
```

```html
                </view>
                <view class="order-col-2">
                    <switch :disabled="isDisablePack" :checked="isPack"
                        @change="changePack" color="#E30019" />
                </view>
            </view>
            <view class="price-status">
             <view class="price">包装费:￥{{packTotal}}, 总价:￥{{true_total}}
             </view>
            </view>
        </view>
        <view class="order-row" v-if="isDisablePack">
            <view class="order-col-1">
                <view>配送方式</view>
            </view>
            <view class="order-col-2 active">
                <label><radio class="radio-style" value="2" color=
                "#E30019" :checked="true" />自提</label>
            </view>
        </view>
    </view>
    <view class="remarks">
        备注:<br/>
        <view class="content">
            <textarea placeholder="比如:×××不加辣" v-model="remarks" />
        </view>
    </view>
    </view>
    <view class="pay-wrap">
        <view class="price"> ￥{{true_total}}</view>
        <cover-view class="pay" @click="goPay()">去支付</cover-view>
    </view>
    </view>
</template>

<script lang="ts">
    import { defineComponent,ref,getCurrentInstance,computed } from 'vue';
    import {onLoad} from "@dcloudio/uni-app";//导入uni-app
    import {useStore} from "vuex";
    export default defineComponent({
        name:'order-index',
        setup(){
            let cInstance:any=getCurrentInstance();//获取当前组件实例
            let branch_shop_id:any=ref("");//分店的id
```

```
            let table_code:any=ref("");//桌号
            let remarks:any=ref("");//备注
            let isDisablePack:any=ref(false);//是否打包
            let utils:any=cInstance.proxy.$utils;//获取全局属性utils
            let store=useStore();
            let isPay:boolean;//防止网络延迟，出现重复提交的问题
            let hotelArea:any=computed(()=>store.state.business.
hotelArea);//商铺区域的数据
        //商铺信息
            let shopInfo:any=computed(()->store.state.business.shopInfo);
        //购物车里的数据
            let cartData:any=computed(()=>store.state.cart.cartData);
        //购物车里菜品的总价
            let total:any=computed(()=>store.getters["cart/total"]);
            let packTotal:any=computed(()=>store.getters["cart/
packTotal"]);//购物车里菜品的包装费总价
            let true_total:any=computed(()=>parseFloat(total.value.
toFixed(2)));//实际付款金额
            let isPack:any=computed(()=>store.state.cart.isPack);//是否打包
            onLoad((opts:any)=>{
            branch_shop_id.value=opts.branch_shop_id?opts.branch_shop_
id:"";//分店的id
                table_code.value=opts.table_code?opts.table_code:'';//桌号
                //如果会员合法登录
                utils.safeUser(store,branch_shop_id.value,table_code.
value,()=>{
                    isPay=true;//防止网络延迟，出现重复提交的问题
                    if(!table_code.value){//如果没有桌号，则表示自提点餐
                        isDisablePack.value=true;//如果是自提点餐，需要支付包装费
                    }
                    //获取商铺的区域
                    store.dispatch("business/getHotelArea",{branch_shop_
id:branch_shop_id.value,table_code:table_code.value});
                    //获取商铺信息
                    store.dispatch("business/showShopInfo",{branch_shop_id:branch_
shop_id.value});
                    //如果Vuex中购物车数据为空
                    if(!cartData.value || cartData.value.length<=0){
                        //重新获取购物车里的数据
                        store.dispatch("cart/showCartData",{branch_shop_id:
branch_shop_id.value,table_code:table_code.value});
                    }
                    //设置是否打包
```

```
                    store.commit("cart/SET_PACK",{isPack:!table_code.
value?true:false});
                })
            })
        //跳转页面
        let pushPage:Function=(url:string)=>{
            uni.navigateTo({
                url:url
            })
        }
        //是否打包
        let changePack:Function=(e:any)=>{
            store.commit("cart/SET_PACK",{isPack:e.detail.value});
        }
        //去支付
        let goPay:Function=()=>{
            if(isPay) {
                isPay = false;
                let distribution_type:string;
                //如果为堂食
                if (!isDisablePack.value) {
                    distribution_type = "0";
                } else {//如果不是堂食，设置为自提
                    distribution_type = "2";
                }
                //提交订单
                store.dispatch("order/addOrder",{
                    branch_shop_id: branch_shop_id.value,
                    table_code: table_code.value,
                    remarks: remarks.value,
                    is_pack: isPack.value ? '1' : '0',//是否打包。1为是，0为否
                    //配送方式。0为堂食，2为自提
                    distribution_type: distribution_type,
                    success: async (res:any) => {
                        let true_total:number = 0;//实际支付金额
                        let ordernum:string = "";//订单编号
                        if (res.code == 200) {
                            true_total = res.data.true_total;
                            ordernum = res.data.ordernum;
                        } else {
                            uni.showToast({
                                title: '' + res.data + '',
                                icon: "none",
```

```
                            duration: 2000
                        })
                    }
                    isPay = true;
                }
            });
        }
    }
    return{
        branch_shop_id,
        table_code,
        remarks,
        isDisablePack,
        hotelArea,
        shopInfo,
        cartData,
        total,
        packTotal,
        true_total,
        pushPage,
        changePack,
        goPay
    }
    }
    })
</script>
<style scoped>
//样式代码请查看源码包
</style>
```

该页面的核心就是调用Vuex中的方法获取商铺信息和购物车里的菜品，点击"去支付"按钮，调用goPay()方法，在该方法内部使用addOrder()方法，将订单信息提交到服务端数据库，提交完成后服务端返回实付金额和订单编号，获取到金额和订单编号，接下来即可开发微信支付了。

> **注意:**
> 　　提交订单时无须将金额传递给服务端接口，服务端会根据购物车里的菜品计算金额，因为客户端的金额不安全，可以随意改动，因此需要在服务端计算支付金额，提交订单后最终将金额和订单编号返回给客户端。

11.8.2 实现微信支付

10.18节已经介绍了微信支付功能及其支付流程的实现，本小节在提交订单的success回调函数中实现微信支付功能，代码如下：

```
//提交订单
store.dispatch("order/addOrder",{
    branch_shop_id: branch_shop_id.value,
    table_code: table_code.value,
    remarks: remarks.value,
    is_pack: isPack.value ? '1' : '0',//是否打包。1为是，0为否
    distribution_type: distribution_type,//配送方式。0为堂内，2为自提
    success: async (res:any) => {
        let true_total:number = 0;//实际支付金额
        let ordernum:string = "";//订单编号
        if (res.code == 200) {
            true_total = res.data.true_total;
            ordernum = res.data.ordernum;
            if (true_total <= 0) {//如果实际付款金额小于或等于0，直接调用付款成功接口
                store.dispatch("order/payOrder",{
                        ordernum: ordernum, pay_type: 1, success: () => {
                            //跳转到支付成功页面
                            pushPage('/user_pages/order/pay_success?
branch_shop_id=' + branch_shop_id.value + '&table_code=' + table_code.
value)
                        }
                });
            }else{
                //#ifdef MP-WEIXIN
                //微信支付成功的回调地址
                 let notifyUrl ="https://diancan.glbuys.com/api/home/wxpay/
wechat_notify";
                //微信支付统一下单接口
                 let unifOrder:any=await store.dispatch("order/
wechatUnifiedorder",{
                    open_id: openId.value,//用户登录的openID
                    notify_url: notifyUrl,//支付成功的回调地址
                    ordernum: ordernum,//订单编号
                    price: true_total,//支付金额
                    body: "点餐"//商品描述
                });
                let timeStamp:string = unifOrder.data['timeStamp'];//时间戳
```

```
        let nonceStr:string = unifOrder.data['nonceStr'];//随机字符串
        //统一下单接口返回的prepay_id参数值
        let packages:string = unifOrder.data['package'];
        let sign:string = unifOrder.data['paySign'];//签名
        uni.requestPayment({
                provider: 'wxpay',
                timeStamp: timeStamp.toString(),
                nonceStr: nonceStr,
                package: packages,
                signType: 'MD5',
                paySign: sign,
                success: (res:any) => {
                        //跳转到支付成功页面
                        pushPage('/user_pages/order/pay_success?branch_
                        shop_id=' + branch_shop_id.value + '&table_code=' +
                        table_code.value)
                    },
                    fail: (err:any) => {
                    }
                    });
                //#endif
            }
        } else {
            uni.showToast({
            title: '' + res.data + '',
             icon: "none",
                duration: 2000
            })
        }
        isPay = true;
    }
   });
```

以上加粗代码为新增代码，10.18节中已经介绍了微信支付功能的实现，这里不再赘述。注意，在实现微信支付功能之前需要判断支付金额是否大于0，如果大于0再调用微信支付接口，否则调用payOrder()函数直接支付即可，因为传递给微信支付接口的金额必须大于0。

11.8.3 开发支付成功页面

扫一扫，看视频

微信支付完成后跳转到支付成功页面，显示用户支付状态，在此页面可以跳转到订单管理页面查看订单明细。支付成功页面预览效果如图11-18所示。

图 11-18 支付成功页面预览效果

首先在user_pages/order文件夹下创建pay_success.vue文件，该文件中的代码如下：

```ts
<template>
    <view class="page">
        <view class="order-main">
            <view class="pay-success">支付成功！</view>
            <button class="view-order" @click="goMyOrder()">查看订单</button>
            <view class="msg">关注<text decode="true" class="official">&quot;好
            运买点餐公众号&quot;</text>获取商家通知和最新优惠信息。</view>
        </view>
    </view>
</template>

<script lang="ts">
    import { defineComponent,getCurrentInstance,computed} from 'vue';
    import {onLoad} from "@dcloudio/uni-app";//导入uni-app
    import {useStore} from "vuex";
    export default defineComponent({
        name:'pay-success',
        setup(){
            let branch_shop_id:string;//分店的id
            let table_code:string;//桌号
            let cInstance:any=getCurrentInstance();//获取当前组件实例
            let utils:any=cInstance.proxy.$utils;//获取全局属性utils
            let store=useStore();
            //是否登录会员
            let isLogin:any=computed(()=>store.state.user.isLogin);
            onLoad((opts:any)=>{
                //分店的id
                branch_shop_id=opts.branch_shop_id?opts.branch_shop_id:"";
                table_code=opts.table_code?opts.table_code:"";//桌号
                //验证会员登录的token是否合法
                utils.safeUser(store,branch_shop_id,table_code)
            });
            //跳转到订单管理页面
            let goMyOrder:Function=()=>{
```

```
            if(isLogin.value){//如果已登录
                //跳转到订单管理页面
                pushPage('/pages/myorder/index?branch_shop_id='+branch_
                shop_id+'&table_ code='+table_code+'');
            }else{
                //如果未登录，跳转到会员登录页面
                pushPage(`/pages/login/index?branch_shop_id=${branch_
    shop_ id}&table_code=${table_code}`);
            }
        }
        //跳转页面
        let pushPage:Function=(url:string)=>{
            uni.navigateTo({
            url:url
            })
        }
        return{
         goMyOrder
        }
    }
    })
</script>


<style scoped>
//样式代码请查看源码包
</style>
```

该页面的实现非常简单，只需提示用户支付成功即可，并且用户可以从该页面跳转到订单管理页面。注意，不要忘记配置路由，**pages.json**文件中新增的代码如下：

```
{
    ...
    "subPackages": [
        {
            "root": "user_pages",
            "pages": [
              ...
              {
                "path": "order/pay_success",
                "style": {
                "navigationBarTitleText": "付款成功",
                "disableScroll": false
              }
```

```
            }
        ]
    }
  ]
}
```

支付成功页面后期不需要放到tabBar中，该页面属于会员登录后才能访问的页面。为了提高性能的可优化性和可维护性，将该页面放到user_pages分包中。

11.9　个人中心

个人中心可以显示会员的头像、积分、余额等，可以进入我的订单、个人资料、绑定手机等页面。个人中心页面预览效果如图11-19所示。

扫一扫，看视频

图11-19　个人中心页面预览效果

个人中心页面的接口在"接口文档"文件夹下的"会员登录、注册、信息.docx"文件中。下面讲解如何开发个人中心页面。

在点餐页面点击👤按钮进入个人中心页面，如图11-20所示。

图11-20　进入个人中心页面

进入个人中心页面后，首先请求服务端接口，api/user/index.ts文件中新增的代码如下：

```
...
//获取用户信息
export function getUserInfoData(data:any){
    return request(config.baseApi+"/v1/user/userinfo","post",data);
}


//安全退出
export function outLoginData(data:any){
    return request(config.baseApi+"/v1/outlogin","post",data);
}
```

getUserInfoData()函数可以从服务端接口获取用户信息，outLoginData()函数可以重新设置服务端数据库中的token值，实现安全退出。

接下来对接到Vuex中，store/user/index.ts文件中新增的代码如下：

```
import {getWeChatOpenIdData,setWeChatUserData,getDewxbizdataData,bindWechatLog
inBindPhoneNumberData,safeUserData,getUserInfoData,outLoginData} from '../../
api/user';
//state数据类型接口
interface IState{
    ...
    userInfo:object
}
export default {
    namespaced:true,
    state:{
        ...
        //会员信息
        userInfo:{}
    },
    mutations: {
        ...
        //设置会员信息
        ["SET_USERINFO"](state:IState,payload:{userInfo:object}){
            state.userInfo=payload.userInfo;
            }
    },
    actions:{
        ...
        //获取会员信息
        getUserInfo(conText:any,payload:any){
                    getUserInfoData({uid:conText.rootState.user.
uid,token:conText.rootState.user.token,platform:conText.rootState.system.
platform,...payload}).then((res:any)=>{
```

```
                    if(res.code==200){
                        conText.commit("SET_USERINFO",{userInfo:res.data});
                        if(payload.success){
                            payload.success(res.data)
                        }
                    }else{
                        conText.commit("SET_USERINFO",{userInfo:{}});
                    }
                })
        },
        //安全退出
        outLogin(conText:any,payload:any){
            outLoginData({uid:conText.rootState.user.uid,platform:conText.
    rootState.system.platform}).then((res:any)=>{
                if(res.code==200){
                    conText.commit("OUT_LOGIN");
                }
            })
        }
    }
}
```

以上加粗代码为新增代码。state内部的userInfo属性用于存储用户信息。mutations内部的SET_USERINFO方法可以设置用户信息，将用户信息赋值给state内部的userInfo属性；OUT_LOGIN方法用于当退出会员登录时将会员信息清空。actions内部的getUserInfo()方法可以从服务端接口获取用户信息并提交给mutations内部的SET_USERINFO方法；outLogin()方法内部调用outLoginData()方法，可以将服务端数据库中的token值重置，实现安全退出。

接下来在pages文件夹下创建my/index.vue文件并配置路由。pages.json文件中新增的代码如下：

```
{
    "pages": [
        ...
        {
                "path": "pages/my/index",
                "style": {
                        "navigationBarTitleText": "我的",
                        "disableScroll": true,
                        "navigationStyle": "custom"
                }
        }
    ],
    ...
}
```

个人中心页面后期有可能被放到tabBar中，所以不能放到分包中。配置完路由后，接着开发个人中心页面，pages/my/index.vue文件中的代码如下：

```html
<template>
    <view class="page">
        <view class="status_bar bg-color"></view>
        <view :class="{header:true,ipx:isIpx}">
            <view class="back" @click="goBack()">
                <view class="back-icon"></view>
            </view>
            <view class="title">我的</view>
            <view :class="{'user-info':true,ipx:isIpx}">
                <view class="head"><image  :src="userInfo.head?userInfo.
                head:'../../static/images/user/head.png'"></image></view>
                <view  class="nickname">{{userInfo.nickname?userInfo.
                nickname:"昵称"}}</view>
                <view class="show-total">
                    <view class="text">积 分:{{userInfo.points?userInfo.
                    points:"0"}}</view>
                </view>
                <view class="show-balance">
                    <view class="text">余 额:{{userInfo.balance?userInfo.
                    balance:"0"}}</view>
                </view>
            </view>
        </view>
        <view class="pannel-main">
            <view class="list" @click="userPushPage('/pages/myorder/
            index?branch_shop_id='+branch_shop_id+'&table_code='+table_
            code+'')">
                <view class="text">我的订单</view>
                <view class="arrow"></view>
    </view>
            <view class="list" @click="userPushPage('/user_pages/profile/
index?branch_shop_id='+branch_shop_id+'&table_code='+table_code)">
                <view class="text">个人资料</view>
                <view class="arrow"></view>
            </view>
            <view class="list" @click="userPushPage('/user_pages/
bind_cellphone/index?branch_shop_id='+branch_shop_id+'&table_code=
'+table_code)">
```

```
                <view class="text">绑定手机</view>
                <view class="arrow"></view>
            </view>
            <button type="button" class="out-btn" @click="safePage">{{isLogin?
'安全退出': '登录'}}</button>
        </view>
    </view>
</template>

<<script lang="ts">
    import { defineComponent,ref,computed } from 'vue';
    import {onLoad,onShow} from "@dcloudio/uni-app";
    import {useStore} from "vuex";
    export default defineComponent({
        name:'my',
        setup(){
            let branch_shop_id:any=ref("");//分店的id
            let table_code:any=ref("");//桌号
            let store:any=useStore();
            //是否为iPhone X
            let isIpx:any=computed(()=>store.state.system.isIpx);
            //会员是否登录
            let isLogin:any=computed(()=>store.state.user.isLogin);
            //会员信息
            let userInfo:any=computed(()=>store.state.user.userInfo);
            onLoad((opts:any)=>{
                branch_shop_id.value=opts.branch_shop_id?opts.branch_shop_id:"";
                table_code.value=opts.table_code?opts.table_code:"";
            })
            onShow(()=>{
                //获取会员信息
                store.dispatch("user/getUserInfo",{branch_shop_id:branch_
                shop_id.value});
            })
            //安全退出, 在safePage()方法里调用
            let outLogin:Function=()=>{
                uni.showModal({
                    title: '',
                    content: '确认要退出吗? ',
                    success: (res:any)=> {
                        if (res.confirm) {
```

```
                                        //Vuex中的安全退出
                                        store.dispatch("user/outLogin");
                                        userPushPage("/pages/login/index?branch_shop_
id=" + branch_shop_id.value + "&table_code=" + table_code.value);
                                } else if (res.cancel) {
                                }
                        }
                });
        }
        //判断会员是否登录的跳转页面
        let userPushPage:Function=(url:string)=> {
                if(isLogin.value){//如果已登录
                        uni.navigateTo({
                                url:url
                        })
                }else{//如果未登录，跳转到登录页面
                        uni.navigateTo({
                                url:"/pages/login/index?branch_shop_id="+branch_
shop_id.value+"&table_code="+table_code.value
                        })
                }
        }
        //安全退出与登录
        let safePage:Function=()=>{
                if(isLogin.value){//如果会员是已登录状态
                        outLogin()//安全退出
                }else {//如果未登录
                        //跳转到登录页面
                        userPushPage("/pages/login/index?branch_shop_id=" +
branch_shop_id.value + "&table_code=" + table_code.value);
                }
        }
        //返回上一页
        let goBack:Function=()=>{
                uni.navigateBack({
                        delta: 1
                });
        }
        return{
        branch_shop_id,
        table_code,
        isIpx,
```

```
            userInfo,
            safePage,
            isLogin,
            goBack,
                userPushPage
        }
    }
})
</script>

<style scoped>
//样式代码请查看源码包
</style>
```

此页面的核心功能是将用户的昵称、头像、积分和余额显示在视图中。点击"安全退出"按钮，实现退出会员功能。使用userPushPage()方法可以跳转到我的订单、个人资料、绑定手机页面。由于这些页面必须登录会员后才能访问，因此需要在跳转前使用isLogin.value判断会员是否登录，如果未登录，则跳转到会员登录页面。具体实现逻辑请仔细阅读代码，代码注释很清晰，不再赘述。

11.10　订单管理

订单管理页面包括查看已付款的订单、订单详情、退款等功能，订单管理页面的接口在"接口文档"文件夹下的"订单.docx"文件中。

11.10.1　开发已付款订单页面

已付款订单页面预览效果如图11-21所示。

图 11-21　已付款订单页面预览效果

首先请求已付款订单相关的服务端接口，api/order/index.ts文件中新增的代码如下：

```
...
//查看已付款订单
export function getOrderData(data:any){
    return request(config.baseApi+"/v1/user/order/show","post",data);
}
```

getOrderData()函数可以从服务端接口获取已付款的订单列表。接下来对接到Vuex中，store/order/index.ts文件中新增的代码如下：

```
import {addOrderData,wechatUnifiedorderData,getLastOrderData,payData,
getOrderData} from "../../api/order";
export default {
    namespaced:true,
    state:{
        ...
            orders:[],//已付款订单数据
    },
    mutations:{
        ...
        //设置已付款订单数据
        ["SET_ORDERS"](state:any,payload:any){
            state.orders=payload.orders;
        },
        //设置已付款订单分页数据
        ["SET_ORDERS_PAGE"](state:any,payload:any){
            state.orders.push(...payload.orders);
            },
    },
    actions:{
        ...
        //查看已付款订单数据
        getOrder(conText:any,payload:any){
                getOrderData({uid:conText.rootState.user.uid,token:conText.
rootState.user.token,platform:conText.rootState.system.platform,...payload}).
then((res:any)=>{
                if(res.code==200){
                    conText.commit("SET_ORDERS",{orders:res.data});
                    if(payload.success){
                        payload.success(res.pageinfo.pagenum);
                    }
                }else{
```

```
                     conText.commit("SET_ORDERS",{orders:[]});
                 }
                 if(payload.complete){
                     payload.complete()
                 }
             })
         },
         //查看已付款订单分页数据
         getOrderPage(conText:any,payload:any){
              getOrderData({uid:conText.rootState.user.uid,token:conText.
    rootState.user.token,platform:conText.rootState.system.platform,...payload}).
    then((res:any)=>{
              if(res.code==200){
                  conText.commit("SET_ORDERS_PAGE",{orders:res.data});
              }
         })
        },
    }
}
```

以上加粗代码为新增代码。state内部的orders属性为已付款订单的数据列表。mutations内部的SET_ORDERS方法可以设置state内部的orders属性的值；SET_ORDERS_PAGE方法内部使用push()方法，可以为state.orders数组添加新的值，用于上拉加载数据。actions内部的getOrder()方法可以从服务端接口获取已付款订单数据；getOrderPage()方法可以从服务端接口获取已付款订单分页数据，使用commit提交到SET_ORDERS_PAGE，为state.orders数组添加新的值。

接下来创建已付款订单文件。在pages文件夹下创建myorder/index.vue文件，创建完成后配置路由。pages.json文件中新增的代码如下：

```
{
    "pages": [
        ...
        {
            "path": "pages/myorder/index",
            "style": {
                    "navigationBarTitleText": "我的订单",
                    "disableScroll": false,
                    "enablePullDownRefresh": true
            }
        },
    ],
    ...
}
```

我的订单页面未来有可能会被放入tabBar，所以不要放在分包（subPackages）里。继续开发已付款订单页面，pages/myorder/index.vue文件中的代码如下：

```html
<template>
    <view class="page">
        <!--
        Tags:订单状态页面切换组件
        status:订单状态
        branch_shop_id:分店的id
        table_code:桌号
        -->
            <Tags :status="status" :branch_shop_id="branch_shop_id"
:table_code="table_code"></Tags>
            <view class="order-main" v-if="orders.length>0">
                    <view class="order-list" @click="pushPage('/pages/
myorder/details?branch_shop_id='+branch_shop_id+'&table_code='+table_
code+'&ordernum='+item.ordernum+'')" v-for="(item,index) in orders"
:key="index">
                        <view class="order-info">
                        <view class="shop-name">{{item.branch_shop_name}}</view>
                        <view class="order-time">下单时间:{{item.order_time}}</view>
                            <view class="ordernum-status">
                            <view class="ordernum">订单编号:{{item.ordernum}}</view>
                                        <view class="status">{{item.status=='0'?
'待付款':item.status=='1'?'已付款':""}}</view>
                            </view>
                            <view class="area-table" v-if="item.table_code && item.
is_pack=='0'">
                                <view class="area">区域:{{item.hotel_area_title}}</view>
                                <view class="table-code">桌号:{{item.table_code}}</view>
                            </view>
                            <view class="remarks">是否打包:{{item.is_pack=='1'?'是':
'否'}}</view>
                                <view class="remarks" v-if="item.is_pack=='1'">配送方式:
{{item.distribution_type=='1'?'配送':'自提'}}</view>
                            <view class="pick-code">取餐码:{{item.pick_code}}</view>
                                <view class="remarks">备注:{{item.remarks?item.remarks:
"无"}}</view>
                        </view>
                        <view class="order-desc">
                                <view class="goods-list-main" v-for="(item2,index2) in
item.order_desc" :key="index2">
```

```
            <view class="goods-list">
                <view class="image">
                    <image :src="item2.image"></image>
                </view>
                <view class="goods-info">
                    <view class="title">{{item2.title}}</view>
                <view class="info-text">x{{item2.amount}}</view>
                <view class="info-text">￥{{item2.price}}</view>
                    <view class="info-text" v-if="item2.pack_
price>0">包装费:￥{{item2.pack_price}}</view>
                        <view class="is-meal">是否套餐:{{item2.is_
meal=='1'?'是':'否'}}</view>
                    </view>
                </view>
                    <view class="refund-content" v-if="item2.
refund_state=='-2'">
                        失败原因:{{item2.refund_failed}}
                </view>
                <view class="meal-items" v-if="item2.is_meal=='1'">
                    <block v-for="(item3,index3) in item2.omi_data"
:key="index3">
                        <view class="item-list">
                            <view class="item">
                                <view>- {{item3.title}}</view>
                                <view>x{{item3.amount}}</view>
                                <view>￥{{item3.price}}</view>
                            </view>
                        </view>
                            <view class="pack-price" v-if="item3.pack_
price>0">包装费:￥{{item3.pack_price}}</view>
                            <view class="refund-content" v-if="item3.
refund_state=='-2'">
                                失败原因:{{item3.refund_failed}}
                            </view>
                    </block>
                </view>
            </view>
        </view>
        <view class="price-status">
            <view class="price">实付金额:￥{{item.true_total}}</view>
            <view class="status">
                <view class="status-btn">订单详情</view>
```

```
                    </view>
                </view>
            </view>
        </view>
        <view class="no-data" v-if="orders.length<=0">没有订单！</view>
    </view>
</template>

<script lang="ts">
    import { defineComponent,ref,getCurrentInstance,computed } from 'vue';
     import {onLoad,onPullDownRefresh,onReachBottom} from "@dcloudio/uni-
app";//导入uni-app
    import {useStore} from "vuex";
    //订单状态页面切换组件
    import Tags from "../../components/myorder/tags";
    export default defineComponent({
        name:'order',
        components:{
            Tags//订单状态页面切换组件
        },
        setup(){
            let branch_shop_id:any=ref("")//分店的id
            let status:any=ref("0");//订单状态。1为已付款，-2为已退款
            let table_code:any=ref("");//桌号
            let store=useStore();
            let utils:any=getCurrentInstance().proxy.$utils;//获取全局属性utils
            let curPage:number=1;//当前页码
            let maxPage:number=0;//总页码
            let orders=computed(()=>store.state.order.orders);//已付款订单数据
            onLoad((opts:any)=>{
                        branch_shop_id.value=opts.branch_shop_id?opts.
branch_shop_id:"";
                table_code.value=opts.table_code?opts.table_code:"";
                status.value=opts.status?opts.status:"1";
                //验证会员是否合法登录
                utils.safeUser(store,branch_shop_id.value,table_
code.value,()=>{
                    //如果合法，从服务端获取已付款订单数据
                    store.dispatch("order/getOrder",{page:1,status:status.va
lue,success:(pageNum:number)=>{
                        maxPage=pageNum;
```

```
                        }});
                    });
                })
                //下拉刷新
                onPullDownRefresh(()=>{
                    store.dispatch("order/getOrder",{page:1,status:status.value,
success:(pageNum:number)=>{
                        maxPage=pageNum;
                    },
                    complete:()=>{
                        //停止当前页面下拉刷新
                        uni.stopPullDownRefresh();
                    }
                    });
                })
                //上拉加载数据
                onReachBottom(()=>{
                    //如果当前页码小于总页码数
                    if(curPage<maxPage){
                        curPage++;
                        //向服务端获取已付款订单分页数据
                        store.dispatch("order/getOrderPage",{page:curPage,status:
status.value})
                    }
                })
                //跳转页面
                let pushPage:Function=(url:string)=>{
                    uni.navigateTo({
                        url:url
                    })
                }
            return{
            branch_shop_id,
            status,
            table_code,
            orders,
            pushPage
            }
        }
    })
</script>
```

```
<style scoped>
//样式代码请查看源码包
</style>
```

上面代码中，Tags为已付款订单页面和已退款订单页面的切换功能的实现。由于微信小程序没有主路由和子路由之分，因此可以用组件代替以实现类似的效果。在components文件夹下创建myorder/tags.vue文件，该文件中的代码如下：

```
<template>
    <view class="tags">
            <view :class="{item:true, active:status==1?true:false}"
@click="pushPage('/pages/myorder/index?branch_shop_id='+branch_shop_
id+'&table_code='+table_code+'&status=1')" >已付款</view>
            <view :class="{item:true, active:status==-2?true:false}"
@click="pushPage('/pages/myorder/refund?branch_shop_id='+branch_shop_
id+'&table_code='+table_code+'&status=-2')">退款</view>
    </view>
</template>

<script lang="ts">
    import { defineComponent } from 'vue';
    export default defineComponent({
        name:"tabs",
        props:{
            //订单状态
            status:{
                type:String,
                default:"0"
            },
            //分店的id
            branch_shop_id:{
                type:String,
                default: ""
            },
            //桌号
            table_code:{
                type:String,
                default:""
            }
        },
        setup(){
            let pushPage:Function=(url:string)=>{
```

```
                    uni.redirectTo({
                        url:url
                    })
                  }
                return{
                 pushPage
                }
            }
        })
    })
</script>
<style scoped>
//样式代码请查看源码包
</style>
```

　　props内部的status属性为订单状态，1表示已付款，–2表示退款；branch_shop_id属性为分店的编号，table_code属性为桌号。这些属性将作为url参数传递给pushPage函数，pushPage函数内部使用uni.redirectTo()方法实现已付款订单页面与已退款订单页面之间的跳转。

11.10.2　开发订单详情页面

　　订单详情页面预览效果如图11-22所示。

图 11-22　订单详情页面预览效果

首先请求订单详情相关服务端接口，api/order/index.ts文件中新增的代码如下：

```
...
//订单详情
export function getOrderDetailsData(data:any){
    return request(config.baseApi+"/v1/user/order/details","post",data);
}
```

　　getOrderDetailsData()函数可以从服务端接口获取订单详情数据，接下来对接到Vuex中。store/order/index.ts文件中新增的代码如下：

```
import {addOrderData,wechatUnifiedorderData,getLastOrderData,payData,getOrderData,getOrderDetailsData} from "../../api/order";
export default {
    namespaced:true,
    state:{
        ...
        orderDetails:{},//订单详情数据
    },
    mutations:{
        ...
        //设置订单详情数据
        ["SET_ORDER_DETAILS"](state:any,payload:any){
            state.orderDetails=payload.orderDetails;
        },
    },
    actions:{
        ...
        //查看订单详情
        getOrderDetails(conText:any,payload:any){
            getOrderDetailsData({uid:conText.rootState.user.uid,token:
conText.rootState.user.token,platform:conText.rootState.system.
platform,...payload}).then((res:any)=>{
                if(res.code==200){
                    conText.commit("SET_ORDER_DETAILS",{orderDetails:res.
data});
                }
                if(payload.complete){
                    payload.complete();
                }
            })
        },
    }
}
```

　　以上加粗代码为新增代码。state内部的orderDetails属性可以存储订单详情数据；mutations内部的SET_ORDER_DETAILS方法可以设置state内部的orderDetails属性的值；actions内部的getOrderDetails()方法可以从服务端接口获取订单详情数据，并使用commit提交SET_ORDER_DETAILS，将订单详情数据赋值给state.orderDetails。

　　在pages/myorder文件夹下创建details.vue文件，创建完成后配置路由。pages.json文件中

新增的代码如下：

```
{
    "pages": [
        ...
        {
                "path": "pages/myorder/details",
                "style": {
                        "navigationBarTitleText": "订单详情",
                        "enablePullDownRefresh": true
                }
        }
    ],
    ...
}
```

pages/myorder/details.vue文件中的代码如下：

```
<template>
    <view class="page">
        <view class="shop-title">{{orderDetails.branch_shop_name}}</view>
        <view class="order-main">
            <view class="order-list">
                <view class="order-info">
                <view class="order-time">下单时间:{{orderDetails.order_time}}</view>
                    <view class="ordernum-status">
                        <view class="ordernum">订单编号:{{ordernum}}</view>
                        <view class="status">{{orderDetails.status=='0'?'待付
款':orderDetails.status=='1'?'已付款':""}}</view>
                    </view>
                    <!--如果是堂内订单-->
                    <view class="area-table" v-if="orderDetails.table_code
&& orderDetails.is_pack=='0'">
                        <view class="area">区域:{{orderDetails.hotel_area_
title}}</view>
                        <view class="table-code">桌号:{{orderDetails.table_code}}
                        </view>
                    </view>
                    <view class="pick-code">取餐码:{{orderDetails.
pick_code}}</view>
                    <view class="remarks">是否打包:{{orderDetails.is_
pack=='1'?'是':'否'}}</view>
```

```html
                    <view class="remarks" v-if="orderDetails.is_pack=='1'">
配送方式：自提</view>
                        <view class="remarks">备注:{{orderDetails.remarks?
orderDetails.remarks:"无"}}</view>
                </view>
                <view class="order-desc">
                    <!--订单明细-->
                    <view class="goods-list-main" v-for="(item2,index2) in
orderDetails.order_desc" :key="index2">
                        <view class="goods-list">
                            <view class="image">
                                <image :src="item2.image"></image>
                            </view>
                            <view class="goods-info">
                                <view class="title">{{item2.title}}</view>
                                <view class="info-text">x{{item2.amount}}</view>
                                <view class="info-text"> ¥{{item2.price}}</view>
                                <view class="info-text" v-if="item2.pack_
price>0">包装费:¥{{item2.pack_price}}</view>
                                    <view class="is-meal">是否套餐:{{item2.is_
meal=='1'?'是':'否'}}</view>
                                        <view :class="{'refund-
btn':true,success:item2.refund_state=='1',fail:item2.refund_state=='-
2',handle:item2.refund_state=='-1'}" v-if="item2.is_meal=='0' && orderDetails.
status=='1' && (orderDetails['true_total']>0 || orderDetails['balance_
total']>0)" @click="applyRefund(item2.order_item_id,item2.refund_state,item2.is_
meal,item2.title,item2.amount)">{{item2.refund_state=='1'?'退款成功':item2.refund_
state=='-2'?'退款失败':item2.refund_state=='-1'?'处理中':'申请退款'}}</view>
                            </view>
                        </view>
                        <!--退款失败原因-->
                        <view class="refund-content" v-if="item2.
refund_state=='-2'">
                            失败原因:{{item2.refund_failed}}
                        </view>
                        <!--套餐里菜品的明细-->
                        <view class="meal-items" v-if="item2.is_meal=='1'">
                            <block v-for="(item3,index3) in item2.omi_data"
:key="index3">
                                <view class="item-list">
                                    <view class="item">
                                        <view>- {{item3.title}}</view>
```

```
                              <view>x{{item3.amount}}</view>
                              <view> ¥{{item3.price}}</view>
                        </view>
                           <view v-if="orderDetails.status=='1' &&
(orderDetails['true_total']>0)" :class="{'refund-btn':true,success:item3.
refund_state=='1',fail:item3.refund_state=='-2',handle:item3.refund_
state=='-1'}" @click="applyRefund(item3.order_item_id,item3.refund_
state,item2.is_meal,item3.title,item3.amount)">{{item3.refund_state=='1'?'退
款成功':item3.refund_state=='-2'?'退款失败':item3.refund_state=='-1'?'处理中':
'申请退款'}}</view>
                        </view>
                           <view class="pack-price" v-if="item3.pack_
price>0">包装费:¥{{item3.pack_price}}</view>
                              <view class="refund-content" v-if="item3.
refund_state=='-2'">
                                 失败原因:{{item3.refund_failed}}
                              </view>
                        </block>
                     </view>
                  </view>
               </view>
               <view class="price-status">
                  <view class="price">菜品金额:¥{{orderDetails['total']}}</view>
                     <view class="price active">包装费:¥{{orderDetails['pack_
total']}}</view>
                     <view class="price active">实付金额:¥{{orderDetails['true_
total']}}</view>
                  </view>
               </view>
            </view>
            <view class="again-order" @click="replacePage('/pages/goods/
index?branch_shop_id='+branch_shop_id+'&table_code='+table_code)">再来一单</
view>
            <!--申请退款组件-->
            <refund-order :show="showRefund" @cancel="cancelRefund()"
:orderItemId="orderItemId" :isMeal="isMeal" :title="title" :amount="amount"></
refund-order>
      </view>
</template>

<script lang="ts">
   import { defineComponent,ref,getCurrentInstance,computed } from 'vue';
```

```typescript
import {onLoad,onPullDownRefresh} from "@dcloudio/uni-app";//导入uni-app
import {useStore} from "vuex";
import RefundOrder from "../../components/refund_order";
export default defineComponent({
    name:'order-details',
    components:{
        RefundOrder//申请退款组件
    },
    setup(){
        let branch_shop_id=ref("");//分店的id
        let ordernum=ref("");//订单编号
        let table_code=ref("");//桌号
        let showRefund=ref(false);//是否显示申请退款组件
        let orderItemId=ref("");//菜品订单明细的id
        let isMeal=ref("");//是否套餐
        let title=ref("");//菜品名称
        let amount=ref(1);//菜品数量
        let store=useStore();
        let utils=getCurrentInstance().proxy.$utils;//获取全局属性utils
        //订单详情数据
        let orderDetails=computed(()=>store.state.order.orderDetails);
        onLoad((opts:any)=>{
            branch_shop_id.value=opts.branch_shop_id?opts.branch_shop_id:"";
            table_code.value=opts.table_code?opts.table_code:"";
            ordernum.value=opts.ordernum?opts.ordernum:"";
            //验证会员是否合法登录
            utils.safeUser(store,branch_shop_id.value,table_code.
value,()=>{
                //如果会员合法登录，从服务端获取订单详情
                store.dispatch("order/getOrderDetails",{ordernum:ordernu
m.value});
            })
        })
        //下拉刷新
        onPullDownRefresh(()=>{
            //重新从服务端获取订单详情数据
            store.dispatch("order/getOrderDetails",{ordernum:ordernum.
value,complete:()=>{
                //停止当前页面下拉刷新
                uni.stopPullDownRefresh();
            }});
        })
        //重定向跳转页面
```

```
            let replacePage:Function=(url:string)=>{
                uni.redirectTo({
                    url:url
                })
            }
            //申请退款
            let applyRefund:Function=(orderItemIdVal:string,refund_state:str
ing,isMealVal:string,titleVal:string,amountVal:number)=>{
                //如果退款的订单状态不是申请状态,也不是退款失败状态,也不是退款成功状态
                //refund_state的值:-1表示申请状态,-2表示退款失败状态,1表示退款成功状态
                    if(refund_state!="-1" && refund_state!='-2' && refund_
state!='1'){
                    showRefund.value=true;//显示退款组件
                    orderItemId.value=orderItemIdVal;//菜品订单明细的id
                    isMeal.value=isMealVal;//是否套餐
                    title.value=titleVal;//菜品名称
                    amount.value=amountVal;//退菜数量
                }
            }
            //取消申请退款
            let cancelRefund:Function=()=>{
                showRefund.value=false;//隐藏申请退款组件
                amount.value=1;//数量设置为1
            }
          return{
            branch_shop_id,
            ordernum,
            table_code,
            showRefund,
            orderItemId,
            isMeal,
            title,
            amount,
            replacePage,
            applyRefund,
            cancelRefund,
            orderDetails
            }
        }
    })
</script>
<style scoped>
//样式代码请查看源码包
```

```
</style>
```

在onLoad()钩子函数内调用Vuex中的getOrderDetails()方法传入订单编号，从服务端接口获取订单详情数据，保存到orderDetails中，并渲染到视图上。使用onPullDownRefresh()钩子函数可以实现下拉刷新，在订单详情页面可以申请退款，视图中的<refund-order>组件为申请退款组件。

11.10.3　开发申请退款组件

申请退款组件预览效果如图11-23所示。

扫一扫，看视频

图11-23　申请退款组件预览效果

首先请求与申请退款相关的服务端接口，api/order/index.ts文件中新增的代码如下：

```
...
//申请退款
export function applyRefundOrderData(data:any){
    return request(config.baseApi+"/v1/user/order/refund","post",data);
}
```

applyRefundOrderData()函数可以调用服务端接口申请退款。接下来对接到Vuex中，store/order/index.ts文件中新增的代码如下：

```
import {addOrderData,wechatUnifiedorderData,getLastOrderData,payData,getOrderD
ata,getRefundOrderData,getOrderDetailsData,applyRefundOrderData} from "../../
api/order";
export default {
    ...
    mutations:{
```

```
        ...
        //改变订单详情退款状态
        ["SET_ORDER_DETAILS_REFUND_STATE"](state:any,payload:any){
            if(state.orderDetails.order_desc){
                if(payload.is_meal=='1'){//套餐
                    level1:
                        for(let i:number=0;i<state.orderDetails.order_desc.
length;i++){
                            level2:
                            for(let j=0;j<state.orderDetails.order_desc[i].
                            omi_data.length;j++){
                                if(state.orderDetails.order_desc[i].omi_
                                data[j].order_item_id==payload.order_item_id){
                                    state.orderDetails.order_desc[i].omi_
                                    data[j].refund_state='-1';
                                    break level1;
                                }
                            }
                        }
                }else{//非套餐
                    for(let i:number=0;i<state.orderDetails.order_desc.
                    length;i++){
                        if(state.orderDetails.order_desc[i].order_item_id==
                        payload.order_item_id){
                            state.orderDetails.order_desc[i].refund_state='-1';
                            break;
                        }
                    }
                }
            }
        },
    actions:{
        ...
        //申请退款
        applyRefundOrder(conText:any,payload:any){
            applyRefundOrderData({uid:conText.rootState.user.
uid,token:conText.rootState.user.token,platform:conText.rootState.system.
platform,...payload}).then((res:any)=>{
                if(payload.success){
                    payload.success(res);
                }
```

```
                    if(res.code==200){
                        //改变订单状态
                        conText.commit("SET_ORDER_DETAILS_REFUND_STATE",{order_
item_id: payload.order_item_id,is_meal:payload.is_meal});
                    }
                })
            }
        }
    }
```

以上加粗代码为新增代码。mutations内部的SET_ORDER_DETAILS_REFUND_STATE方法可以响应式地改变订单的状态，actions内部的applyRefundOrder()方法可以向服务端申请退款并改变订单的状态。

接下来开发申请退款组件。在components文件夹下创建refund_order/index.vue文件，该文件中的代码如下：

```
<template>
    <view class="mask" v-show="show">
        <view class="refund-win">
            <view class="title">菜品名称:{{title}}</view>
            <view class="amount-wrap">
                <view class="text">数量:</view>
                <view class="handle-amount">
                    <view class="dec" @click="refundAmount>1?--efundAmount:1"></view>
                    <text>{{refundAmount}}</text>
                    <view class="inc" @click="incAmount()"></view>
                </view>
            </view>
            <view class="refund-content"><textarea fixed="true"
placeholder="请输入退款原因" v-model="refundContent"></textarea></view>
            <view class="handle-btn">
                <button class="cancel" @click="cancel()">取消</button>
                <button class="submit" @click="submitData()">提交</button>
            </view>
        </view>
    </view>
</template>

<script lang="ts">
    import { defineComponent,ref,watch } from 'vue';
    import {useStore} from "vuex";
    export default defineComponent({
        name:'refund-order',
```

```
    props:{
        //是否显示组件
        show:{
            type:Boolean,
            default:false
        },
        //是否为套餐
        isMeal:{
            type:String,
            default:""
        },
        //订单明细的id
        orderItemId:{
            type:String,
            default:""
        },
        //菜品名称
        title:{
            type:String,
            default:""
        },
        //菜品数量
        amount:{
            type:Number,
            default:0
        }
    },
    setup(props:any,conText:any){
        let refundAmount=ref(1);//退菜数量
        let refundContent=ref("");//退款原因
        let isSubmit:boolean=true;//防止网络延迟, 出现重复申请退款的问题
        let store=useStore();
        //提交退款申请
        let submitData:Function=()=>{
            if(isSubmit){
                isSubmit=false;
                //申请退款
                store.dispatch("order/applyRefundOrder",{refund_amount:
refundAmount.value,order_item_id:props.orderItemId,refund_content:refundContent.
value,is_meal:props.isMeal,success:(res:any)=>{
                        if(res.code==200){
                            uni.showToast({
                                title:"申请退款成功, 我们会尽快处理! ",
```

```
                                icon:"none",
                                duration:2000
                            });
                            setTimeout(()=>{
                                isSubmit=true;
                                cancel();//隐藏申请退款组件
                            },2000);
                        }else{
                            isSubmit=true;
                            uni.showToast({
                                title:""+res.data+"",
                                icon:"none",
                                duration:2000
                            });
                        }
                    }});
                }
            }
            //隐藏组件
            let cancel:Function=()=>{
                refundAmount.value=1;
                refundContent.value="";
                conText.emit("cancel");
            }
            //增加菜品退款数量
            let incAmount:Function=()=>{
                if(refundAmount.value<props.amount){
                    refundAmount+=1;
                }else{
                    uni.showToast({
                        title:"退款数量不能大于购买数量",
                        icon:"none",
                        duration:2000
                    });
                }
            }
            //监听父组件菜品数量的变化
            watch(()=>props.amount,(newVal:number,oldVal:number)=>{
                refundAmount.value=newVal;
            })
            return{
            refundAmount,
            refundContent,
```

```
                submitData,
                incAmount
            }
        }
    })
</script>
<style scoped>
//样式代码请查看源码包
</style>
```

申请退款组件可以更改退菜的数量和填写退款原因，最终提交给服务端接口完成退款申请，需要从父组件接收几个必要的属性。props内部的show属性可以显示该组件；isMeal属性表示是否为套餐，值为1表示是套餐，0表示不是套餐；orderItemId属性为订单明细的编号；title属性为菜品的名称；amount属性为退菜的数量；submitData()函数可以提交退款申请，如果申请退款成功，则调用cancel()函数隐藏该组件。

11.10.4　查看已退款的订单

用户申请退款完成后，在商家端单击"同意"按钮，即可将款项原路退回用户的账户中。由于本实战项目没有开发商家端，因此可以进入平台后台管理系统进行操作与测试，后台管理系统地址和账号可以在11.1节中获取。进入后台管理系统，单击订单管理按钮，进入订单管理页面，单击左侧的"退款"按钮，找到申请退款的菜品，单击"确认现金退款"按钮，即可实现退款，退款成功后即可在客户端显示。客户端退款页面预览效果如图11-24所示。

扫一扫，看视频

图11-24　客户端退款页面预览效果

首先请求退款相关的服务端接口，api/order/index.ts文件中新增的代码如下：

```
...
//查看已退款订单
export function getRefundOrderData(data:any){
        return request(config.baseApi+"/v1/user/order/show_refund",|
"post",data);
}
```

getRefundOrderData()函数可以从服务端接口获取已退款订单列表数据。接下来对接到Vuex中，store/order/indcx.ts文件中新增的代码如下：

```
import {addOrderData,wechatUnifiedorderData,getLastOrderData,payData,getOrderD
etailsData,applyRefundOrderData,getOrderData,getRefundOrderData} from "../../
api/order";
export default {
    namespaced:true,
    state:{
        ...
        refundOrders:[],//已退款订单数据
    },
    mutations:{
        ...
        //设置已退款订单数据
        ["SET_REFUND_ORDERS"](state:any,payload:any){
            state.refundOrders=payload.refundOrders;
        },
        //设置已退款订单分页数据
        ["SET_REFUND_ORDERS_PAGE"](state:any,payload:any){
            state.refundOrders.push(...payload.refundOrders);
        }
    },
    actions:{
        ...
        //查看已退款订单数据
        getRefundOrder(conText:any,payload:any){
                getRefundOrderData({uid:conText.rootState.user.uid,token:
conText.rootState.user.token,platform:conText.rootState.system.
platform,...payload}).then((res:any)=>{
            if(res.code==200){
                conText.commit("SET_REFUND_ORDERS",{refundOrders:res.
data});
                    if(payload.success){
```

```
                        payload.success(res.pageinfo.pagenum);
                }
            }else{
                conText.commit("SET_REFUND_ORDERS",{refundOrders:[]});
            }
            if(payload.complete){
                payload.complete();
            }
        })
    },
    //查看已退款订单分页数据
    getRefundOrderPage(conText:any,payload:any){
            getRefundOrderData({uid:conText.rootState.user.uid,token:
    conText.rootState.user.token,platform:conText.rootState.system.
    platform,...payload}).then((res:any)=>{
            if(res.code==200){
                        conText.commit("SET_REFUND_ORDERS_PAGE",
    {refundOrders:res.data});
            }
        })
    }
  }
}
```

　　以上加粗代码为新增代码。state内部的refundOrders属性可以存储已退款订单数据。mutations内部的SET_REFUND_ORDERS方法可以设置state内部的refundOrders属性的值；SET_REFUND_ORDERS_PAGE方法内部使用push()方法，可以为state.refundOrders数组添加新的值，用于上拉加载数据。actions内部的getRefundOrder()方法可以从服务端接口获取已退款订单数据，并使用commit提交SET_REFUND_ORDERS，将获取的数据存储到state.refundOrders中；getRefundOrderPage()方法可以从服务端接口获取已退款订单分页数据，并使用commit提交SET_REFUND_ORDERS_PAGE，将数据添加到state.refundOrders中。

　　接下来开发已退款订单页面。在pages/myorder文件夹下创建refund.vue文件并配置路由。pages.json文件中新增的代码如下：

```
{
    "pages": [
        ...
        {
            "path": "pages/myorder/refund",
            "style": {
                "navigationBarTitleText": "我的订单",
                "enablePullDownRefresh": true
```

```
                }
            }
        ],
        ...
    }
```

pages/myorder/refund.vue文件中的代码如下:

```
<template>
    <view class="page">
        <Tags :status="status" :branch_shop_id="branch_shop_id"
:table_code="table_code"></Tags>
        <view class="order-main" v-if="refundOrders.length>0">
            <view class="order-list" v-for="(item,index) in refundOrders"
:key="index">
                <view class="order-info">
                    <view class="shop-name">{{item.branch_shop_name}}</view>
                    <view class="order-time">下单时间:{{item.order_time}}</view>
                        <view class="ordernum-status">
                        <view class="ordernum">订单编号:{{item.ordernum}}</view>
                        </view>
                        <view class="area-table" v-if="item.is_pack=='0'">
                        <view class="area">区域:{{item.hotel_area_title}}</view>
                        <view class="table-code">桌号:{{item.table_code}}</view>
                        </view>
                        <view class="pick-code">取餐码:{{item.pick_code}}</view>
                         <view class="remarks">备注:{{item.remarks?item.remarks:
"无"}}</view>
                </view>
                <view class="order-desc">
                    <view class="goods-list-main">
                        <view class="goods-list">
                            <view class="image">
                                <image :src="item.image"></image>
                            </view>
                            <view class="goods-info">
                                <view class="title">{{item.title}}</view>
                                    <view class="info-text">x{{item.refund_
amount}}</view>
                                <view class="info-text"> ¥{{item.price}}</view>
                                    <view class="info-text" v-if="item.pack_
price>0">包装费:¥{{item.pack_price}}</view>
```

```
                                    <view class="is-meal">套餐单品:{{item.is_
meal=='1'?'是':'否'}}</view>
                            </view>
                        </view>
                    </view>
                    <view class="price-status">
                        <view class="price">退款:¥{{item.refund_total}}</view>
                    </view>
                </view>
            </view>
            <view class="no-data" v-if="refundOrders.length<=0">没有退款订单! </view>
        </view>
</template>

<script lang="ts">
    import { defineComponent,ref,getCurrentInstance,computed } from 'vue';
     import {onLoad,onPullDownRefresh,onReachBottom} from "@dcloudio/uni-
app";//导入uni-app
    import {useStore} from "vuex";
    import Tags from "../../components/myorder/tags";
    export default defineComponent({
        name:'refund',
        components:{
            Tags//订单状态页面切换组件
        },
        setup(){
            let branch_shop_id=ref("");//分店的id
            let status=ref(0);//订单状态。1为已付款, -2为已退款
            let table_code=ref("");//桌号
            let utils:any=getCurrentInstance().proxy.$utils;//获取全局属性utils
            let store=useStore();
            let curPage:number=1;//当前页码
            let maxPage:number=0;//总页码
            //已退款订单数据
            let refundOrders=computed(()=>store.state.order.refundOrders);
            onLoad((opts:any)=>{
                branch_shop_id.value=opts.branch_shop_id?opts.
branch_shop_id:"";
                table_code.value=opts.table_code?opts.table_code:"";
                status.value=opts.status?opts.status:"-2";
```

```
                    //验证会员是否合法登录
                    utils.safeUser(store,branch_shop_id.value,table_code.value,()=>{
                        //如果合法，从服务端获取已退款订单数据
                        store.dispatch("order/getRefundOrder",{page:1,success:(pa
geNum:number)=>{
                            maxPage=pageNum;
                        }});
                    });
                })
                //下拉刷新
                onPullDownRefresh(()=>{
                    //重新获取已退款订单数据
                        store.dispatch("order/getRefundOrder",{page:1,success:
(pageNum:number)=>{
                        maxPage=pageNum;
                    },
                    complete:()=>{
                        //停止当前页面下拉刷新
                        uni.stopPullDownRefresh();
                    }
                    });
                })
                //上拉加载数据
                onReachBottom(()=>{
                    //如果当前页码小于总页码
                    if(curPage<maxPage){
                        curPage++;
                        //获取已退款订单分页数据
                        store.dispatch("order/getRefundOrderPage",{page:curPage});
                    }
                })
                return{
                branch_shop_id,
                status,
                table_code,
                refundOrders
                }
            }
        })
    </script>
```

```
<style scoped>
//样式代码请查看源码包
</style>
```

在onLoad()钩子函数内调用Vuex中的getRefundOrder()方法可以从服务端接口获取已退款订单列表数据并存储到refundOrders中，使用v-for将数据渲染到视图中，onPullDownRefresh()钩子函数内部的代码可以实现下拉刷新，onReachBottom()钩子函数内部的代码可以实现上拉加载数据。请仔细阅读代码，注释很清晰，不再赘述。

11.11 修改个人资料

修改个人资料包括修改头像、昵称、姓名、性别等信息，相关接口在"接口文档"文件夹下的"会员登录、注册、信息.docx"文件中。

个人资料页面预览效果如图11-25所示。

图 11-25　个人资料页面预览效果

首先请求与个人资料相关的服务端接口，api/user/index.ts文件中新增的代码如下：

```
...
//修改用户信息
export function updateUserData(data:any){
    return request(config.baseApi+"/v1/user/update","post",data);
}
```

updateUserData()函数可以调用服务端接口修改用户信息。接下来对接Vuex，store/user/index.ts文件中新增的代码如下：

```
import {getWeChatOpenIdData,setWeChatUserData,getDewxbizdataData,bindWecha
tLoginBindPhoneNumberData,safeUserData,getUserInfoData,updateUserData} from
'../../api/user';
export default {
    ...
```

```
    actions:{
        ...
        //修改用户信息
        updateUser(conText:any,payload:any){
            updateUserData({uid:conText.rootState.user.uid,token:
conText.rootState.user.token,platform:conText.rootState.system.
platform,...payload}).then((res:any)=>{
                if(res.code==200){
                    if(payload.success){
                        payload.success(res);
                    }
                }
            })
        },
    }
}
```

以上加粗代码为新增代码。actions内部的updateUser()方法内部调用updateUserData()函数，可以调用服务端接口修改用户信息。

接着在user_pages文件夹下创建profile/index.vue文件，创建完成后配置路由。pages.json文件中新增的代码如下：

```
{
    ...
    "subPackages": [
        {
            "root": "user_pages",
            "pages": [
                ...
                {
                    "path": "profile/index",
                    "style": {
                        "navigationBarTitleText": "个人资料",
                        "disableScroll": true
                    }
                }
            ]
        }
    ]
}
```

以上加粗代码为新增代码。修改个人资料页面时，必须登录会员后才能访问与会员相关的页面，所以将其放在user_pages分包下。user_pages/profile/index.vue文件中的代码如下：

```html
<template>
    <view class="page">
        <view class="head-wrap">
            <view class="text">头像</view>
             <view class="head" @click="handleHead"><image :src="showHead">
</image></view>
        </view>
        <view class="list">
            <view class="text">昵称</view>
            <view class="input-wrap">
                <input type="text" class="input" v-model="nickname"
placeholder="请输入昵称" />
            </view>
        </view>
        <view class="list">
            <view class="text">姓名</view>
            <view class="input-wrap">
              <input type="text" class="input" v-model="name" placeholder=
              "请输入姓名" />
            </view>
        </view>
        <view class="list" @click="selectGender">
            <view class="text">性别</view>
            <view class="input-wrap">
                <view class="text-tip">{{gender=="1"?'男':gender=='2'?'女':
                '请选择'}}</view>
                 <view class="arrow"></view>
            </view>
        </view>
        <button type="button" @click="submit()" class="submit-btn">保存
        </button>
    </view>
</template>

<script lang="ts">
    import { defineComponent,ref,getCurrentInstance,computed } from 'vue';
    import {onLoad} from "@dcloudio/uni-app";//导入uni-app
    import {useStore} from "vuex";
    export default defineComponent({
        name:'profile',
```

```
setup(){
    let nickname=ref("");//昵称
    let gender=ref("");//性别。1为男，2为女
    let name=ref("");//姓名
    //在视图中显示的头像图片的地址
    let showHead=ref("../../static/images/user/head.png");
    let head=ref("");//保存到数据库的头像图片名称
    let branch_shop_id:string="";//分店的id
    let table_code:string="";//桌号
    let isSubmit:boolean=false;//防止网络延迟重复修改资料
    let store=useStore();
    let utils:any=getCurrentInstance().proxy.$utils;//获取全局属性utils
    let uid=computed(()=>store.state.user.uid);//会员的编号
    let token=computed(()=>store.state.user.token)//会员登录时的token
    //会员登录的平台类型。1为微信小程序，2为微信公众号
    let platform=computed(()=>store.state.system.platform)
    onLoad((opts:any)=>{
        branch_shop_id=opts.branch_shop_id?opts.branch_shop_id:"";
        table_code=opts.table_code?opts.table_code:"";
        //验证会员是否合法登录
        utils.safeUser(store,branch_shop_id,table_code,()=>{
            //如果合法，从服务端获取已付款订单数据
            isSubmit=true;
            //获取用户信息
            store.dispatch("user/getUserInfo",{branch_shop_id:
branch_shop_id, success:(data:any)=>{
                nickname.value=data.nickname;//昵称
                gender.value=data.gender;//性别
                name.value=data.name;//姓名
                showHead.value=data.head;//头像
            }});
        });
    })
    //选择性别
    let selectGender:Function=()=>{
        uni.showActionSheet({
            itemList: ['男', '女'],
            success:  (res:any)=> {
                gender.value=res.tapIndex+1;//性别。1为男，2为女
            },
```

```
            fail: (res:any)=> {
                // console.log(res.errMsg);
            }
        });
    }
    //头像操作
    let handleHead:Function=()=>{
        uni.showActionSheet({
            itemList: ['拍照','从相册选择' ],
            success:(res:any)=> {
                let sourceType=[];
                let index=res.tapIndex;
                if(index==0){//拍照
                    sourceType=["camera"];
                }else if(index==1){//从相册选择
                    sourceType=["album"];
                }
                //选择图片
                uni.chooseImage({
                    count: 1, //默认为9
                    //可以是原图或压缩图，默认二者都有
                    sizeType: ['compressed'],
                    sourceType: sourceType, //从相册选择
                    success: (res:any)=> {
                        let tmpFilePath=res.tempFilePaths[0];
                        showHead.value=tmpFilePath;
                        //上传图片
                        uni.uploadFile({
                            url: 'https://diancan.glbuys.com/api/v1/
                            user/uploadhead', //上传图片接口地址
                            filePath: tmpFilePath,//文件
                            name: 'head',//服务端接口字段名称
                            formData:{//数据参数
                                uid:uid.value,
                                token:token.value,
                                platform:platform.value
                            },
                            //上传成功
                            success: (uploadFileRes:any) => {
                                let res=JSON.parse(uploadFileRes.data);
```

```
                                            //文件名称
                                    head.value=res.data.msbox;
                                },
                                fail:(uploadFileRes:any)=>{
                                    // console.log(uploadFileRes);
                                }
                            });
                    }
                });
        },
        fail: (res)=> {
            // console.log(res.errMsg);
        }
    });
}
//提交保存
let submit:Function=()=>{
    if(isSubmit){
        if(nickname.value.match(/^\s*$/)){
            uni.showToast({
                title: '请输入昵称',
                icon:"none",
                duration: 2000
            });
            return;
        }
        if(name.value.match(/^\s*$/)){
            uni.showToast({
                title: '请输入姓名',
                icon:"none",
                duration: 2000
            });
            return;
        }
        isSubmit=false;
        //修改用户信息并保存到数据库
        store.dispatch("user/updateUser",{branch_shop_
        id:branch_shop_id,name:name.value,nickname:nickname.
        value,gender:gender.value,head:head.value,success:()=>{
                uni.showToast({
```

```
                                    title: '修改成功',
                                    icon:"none",
                                    duration: 2000
                                });
                                setTimeout(()=>{
                                    uni.navigateBack({
                                        delta: 1
                                    });
                                },2000)
                            }}});
                        }
                    }

                    return{
                        nickname,
                        gender,
                        name,
                        showHead,
                        selectGender,
                        handleHead,
                        submit
                    }
                }
            })
        </script>
        <style scoped>
        //样式代码请查看源码包
        </style>
```

在onLoad()钩子函数内调用Vuex内部的getUserInfo()方法，可以从服务端接口获取会员的昵称、性别、姓名和头像，分别赋值给nickname、gender、name和showHead变量，并将数据渲染到视图中。selectGender()函数内部使用uni.showActionSheet API（见10.6.4小节）可以实现选择性别；handleHead()函数（见10.2节）可以实现头像上传；submit()函数内部的updateUser()函数可以将输入的用户信息保存到服务端数据库中。

11.12 绑定手机号

在绑定手机号页面中可以修改手机号，相关接口在"接口文档"文件夹下的"会员登录、注册、信息.docx"和"验证码.docx"文件中。

绑定手机号页面预览效果如图11-26所示。

扫一扫，看视频

图 11-26   绑定手机号页面预览效果

在正式运行的项目中点击"获取验证码"按钮，可以接收到短信通知获取验证码。要实现发送短信的功能，必须有一个短信运营商，如阿里云短信服务商，使用服务端语言（如PHP、Node、Java等），利用短信服务端提供的SDK或API接口发送短信到用户的手机上。因为本章的项目是测试版本，没有对接短信服务商，所以不会收到短信通知，但是可以从服务端接口获取数字验证码来模拟短信验证码。

首先请求绑定手机号的相关服务端接口，api/user/index.ts文件中新增的代码如下：

```
...

//绑定手机号
export function bindCellphoneData(data:any){
    return request(config.baseApi+"/v1/user/wechat_bind_mobile",
"post",data);
}

//是否绑定过手机号
export function existCellphoneData(data:any){
    return request(config.baseApi+"/v1/exist_cellphone","post",data);
}
```

bindCellphoneData()函数调用服务端接口，可以将用户的手机号保存到数据库中；existCellphoneData()函数可以查询服务端数据库是否绑定过手机号。接下来在api文件夹下创建vcode/index.ts文件，该文件中的代码如下：

```
import config from "../../static/ts/conf/config";
import {request} from "../../static/ts/utils/request";

//发送短信验证码
export function sendCodeData(data:any){
    return request(config.baseApi+"/v1/vcode/send_code","post",data);
}
```

sendCodeData()函数调用服务端接口，可以实现发送短信验证码功能。接下来对接到Vuex中，store/user/index.ts文件中新增的代码如下：

```
import {getWeChatOpenIdData,setWeChatUserData,getDewxbizdataData,
bindWechatLoginBindPhoneNumberData,safeUserData,getUserInfoData,updateUserData,
bindCellphoneData,existCellphoneData} from '../../api/user';
export default {
    ...
    actions:{
        ...
        //绑定手机号
        bindCellphone(conText:any,payload:any){
                return bindCellphoneData({uid:conText.rootState.user.
uid,token:conText.rootState.user.token,platform:conText.rootState.system.
platform,...payload}).then((res:any)=>{
                return res;
            })
        },
        //是否存在手机号
        existCellphone(conText:any,payload:any){
            return existCellphoneData(payload).then((res:any)=>{
                return res;
            })
        },
    }
}
```

以上加粗代码为新增代码。actions内部的bindCellphone()方法内部调用bindCellphoneData()函数可以将手机号保存到服务端的数据库中，existCellphone()方法内部调用existCellphoneData()函数可以查询服务端数据库是否绑定过手机号。

接着开发与短信验证码相关的Vuex。在store文件夹下创建vcode/index.ts文件，该文件中的代码如下：

```
import {sendCodeData} from "../../api/vcode";
export default {
    namespaced:true,
    actions:{
        //发送短信验证码
        sendCode(conText:any,payload:any){
            return sendCodeData(payload).then((res:any)=>{
                return res;
            })
        }
    }
}
```

actions内部的sendCode()方法调用sendCodeData()函数可以实现发送短信验证码的功能。接下来对接到Vuex的模块中，store/index.ts文件中新增的代码如下：

```
...
import vcode from './vcode';

export default createStore({
    modules:{
        ...
        vcode
    }
})
```

以上加粗代码为新增代码。接着开发绑定手机号页面，在user_pages文件夹下创建bind_cellphone/index.vue文件，创建完成后配置路由。pages.json文件中新增的代码如下：

```
{
    ...
    "subPackages": [
        {
            "root": "user_pages",
            "pages": [
                ...
                {
                    "path": "bind_cellphone/index",
                    "style": {
                        "navigationBarTitleText": "绑定手机号",
                        "disableScroll": true
                    }
                }
            ]
        }
    ]
}
```

以上加粗代码为新增代码。user_pages/bind_cellphone/index.vue文件中的代码如下：

```
<template>
    <view class="page">
        <view class="tip-wrap">
            <view class="tip-icon"></view>
            <view class="text">新手机号验证后，即可绑定成功！</view>
        </view>
```

```
        <view class="input-wrap">
            <input type="text" placeholder="手机号" class="cellphone"
v-model="cellphone" />
        </view>
        <view class="input-wrap">
            <view class="msg-code">
             <input type="text" placeholder="请输入短信验证码" v-model="msgCode"/>
            </view>
            <view :class="{'msg-code-btn':true, active:isSendCode}" @click=
"getMsgCode()">{{msgText}}</view>
        </view>
        <button type="button" class="submit-btn" @click="submit()">确认绑定
        </button>
    </view>
</template>
<script lang="ts">
    import { defineComponent,ref,getCurrentInstance } from 'vue';
    import {onLoad,onUnload} from "@dcloudio/uni-app";//导入uni-app
    import {useStore} from "vuex";
    export default defineComponent({
        name:'bind-cellphone',
        setup(){
            let cellphone=ref("");//手机号
            let msgCode=ref("");//短信验证码
            let msgText=ref("获取验证码");//短信验证码提示内容
            let isSendCode=ref(true);//是否可以发送短信验证码
            let store=useStore();
            let utils:any=getCurrentInstance().proxy.$utils;//获取全局属性utils
            let timer:any=null;
            let isSubmit:boolean=true;//防止网络延迟重复提交
            let branch_shop_id:string;//分店的id
            let table_code:string;//桌号
            onLoad((opts:any)=>{
                branch_shop_id=opts.branch_shop_id?opts.branch_shop_id:"";
                table_code=opts.table_code?opts.table_code:"";
                //验证会员是否合法登录
                utils.safeUser(store,branch_shop_id,table_code);
            })
            onUnload(()=>{
                //页面离开时清除定时器
                clearInterval(timer);
            })
```

```
                //发送短信验证码
        let getMsgCode:Function=async ()=> {
            if (isSendCode.value) {
                if (cellphone.value.match(/^\s*$/)) {
                    uni.showToast({
                        title: '请输入手机号',
                        icon: "none",
                        duration: 2000
                    });
                    isSendCode.value = true;
                    return;
                }
                if (!cellphone.value.match(/^1[0-9][0-9]\d{8}$/)) {
                    uni.showToast({
                        title: '您输入的手机号格式不正确',
                        icon: "none",
                        duration: 2000
                    });
                    isSendCode.value = true;
                    return;
                }
                //校验手机号是否绑定过
                let existCellphone=await store.dispatch(
                "user/existCellphone",{cellphone:cellphone.value});
                if(existCellphone.data.exist=='1'){
                    uni.showToast({
                        title: '手机号已存在，请更换',
                        icon:"none",
                        duration: 2000
                    });
                    isSendCode.value = true;
                    return;
                }
                //发送短信验证码
                let smsCode = await store.dispatch("vcode/sendCode",
{cellphone: cellphone.value});;
                if (smsCode.code == 200) {
                    //smsCode.data.sms_code获取短信验证码
                    uni.showToast({
                        title: "" + smsCode.data.sms_code + "",
                        icon: "none",
                        duration: 2000
```

```
        });
        isSendCode.value = false;
        let time:number = 60;
        msgText.value = "重新获取(" + time + "s)";
        timer = setInterval(() => {
          if (time <= 0) {
            clearInterval(timer);
            isSendCode.value = true;
            msgText.value = "获取验证码";
          } else {
          time--;
          msgText.value = "重新获取(" + time + "s)";
          }
        }, 1000);
      }
    }
  }
  //确认绑定
  let submit:Function=async ()=> {
      if(isSubmit){
        if (cellphone.value.match(/^\s*$/)) {
          uni.showToast({
              title: '请输入手机号',
              icon: "none",
              duration: 2000
          });
          return;
        }
        if (!cellphone.value.match(/^1[0-9][0-9]\d{8}$/)) {
          uni.showToast({
              title: '您输入的手机号格式不正确',
              icon: "none",
              duration: 2000
          });
          return;
        }
        //校验手机号是否绑定过
        let existCellphone=await store.dispatch(
        "user/existCellphone",{cellphone:cellphone.value});;
        if(existCellphone.data.exist=='1'){
          uni.showToast({
              title: '手机号已存在，请更换',
```

```
                            icon:"none",
                            duration: 2000
                    });
                    return;
                }
                if (msgCode.value.match(/^\s*$/)) {
                    uni.showToast({
                        title: '请输入短信验证码',
                        icon: "none",
                        duration: 2000
                    });
                    return;
                }
                isSubmit=false;
                //绑定手机号
                let bcData=await store.dispatch("user/bindCellphone",{
                cellphone:cellphone.value,sms_code:msgCode.value});
                if(bcData.code==200){
                    uni.showToast({
                        title: "绑定成功！",
                        icon: "none",
                        duration: 2000
                    });
                    setTimeout(()=>{
                        uni.navigateBack({
                            delta: 1
                        });
                    },2000);
                }else{
                    isSubmit=true;
                    uni.showToast({
                        title: "" + bcData.data + "",
                        icon: "none",
                        duration: 2000
                    });
                    return;
                }
            }
        }
    return{
     cellphone,
      msgCode,
```

```
                msgText,
                getMsgCode,
                isSendCode,
                submit
            }
        }
    })
</script>
<style scoped>
//样式代码请查看源码包
</style>
```

以上代码逻辑不是很复杂，注释很清晰，请读者仔细阅读。这里简单讲解发送短信验证码的逻辑。点击"获取验证码"按钮，触发getMsgCode()方法，可以获取短信验证码。在该方法内部，isSendCode.vdue变量的作用是判断是否可以发送短信验证码，值为true表示可以发送短信验证码，否则表示不能发送短信验证码。如果该变量的值为true，则先校验手机号是否为空，再校验手机号格式是否正确。如果校验通过，调用existCellphone()方法判断手机号是否绑定过。如果未绑定过，则可以获取短信验证码。

接下来调用sendCode()方法，从服务端接口获取短信验证码。由于没有对接短信服务商接口，因此无法发送到手机上，可以使用uni.showToast将短信验证码显示出来进行测试。再将变量isSendCode的值设置为false，这样当再点击"获取验证码"按钮时，就无法再次获取短信验证码，以防止60s内重复获取短信验证码的问题。创建变量time，赋值为60，将变量msgText的值设置为"重新获取(" + time + "s)"，再将"获取验证码"按钮的值设置为msgText，这样即可动态地改变"获取验证码"按钮的文字。创建定时器setInterval()函数并赋值给变量timer，间隔时间设置为1000ms，即1s。在setInterval()函数内部进行判断，如果time小于等于0，表示60s倒计时执行完毕，使用clearInterval(timer)清除定时器。将变量isSendCode的值设置为true，这样当再点击"获取验证码"按钮时，即可再次获取短信验证码；将变量msgText的值设置为"获取验证码"；如果time不小于等于0，则将time的值递减，将变量msgText的值设置为"重新获取(" + time + "s)"。

至此，获取短信验证码的功能开发完毕。注意，最后要在onUnload()钩子函数内清除定时器，因为uni-app和Vue.js一样是单页面应用，在页面离开时需要手动清除定时器。

11.13　最终发布上线

项目开发完成后，使用微信开发者工具上传代码。可以使用体验版测试发行版本的程序，测试完成后提交审核，审核成功后发布即可。

微信小程序发布流程如图11-27所示。

扫一扫，看视频

图 11-27　微信小程序发布流程

首先使用HBuilder X发行小程序，接下来在微信开发者工具中填写版本号，单击"上传"按钮进行上传，如图11-28所示。

图 11-28　上传小程序

上传成功后，进入微信小程序管理后台，单击左侧导航栏中的"版本管理"按钮，进入版本管理页面，可以看到开发版本信息。单击"提交审核"下拉按钮并选择"选为体验版本"，即可在真机下测试发行版本的程序，如图11-29所示。

图 11-29　选择"选为体验版本"

选择体验版本后，会设置扫码后访问小程序的默认路径，如图11-30所示。

图 11-30　设置默认路径

设置完成后，单击"提交"按钮，出现如图11-31所示的界面。

图 11-31　体验版二维码

扫描二维码即可进行测试。体验版只能供项目成员和体验成员访问。单击左侧导航栏中的"成员管理"按钮，进入成员管理页面添加项目成员或体验成员，然后按照提示操作即可。

测试完成后，单击图11-29中的"提交审核"按钮，按照提示填写审核信息后，进行审核，如图11-32所示。

图 11-32　审核版本

如果是不加急审核，预计审核时间为1~7天，通常1天之内就能审核完成。审核完成后会出现"发布"按钮，单击"发布"按钮后有两个选项：全量发布和灰度发布（分阶段发布）。其中，全量发布是指所有用户访问程序时都会使用当前最新的发布版本，灰度发布是指分不同时间段控制部分用户使用最新发布版本。如果在使用高峰期时发布，则推荐选择灰度发布。通常，在点餐小程序发布成功5分钟后就能在微信客户端里搜索到。

11.14　小结

本章是uni-app的实战部分，也是本书的重中之重，实现了微信点餐小程序的核心功能，包括菜品搜索、点餐、会员登录、购物车、提交订单、个人中心、订单管理、修改个人资料、绑定手机号、最终发布上线等，同时提供了真实的企业级完整项目接口文档，从真机测试到最终发布上线，与在企业中实际开发无异。本章的实战项目同时复习了组件的使用、分包的应用、微信授权登录的实现、微信支付的实现、如何看懂接口文档以及服务端通信等综合知识。通过练习并完成本实战项目，读者既能巩固前面学到的理论知识点，同时在开发项目的过程中也能提高自己的实战能力、逻辑思维能力和解决问题的能力，这样在工作中才能游刃有余。